EXERCICES

DE

GÉOMÉTRIE ANALYTIQUE

A LA MÊME LIBRAIRIE

Des mêmes auteurs :

Exercices de Géométrie analytique. — 3 vol. 22/14cm :

Tome I *(Géométrie plane)*. . . . . 6 fr. »

Tome II *(Géométrie plane, suite)*. — Coniques, axes, sommets, longueurs d'axes, foyers, directrices, intersection de deux coniques. Coordonnées tangentielles, coordonnées trilatères. Courbes dont l'équation n'est pas résolue. Courbes unicursales. Podaires. . . . . *(En préparation.)*

Tome III *(Géométrie dans l'espace)*. — Plan, droite, courbes gauches, génération des surfaces, quadriques, centres, plans diamétraux, diamètres, axes, sommets, intersection des quadriques, foyers, coordonnées tangentielles. . . . . *(En préparation.)*

Exercices d'Algèbre, d'Analyse et de Trigonométrie. — 2 vol. 22/14cm, chacun. . . . . 6 fr. »

Ouvrages de M. G. Papelier :

Précis de Mathématiques spéciales. — 3 vol. 22/14cm :

Algèbre, Analyse et Trigonométrie. 4e édition. . . . . 7 fr. 50

Géométrie analytique à deux et à trois dimensions. 2e édit. 10 fr. »

Mécanique. . . . . 5 fr. »

Formulaire de Mathématiques spéciales. — Vol. 22/12cm, cartonné toile souple, avec pages blanches pour notes :

Algèbre, Trigonométrie, Géométrie analytique. 3e édition.. 2 fr. 50

Leçons sur les Coordonnées tangentielles, avec une Préface de M. P. Appell, Membre de l'Institut. — 2 vol. 22/14cm :

Tome I. *Géométrie plane.* 2e édition. . . . . 5 fr. »

Tome II. *Géométrie dans l'espace*. . . . . 5 fr. »

Formulaire de Mécanique, à l'usage des élèves de Mathématiques spéciales, par Th. Caronnet, docteur ès sciences, professeur au collège Chaptal. — Vol. 22/12cm, avec pages blanches pour notes. 2e édition. . . . . 1 fr. 25

EXERCICES

DE

GÉOMÉTRIE ANALYTIQUE

A L'USAGE DES ÉLÈVES

DE MATHÉMATIQUES SPÉCIALES

PAR

P. AUBERT & **G. PAPELIER**
Professeur au lycée Henri IV — Professeur au lycée d'Orléans.

TOME PREMIER

PARIS
LIBRAIRIE VUIBERT
63, Boulevard Saint-Germain, 63

EXERCICES

DE

GÉOMÉTRIE ANALYTIQUE

CHAPITRE I

LIGNE DROITE

I. — Points en ligne droite.

1. *Démontrer que dans un quadrilatère complet les milieux des diagonales sont en ligne droite.*

On appelle *quadrilatère complet* la figure formée par quatre droites dont trois ne passent pas par un même point et dont deux ne sont pas parallèles ; ces droites sont appelées les *côtés* du quadrilatère, et les points de rencontre de ces droites prises deux à deux sont les *sommets* du quadrilatère ; il y a donc six sommets.

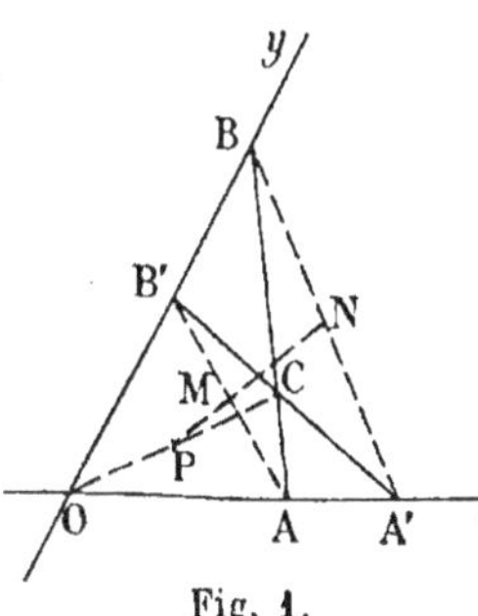

Fig. 1.

Si l'on joint le point de rencontre de deux côtés quelconques au point de rencontre des deux autres, on obtient une droite qu'on appelle *diagonale* du quadrilatère. On voit alors qu'il y a trois diagonales et nous nous proposons de démontrer que les milieux de ces diagonales sont en ligne droite.

Prenons pour axes de coordonnées deux côtés du quadrilatère; soient AB et A'B' les deux autres, qui se coupent au point C. Les trois diagonales sont alors AB', A'B et OC ; leurs milieux sont les points M, N, P. Nous allons calculer les coordonnées de ces points.

Soient a, a' les abscisses des points A, A' ; b et b' les ordonnées des points B, B'. Les coordonnées du point M sont

$$x' = \frac{a}{2}, \quad y' = \frac{b'}{2}, \quad \text{et celles du point N,} \quad x'' = \frac{a'}{2}, \quad y'' = \frac{b}{2}.$$

Pour avoir les coordonnées du point P, milieu de OC, il suffit de connaître celles du point C. Or ce point est à l'intersection des droites AB et A'B' qui ont respectivement pour équations

$$\frac{x}{a} + \frac{y}{b} - 1 = 0, \qquad \frac{x}{a'} + \frac{y}{b'} - 1 = 0 ;$$

par suite, pour avoir les coordonnées du point C, il faut résoudre ces deux équations. Nous obtenons ainsi

$$x = \frac{aa'(b' - b)}{ab' - ba'}, \qquad y = -\frac{bb'(a' - a)}{ab' - ba'} ;$$

les coordonnées du point P, milieu de OC, sont alors

$$x''' = \frac{aa'(b' - b)}{2(ab' - ba')}, \qquad y''' = -\frac{bb'(a' - a)}{2(ab' - ba')}.$$

Pour établir que les points M, N, P sont en ligne droite, il faut démontrer l'égalité

$$\frac{y''' - y'}{x''' - x'} = \frac{y'' - y'}{x'' - x'}.$$

Or, on a

$$\frac{y''' - y'}{x''' - x'} = \frac{-\dfrac{bb'(a' - a)}{2(ab' - ba')} - \dfrac{b'}{2}}{\dfrac{aa'(b' - b)}{2(ab' - ba')} - \dfrac{a}{2}} = \frac{-bb'(a' - a) - b'(ab' - ba')}{aa'(b' - b) - a(ab' - ba')},$$

ou
$$\frac{y''' - y'}{x''' - x'} = \frac{b - b'}{a' - a}.$$

D'autre part, on voit aisément que $\frac{y'' - y'}{x'' - x'}$ est égal aussi à $\frac{b - b'}{a' - a}$. L'égalité est donc vérifiée, et la proposition est établie.

2. *On donne trois points* A, B, C *sur une droite* (Δ), *et trois points* A′, B′, C′ *sur une autre droite* (Δ'). *Les droites* BC′ *et* CB′ *se coupent au point* α, CA′ *et* AC′ *au point* β, AB′ *et* BA′ *au point* γ. *Démontrer que les points* α, β, γ *sont en ligne droite.*

1° Supposons d'abord que (Δ) et (Δ') ne soient pas parallèles; nous prenons alors (Δ) pour axe des x, (Δ') pour axe des y, et nous désignons par a, b, c les abscisses des points A, B, C et par a', b', c' les ordonnées des points A′, B′, C′.

Les coordonnées x_1, y_1 du point α sont les solutions des équations des droites BC′ et CB′,

$$\frac{x}{b} + \frac{y}{c'} - 1 = 0, \qquad \frac{x}{c} + \frac{y}{b'} - 1 = 0,$$

c'est-à-dire

$$x_1 = \frac{\frac{1}{b'} - \frac{1}{c'}}{\frac{1}{bb'} - \frac{1}{cc'}}, \qquad y_1 = \frac{\frac{1}{b} - \frac{1}{c}}{\frac{1}{bb'} - \frac{1}{cc'}}.$$

On en déduit les coordonnées des points β et γ par permutation circulaire des lettres a, b, c. On a ainsi pour les coordonnées du point β

$$x_2 = \frac{\frac{1}{c'} - \frac{1}{a'}}{\frac{1}{cc'} - \frac{1}{aa'}}, \qquad y_2 = \frac{\frac{1}{c} - \frac{1}{a}}{\frac{1}{cc'} - \frac{1}{aa'}},$$

et pour γ,

$$x_3 = -\frac{\frac{1}{a'} - \frac{1}{b'}}{\frac{1}{aa'} - \frac{1}{bb'}}, \qquad y_3 = \frac{\frac{1}{a} - \frac{1}{b}}{\frac{1}{aa'} - \frac{1}{bb'}}.$$

Pour établir l'égalité

$$\frac{y_3 - y_1}{x_3 - x_1} = \frac{y_1 - y_2}{x_1 - x_2},$$

nous remarquerons que le second membre se déduit du premier par une permutation circulaire des lettres a, b, c ; donc, il suffira de démontrer que le premier membre $\frac{y_3 - y_1}{x_3 - x_1}$ n'est pas altéré par cette permutation. Nous avons

$$\frac{y_3 - y_1}{x_3 - x_1} = \frac{\dfrac{\frac{1}{a} - \frac{1}{b}}{\frac{1}{aa'} - \frac{1}{bb'}} - \dfrac{\frac{1}{b} - \frac{1}{c}}{\frac{1}{bb'} - \frac{1}{cc'}}}{\dfrac{\frac{1}{a'} - \frac{1}{b'}}{\frac{1}{aa'} - \frac{1}{bb'}} - \dfrac{\frac{1}{b'} - \frac{1}{c'}}{\frac{1}{bb'} - \frac{1}{cc'}}},$$

ou

$$\frac{y_3 - y_1}{x_3 - x_1} = \frac{\left(\frac{1}{a} - \frac{1}{b}\right)\left(\frac{1}{bb'} - \frac{1}{cc'}\right) - \left(\frac{1}{b} - \frac{1}{c}\right)\left(\frac{1}{aa'} - \frac{1}{bb'}\right)}{\left(\frac{1}{a'} - \frac{1}{b'}\right)\left(\frac{1}{bb'} - \frac{1}{cc'}\right) - \left(\frac{1}{b'} - \frac{1}{c'}\right)\left(\frac{1}{aa'} - \frac{1}{bb'}\right)}.$$

Simplifions seulement le numérateur, car le dénominateur s'en déduit en permutant a et a', b et b', c et c'.

Nous obtenons alors

$$\frac{y_3 - y_1}{x_3 - x_1} = \frac{\frac{1}{bc}\left(\frac{1}{c'} - \frac{1}{b'}\right) + \frac{1}{ca}\left(\frac{1}{a'} - \frac{1}{c'}\right) + \frac{1}{ab}\left(\frac{1}{b'} - \frac{1}{a'}\right)}{\frac{1}{b'c'}\left(\frac{1}{c} - \frac{1}{b}\right) + \frac{1}{c'a'}\left(\frac{1}{a} - \frac{1}{c}\right) + \frac{1}{a'b'}\left(\frac{1}{b} - \frac{1}{a}\right)};$$

le second membre ne change pas si l'on permute circulairement les lettres $a, b, c,$ donc la propriété est établie.

Remarque. — Le calcul est plus élégant en utilisant les déterminants. Il faut établir que l'on a

$$\begin{vmatrix} x_1 & y_1 & 1 \\ x_2 & y_2 & 1 \\ x_3 & y_3 & 1 \end{vmatrix} = 0.$$

Remplaçons-y $x_1, y_1, \dots y_3$ par leurs valeurs : puis multiplions les éléments de la première ligne par $\frac{1}{bb'} - \frac{1}{cc'}$, ceux de la deuxième par $\frac{1}{cc'} - \frac{1}{aa'}$, et ceux de la troisième par $\frac{1}{aa'} - \frac{1}{bb'}$. L'égalité à démontrer devient

$$\begin{vmatrix} \frac{1}{b'} - \frac{1}{c'} & \frac{1}{b} - \frac{1}{c} & \frac{1}{bb'} - \frac{1}{cc'} \\ \frac{1}{c'} - \frac{1}{a'} & \frac{1}{c} - \frac{1}{a} & \frac{1}{cc'} - \frac{1}{aa'} \\ \frac{1}{a'} - \frac{1}{b'} & \frac{1}{a} - \frac{1}{b} & \frac{1}{aa'} - \frac{1}{bb'} \end{vmatrix} = 0.$$

Ajoutons les éléments des deux premières lignes aux éléments correspondants de la troisième ; le déterminant ne change pas. Mais les éléments de la troisième ligne sont tous nuls, donc le déterminant est nul.

2° Supposons maintenant que (Δ) et (Δ') soient parallèles. Nous prendrons (Δ) comme axe des x, et une droite quelconque pour axe des y. Nous désignerons par a, b, c les abscisses des points A, B, C, par a', b', c' celles de A', B', C' et par h l'ordonnée de (Δ').

On trouve alors que les coordonnées du point α sont

$$x_1 = \frac{bb' - cc'}{b + b' - (c + c')}, \qquad y_1 = \frac{h(b - c)}{b + b' - (c + c')};$$

on en déduit aisément celles des points β et γ, et la démonstration s'achève comme précédemment.

3. *Avec quatre droites on peut former quatre triangles en associant ces droites trois à trois. Démontrer que les points de concours des hauteurs de ces triangles sont en ligne droite.*

Soient H_1, H_2, H_3, H_4 ces quatre points ; si nous démontrons que le point H_3 est situé sur la droite $H_1 H_2$, une démonstration toute semblable prouvera que le point H_4 est aussi sur la droite H_1H_2. Tout revient donc à établir que trois quelconques de ces points sont en ligne droite.

Les trois triangles dont ces points sont les orthocentres ont un côté commun ; nous prenons ce côté comme axe des x, et comme axe des y la perpendiculaire à Ox passant par le point de rencontre A de deux des autres droites AB et AC, et nous désignons par DEF la quatrième des droites données.

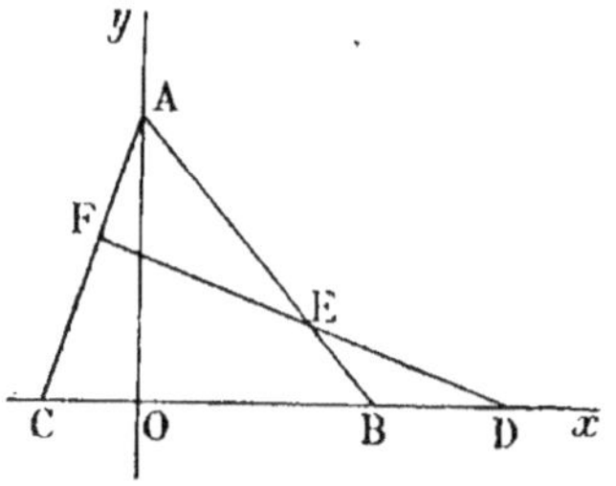

Fig. 2.

Nous considérons alors les trois triangles ABC, BDE et CDF.

Soient a l'ordonnée de A, b et c les abscisses de B et C, enfin $y = mx + p$ l'équation de la droite DEF.

On a aisément les coordonnées x_1, y_1 de l'orthocentre du triangle ABC en prenant le point de rencontre de Oy et de la perpendiculaire menée du point B au côté AC, on trouve

$$x_1 = 0, \qquad y_1 = -\frac{bc}{a}.$$

L'orthocentre du triangle BDE a même abscisse que le point E, abscisse qui est définie par les deux équations $\frac{x}{b} + \frac{y}{a} - 1 = 0$, $y = mx + p$, et qui est égale à $\frac{b(a-p)}{a+bm}$. On porte cette valeur dans l'équation de la perpendiculaire menée de B sur DE, $y = -\frac{1}{m}(x - b)$, et on trouve ainsi pour les coordonnées de l'orthocentre du triangle BDE

$$x_2 = \frac{b(a-p)}{a+bm}, \qquad y_2 = \frac{b(p+bm)}{m(a+bm)}.$$

Les coordonnées x_3, y_3 de l'orthocentre du triangle CDF se déduisent de x_2, y_2 en changeant b en c.

Pour établir que $\frac{y_1 - y_2}{x_1 - x_2}$ est égal à $\frac{y_1 - y_3}{x_1 - x_3}$, il suffira de vérifier que le premier rapport $\frac{y_1 - y_2}{x_1 - x_2}$ est symétrique par rapport à b et c, ce qui ne présente aucune difficulté.

Autre démonstration. — Prenons toujours l'une des droites pour axe des x et une perpendiculaire quelconque pour axe des y, et soient

$$y_1 = m_1x + p_1, \qquad y_2 = m_2x + p_2, \qquad y_3 = m_3x + p_3$$

les équations des trois autres droites.

L'orthocentre du triangle formé par Ox et les deux dernières droites a pour coordonnées

$$x_1 = -\frac{p_2 - p_3}{m_2 - m_3}, \qquad y_1 = \frac{\frac{p_2}{m_2} - \frac{p_3}{m_3}}{m_2 - m_3};$$

on en déduit les coordonnées des deux autres orthocentres par permutation circulaire d'indices, et il suffit alors de démontrer que le déterminant

$$\begin{vmatrix} p_3 - p_2 & \frac{p_2}{m_2} - \frac{p_3}{m_3} & m_2 - m_3 \\ p_1 - p_3 & \frac{p_3}{m_3} - \frac{p_1}{m_1} & m_3 - m_1 \\ p_2 - p_1 & \frac{p_1}{m_1} - \frac{p_2}{m_2} & m_1 - m_2 \end{vmatrix}$$

est nul.

On le voit aisément en ajoutant les éléments des deux premières lignes à ceux de la troisième.

4. *On donne dans le plan d'un triangle* ABC *deux points* O *et* P. *Par le point* O *on mène la droite* Δ *perpendiculaire à* OP; *cette droite rencontre les côtés* BC, CA, AB *aux points* A′, B′, C′ *respectivement. On mène les droites* PA′, PB′, PC′, *qui rencontrent en* α, β, γ *les perpendiculaires menées par le point* O *aux droites* OA, OB, OC *respectivement. Démontrer que les points* α, β, γ *sont en ligne droite.*

Prenons comme origine le point O, comme axe des x Δ et comme axe des y OP. Soit p l'ordonnée du point P, et soient

$$x + m_1 y - a_1 = 0,$$
$$x + m_2 y - a_2 = 0,$$
$$x + m_3 y - a_3 = 0$$

les équations des côtés BC, CA, AB; a_1, a_2, a_3 sont les abscisses des points A′, B′, C′.

La droite OA, qui joint l'origine au point de rencontre des côtés AB et AC, a pour équation[1]

$$\frac{x + m_2 y - a_2}{a_2} = \frac{x + m_3 y - a_3}{a_3},$$

et la perpendiculaire à cette droite menée par le point O est représentée par

$$\frac{x}{a_2 - a_3} = \frac{y}{a_2 m_3 - a_3 m_2}.$$

(1) On sait qu'étant données deux droites $P = 0$, $P' = 0$, l'équation générale des droites passant par leur point de rencontre est $P + \lambda P' = 0$, et que l'équation de la droite joignant ce point de rencontre au point (x_0, y_0) est $\frac{P}{P_0} = \frac{P'}{P'_0}$, P_0 et P'_0 désignant ce que deviennent P et P′ quand on y remplace x, y par x_0, y_0.

En prenant le point de rencontre de cette droite et de la droite PA′, $\frac{x}{a_1}+\frac{y}{p}-1=0$, on obtient les coordonnées du point α :

$$x=\frac{a_1(a_2-a_3)p}{p(a_2-a_3)+a_1(a_2m_3-a_3m_2)},$$

$$y=\frac{a_1(a_2m_3-a_3m_2)p}{p(a_2-a_3)+a_1(a_2m_3-a_3m_2)};$$

et on en déduit les coordonnées des points β et γ par permutation circulaire d'indices.

Il suffit alors d'établir que le déterminant

$$\begin{vmatrix} a_1(a_2-a_3)p & a_1(a_2m_3-a_3m_2)p & p(a_2-a_3)+a_1(a_2m_3-a_3m_2) \\ a_2(a_3-a_1)p & a_2(a_3m_1-a_1m_3)p & p(a_3-a_1)+a_2(a_3m_1-a_1m_3) \\ a_3(a_1-a_2)p & a_3(a_1m_2-a_2m_1)p & p(a_1-a_2)+a_3(a_1m_2-a_2m_1) \end{vmatrix}$$

est nul.

On le voit aisément en ajoutant les éléments des deux premières lignes à ceux de la troisième.

5. *On donne un parallélogramme* ABCD ; *sur la diagonale* BD *on prend un point* P. *On mène* CP, *qu'on prolonge d'une longueur* PI *égale à* CP ; *par le point* I *on mène* IE *parallèle à* AD, *et rencontrant* AB *en* E, *puis* IF *parallèle à* AB *et rencontrant* AD *en* F. *Démontrer que les points* P, E, F *sont en ligne droite.*

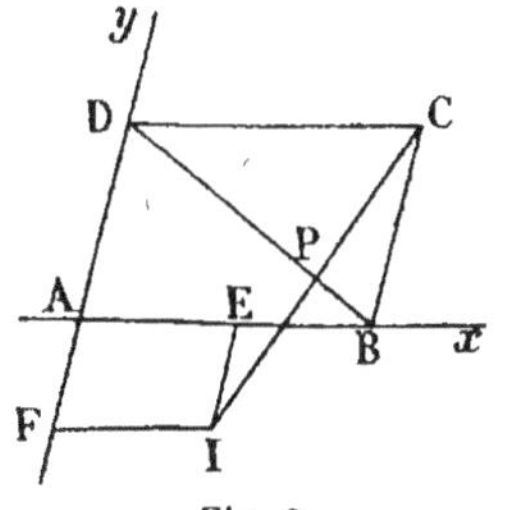

Fig. 3.

On peut prendre comme axes AB et AD. En posant AB $=a$, AD $=b$, l'équation de BD est

$$\frac{x}{a}+\frac{y}{b}-1=0,$$

et les coordonnées du point C sont a et b.

Soient x_0, y_0 les coordonnées du point P. On a

$$\frac{x_0}{a} + \frac{y_0}{b} - 1 = 0,$$

et les coordonnées de I sont $2x_0 - a$ et $2y_0 - b$.

Par suite l'équation de EF est

$$\frac{x}{2x_0 - a} + \frac{y}{2y_0 - b} = 1,$$

et l'on vérifie aisément que cette droite passe par le point P.

6. *On donne un parallélogramme* ABCD; *une parallèle aux côtés opposés* AB *et* CD *rencontre* AD *en* E *et* CB *en* F, *une parallèle aux côtés* AD *et* BC *rencontre* AB *en* G *et* CD *en* H. *Les droites* EH *et* GF *se coupent en un point* I. *Démontrer que les trois points* A, C, I *sont en ligne droite.*

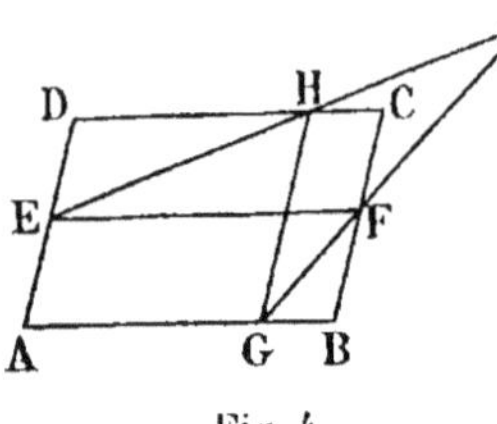

Fig. 4.

On prendra comme axes EF et GH.

7. Théorème de Ménélaüs. — *Étant donnés un triangle* ABC *et trois points* α, β, γ *placés respectivement sur les côtés* BC, CA, AB, *la condition nécessaire et suffisante pour que ces trois points soient en ligne droite est que l'on ait*

$$\frac{\overline{\alpha B}}{\overline{\alpha C}} \cdot \frac{\overline{\beta C}}{\overline{\beta A}} \cdot \frac{\overline{\gamma A}}{\overline{\gamma B}} = 1.$$

Prenons pour axes AB et AC, posons $AB = b$, $AC = c$, et

$$\frac{\overline{\alpha B}}{\overline{\alpha C}} = \lambda, \qquad \frac{\overline{\beta C}}{\overline{\beta A}} = \mu, \qquad \frac{\overline{\gamma A}}{\overline{\gamma B}} = \nu.$$

Les coordonnées du point α sont alors $\frac{b}{1-\lambda}$, $\frac{-\lambda c}{1-\lambda}$[1]; celles de β, 0 et $\frac{c}{1-\mu}$; celles de γ, $\frac{-\nu b}{1-\nu}$ et 0.

La droite $\beta\gamma$ a alors pour équation

$$\frac{x}{\frac{-\nu b}{1-\nu}}+\frac{y}{\frac{c}{1-\mu}}=1,$$

et en écrivant que le point α est sur cette droite, on obtient la condition

$$\lambda\mu\nu=1.$$

8. *On donne un triangle* ABC *et un point* O *dans son plan. Par ce point on mène des perpendiculaires aux droites* OA, OB, OC, *et on désigne par* α, β, γ *les points où ces perpendiculaires rencontrent respectivement les côtés* BC, CA, AB. *Démontrer que les points* α, β, γ *sont en ligne droite.*

Nous appliquerons le théorème de Ménélaüs, en montrant que le produit des rapports $\frac{\overline{\alpha B}}{\overline{\alpha C}}$, $\frac{\overline{\beta C}}{\overline{\beta A}}$, $\frac{\overline{\gamma A}}{\overline{\gamma B}}$ est égal à 1.

Prenons le point O comme origine de deux axes rectangulaires quelconques, et désignons par (x_1, y_1), (x_2, y_2), (x_3, y_3) les coordonnées des points A, B, C.

---

[1] Rappelons qu'étant donnés deux points $A(x_1, y_1)$ et $B(x_2, y_2)$, le point M de la droite AB défini par la relation $\frac{\overline{MA}}{\overline{MB}}=k$ a pour coordonnées $\frac{x_1-kx_2}{1-k}$, $\frac{y_1-ky_2}{1-k}$.

On en déduit que si on désigne par N le point de rencontre de AB et de la droite $Ax+By+C=0$, on a

$$\frac{\overline{NA}}{\overline{NB}}=\frac{Ax_1+By_1+C}{Ax_2+By_2+C}.$$

La perpendiculaire menée par le point O à la droite OA a pour équation $xx_1 + yy_1 = 0$, et l'on a

$$\frac{\overline{\alpha B}}{\overline{\alpha C}} = \frac{x_2x_1 + y_2y_1}{x_3x_1 + y_3y_1};$$

on a de même

$$\frac{\overline{\beta C}}{\overline{\beta A}} = \frac{x_3x_2 + y_3y_2}{x_1x_2 + y_1y_2},$$

$$\frac{\overline{\gamma A}}{\overline{\gamma B}} = \frac{x_1x_3 + y_1y_3}{x_2x_3 + y_2y_3}.$$

En multipliant membre à membre, on obtient

$$\frac{\overline{\alpha B}}{\overline{\alpha C}} \cdot \frac{\overline{\beta C}}{\overline{\beta A}} \cdot \frac{\overline{\gamma A}}{\overline{\gamma B}} = 1.$$

9. *On donne un triangle* ABC, *une droite* D *et un point* O *situé sur cette droite. Les droites symétriques par rapport à* D *des droites* OA, OB, OC *rencontrent respectivement les côtés* BC, CA, AB *aux points* α, β, γ ; *démontrer que ces points sont en ligne droite.*

Démonstration analogue à la précédente.

En prenant le point O pour origine et la droite D pour axe des x (l'axe des y lui étant perpendiculaire), on voit aisément que

$$\frac{\overline{\alpha B}}{\overline{\alpha C}} = \frac{x_2y_1 + y_2x_1}{x_3y_1 + y_3x_1}.$$

Les exercices 8 et 9 sont d'ailleurs des cas particuliers de la question suivante.

10. *On donne un triangle* ABC *et une correspondance invo-*

lutive entre les droites passant par un point O. *Les rayons homologues des droites* OA, OB, OC *rencontrent respectivement les côtés* BC, CA, AB *aux points* α, β, γ. *Démontrer que ces points sont en ligne droite.*

Prenons le point O pour origine et soit

$$Amm' + B(m + m') + C = 0$$

la relation qui définit la correspondance involutive, m et m' désignant les coefficients angulaires de deux rayons homologues.

La droite $O\alpha$ a pour équation $\frac{y}{x} = -\frac{By_1 + Cx_1}{Ay_1 + Bx_1}$, et l'on a

$$\frac{\overline{\alpha B}}{\overline{\alpha C}} = \frac{Ay_1y_2 + B(x_1y_2 + y_1x_2) + Cx_1x_2}{Ay_1y_3 + B(x_1y_3 + y_1x_3) + Cx_1x_3}.$$

La démonstration s'achève aisément comme au n° 8.

11. *Une droite rencontre les diagonales d'un quadrilatère complet en trois points. Démontrer que les conjugués harmoniques de ces points par rapport aux extrémités des diagonales correspondantes sont en ligne droite.*

Mêmes axes et mêmes notations qu'au n° 1.

Soit la droite (Δ) $(ux + vy + 1 = 0)$ rencontrant les diagonales A'B, AB', OC respectivement aux points D, E, F. Nous avons

$$\frac{\overline{DA'}}{\overline{DB}} = \frac{ua' + 1}{vb + 1}, \qquad \frac{\overline{EA}}{\overline{EB'}} = \frac{ua + 1}{vb' + 1},$$

$$\frac{\overline{FC}}{\overline{FO}} = \frac{uaa'(b' - b)}{ab' - ba'} - \frac{vbb'(a' - a)}{ab' - ba'} + 1.$$

Pour établir que les conjugués harmoniques de D, E, F respectivement par rapport aux segments A'B, AB' et OC sont en ligne droite, il suffira de démontrer qu'il existe des nombres u_1 et v_1 vérifiant les trois égalités

$$\frac{u_1a'+1}{v_1b+1}=-\frac{ua'+1}{vb+1}, \qquad \frac{u_1a+1}{v_1b'+1}=-\frac{ua+1}{vb'+1}$$

$$\frac{u_1aa'(b'-b)}{ab'-ba'}-\frac{v_1bb'(a'-a)}{ab'-ba'}+1 = -\left[\frac{uaa'(b'-b)}{ab'-ba'}-\frac{vbb'(a'-a)}{ab'-ba'}+1\right].$$

On verra que la troisième est une conséquence des deux premières.

12. *Les polaires d'un même point relatives aux trois angles d'un triangle rencontrent respectivement les côtés opposés en trois points situés en ligne droite.*

Soient $\alpha=0$, $\beta=0$, $\gamma=0$ les équations des côtés BC, CA, AB du triangle ABC, et soient x_0, y_0 les coordonnées d'un point P. La droite AP a pour équation $\frac{\beta}{\beta_0}-\frac{\gamma}{\gamma_0}=0$, β_0 désignant ce que devient β quand on y remplace les coordonnées courantes x, y par x_0, y_0, et γ_0 ayant une signification analogue ; comme la polaire du point P par rapport à l'angle A est conjuguée harmonique de AP par rapport aux côtés AB et AC, cette polaire a pour équation $\frac{\beta}{\beta_0}+\frac{\gamma}{\gamma_0}=0$. Elle rencontre le côté BC en un point A' qui est défini par les équations $\alpha=0$, $\frac{\beta}{\beta_0}+\frac{\gamma}{\gamma_0}=0$.

Donc le point A' est sur la droite $\frac{\alpha}{\alpha_0}+\frac{\beta}{\beta_0}+\frac{\gamma}{\gamma_0}=0$; la symétrie de cette équation montre que la droite passe par les points B' et C' où les polaires de P par rapport aux angles B et C rencontrent les côtés AC et AB respectivement.

13. *Les polaires d'un point relatives à deux angles d'un triangle se coupent sur la droite qui joint ce point au sommet du troisième angle.*

14. *On donne quatre droites* $P=0$, $Q=0$, $R=0$, $S=0$, *et on les associe deux à deux de six manières différentes* (P, Q), (P, R), (P, S), (Q, R), (Q, S), (R, S). *On désigne par* D_1, D_2, D_3, D_4, D_5, D_6 *les polaires d'un point* $M(x_0, y_0)$ *par rapport aux angles formés par ces couples de droites. Démontrer que les points de rencontre des droites* (D_1, D_6), (D_2, D_5), (D_3, D_4) *sont en ligne droite.*

L'équation de cette droite est

$$\frac{P}{P_0}+\frac{Q}{Q_0}+\frac{R}{R_0}+\frac{S}{S_0}=0.$$

15. *Soit un triangle* ABC ; *par le pied* A_1 *de la hauteur issue du point* A *on abaisse des perpendiculaires sur les côtés* AB *et* AC. *La droite qui joint les pieds de ces perpendiculaires rencontre* BC *au point* A'. *On construit d'une façon analogue le point* B' *sur* CA *et le point* C' *sur* AB. *Montrer que les trois points* A', B', C' *sont en ligne droite.*

En prenant comme axes BC et AA_1, on démontrera aisément que $\frac{\overline{A'B}}{\overline{A'C}}=\frac{\overline{A_1B}^2}{\overline{A_1C}^2}$, et la propriété sera établie en s'appuyant sur le théorème de Ménélaüs.

16. *Etant donné un triangle* ABC, *démontrer que les pieds des perpendiculaires abaissées du sommet* A *sur les quatre bissectrices (intérieures et extérieures) des angles* B *et* C *sont en ligne droite.*

En prenant comme axes BC et la hauteur issue du point A,

on vérifiera que le pied de la perpendiculaire menée du point A sur l'une des bissectrices de l'angle B ou de l'angle C a pour ordonnée la moitié de celle du point A. On en conclut que les quatre points considérés sont sur la droite qui joint les milieux de AB et AC.

17. *On donne un triangle* ABC ; *une parallèle au côté* BC *rencontre* AB *en* D *et* AC *en* E. *On abaisse* DG *et* EF *perpendiculaires sur* BC. *Démontrer que le milieu du côté* BC, *le milieu de la hauteur issue du point* A *et le centre du rectangle* DEFG *sont en ligne droite.*

On prendra comme axes BC et la hauteur issue du point A ; on pourra définir le centre du rectangle comme le milieu de la diagonale DF.

18. Théorème d'Euler. — *Soient un triangle* ABC, H *le point de concours des hauteurs,* G *le centre de gravité et* ω *le centre du cercle circonscrit ; ces trois points sont en ligne droite et l'on a*

$$\frac{\overline{G\omega}}{\overline{GH}} = -\frac{1}{2}.$$

Il suffira d'établir les relations

$$x_G = \frac{x_\omega + \frac{1}{2} x_H}{1 + \frac{1}{2}}, \qquad y_G = \frac{y_\omega + \frac{1}{2} y_H}{1 + \frac{1}{2}},$$

x_G, y_G désignant les coordonnées du point G, ...

On pourra prendre comme axes BC et la hauteur issue du point A. Le centre du cercle circonscrit sera défini par l'intersection des perpendiculaires aux côtés BC et AB en leurs milieux.

19. *Par les sommets* A, B, C *d'un triangle on mène des droites parallèles qui rencontrent les côtés opposés respectivement aux points* A′, B′, C′. *Démontrer que les points de rencontre des droites* (BC, B′C′), (CA, C′A′) *et* (AB, A′B′) *sont en ligne droite.*

20. *On donne dans un plan deux triangles* ABC *et* A′B′C′. *Si le point* M *est tel que* MA, MB, MC *coupent respectivement* B′C′, C′A′, A′B′ *en trois points en ligne droite, inversement* MA′, MB′, MC′ *couperont* BC, CA, AB *en trois points en ligne droite.*

21. *Les perpendiculaires élevées aux bissectrices intérieures d'un triangle en leurs milieux rencontrent les côtés opposés aux sommets d'où partent ces bissectrices en trois points en ligne droite.*

22. *On coupe un triangle* ABC *par une transversale qui rencontre les côtés* BC, CA, AB *respectivement aux points* A′, B′, C′, *et on désigne par* A″, B″, C″ *les milieux de* B′C′, C′A′ *et* A′B′. *Démontrer que les droites* AA″, BB″, CC″ *rencontrent respectivement les côtés* BC, CA, AB *en trois points en ligne droite.*

II. — Droites concourantes.

23. *Dans un triangle les trois médianes sont concourantes.*

Première démonstration. — Soit le triangle ABC ; prenons pour axes BC et la médiane AO ; désignons par a l'ordonnée du point A et par b et $-b$ les abscisses des points B et C. La médiane qui joint le point C $(-b, 0)$ au milieu $\left(\frac{b}{2}, \frac{a}{2}\right)$

du côté AB a pour équation

$$(1) \qquad \frac{y}{x+b} = \frac{a}{3b};$$

elle rencontre OA au point G, dont l'ordonnée est $\frac{a}{3}$.

L'équation de la médiane issue du point B se déduit de l'équation (1) en changeant b en $-b$; par suite cette médiane passe aussi par le point G de la médiane OA, tel que l'on ait

$$\overline{OG} = \frac{1}{3}\overline{OA}.$$

Deuxième démonstration. — Soient (x_1, y_1), (x_2, y_2), (x_3, y_3) les coordonnées des sommets A, B, C par rapport à deux axes quelconques. L'équation de la médiane issue du point A est

$$\frac{y-y_1}{x-x_1} = \frac{\frac{y_2+y_3}{2} - y_1}{\frac{x_2+x_3}{2} - x_1},$$

ou

$$x(y_2+y_3-2y_1) - y(x_2+x_3-2x_1) - x_1(y_2+y_3) + y_1(x_2+x_3) = 0.$$

On en déduit les équations des autres médianes par permutation circulaire d'indices ; on obtient ainsi

$$x(y_3+y_1-2y_2) - y(x_3+x_1-2x_2) - x_2(y_3+y_1) + y_2(x_3+x_1) = 0,$$
$$x(y_1+y_2-2y_3) - y(x_1+x_2-2x_3) - x_3(y_1+y_2) + y_3(x_1+x_2) = 0.$$

En ajoutant ces trois équations membre à membre, on obtient une identité ; on en conclut que les trois droites sont concourantes.

Troisième démonstration — Soient

$$(BC) \qquad P_1 \equiv A_1x + B_1y + C_1 = 0,$$
$$(CA) \qquad P_2 \equiv A_2x + B_2y + C_2 = 0,$$
$$(AB) \qquad P_3 \equiv A_3x + B_3y + C_3 = 0$$

les équations des côtés BC, CA, AB.

Nous considérons la médiane AM comme la conjuguée harmonique par rapport aux côtés AB et AC de la droite AN, menée par A parallèlement à BC. L'équation de cette droite est de la forme $P_2 + \lambda P_3 = 0$, λ étant déterminé en écrivant que les droites $P_2 + \lambda P_3 = 0$, $P_1 = 0$ sont parallèles. Ceci donne

$$\frac{A_2 + \lambda A_3}{A_1} = \frac{B_2 + \lambda B_3}{B_1}, \qquad \text{ou} \qquad \lambda = \frac{A_1 B_2 - B_1 A_2}{A_3 B_1 - B_3 A_1}.$$

L'équation de AN est alors

$$P_2 + \frac{A_1 B_2 - B_1 A_2}{A_3 B_1 - B_3 A_1} P_3 = 0,$$

et celle de la médiane AM,

$$P_2 - \frac{A_1 B_2 - B_1 A_2}{A_3 B_1 - B_3 A_1} P_3 = 0,$$

ou

$$(A_3 B_1 - B_3 A_1) P_2 - (A_1 B_2 - B_1 A_2) P_3 = 0.$$

On en déduit les autres médianes par permutation circulaire d'indices ; on obtient

$$(A_1 B_2 - B_1 A_2) P_3 - (A_2 B_3 - B_2 A_3) P_1 = 0,$$

$$(A_2 B_3 - B_2 A_3) P_1 - (A_3 B_1 - B_3 A_1) P_2 = 0.$$

En ajoutant membre à membre on a une identité, donc les trois médianes sont concourantes.

24. *Dans un triangle les trois hauteurs sont concourantes.*

Première démonstration. — Prenons comme axes le côté BC et la hauteur AO ; désignons par a l'ordonnée du point A et par b et c les abscisses des points B et C.

La droite AC a pour coefficient angulaire $-\frac{a}{c}$; donc la hauteur issue du point B a pour équation

$$\frac{y}{x-b}=\frac{c}{a};$$

elle rencontre la hauteur OA en un point H qui a pour ordonnée $-\frac{bc}{a}$. Cette quantité étant symétrique par rapport à b et c, la hauteur issue du point C passe également par ce point H.

Deuxième démonstration. — Soient (x_1, y_1), (x_2, y_2), (x_3, y_3) les coordonnées des sommets A, B, C par rapport à deux axes rectangulaires quelconques. La hauteur issue du point A a pour équation

$$\frac{y-y_1}{x-x_1}=-\frac{x_2-x_3}{y_2-y_3},$$

ou

$$x(x_2-x_3)+y(y_2-y_3)-x_1(x_2-x_3)-y_1(y_2-y_3)=0.$$

On en déduit les équations des autres hauteurs par permutation circulaire d'indices, et en ajoutant les trois équations, on a une identité ; ce qui prouve que les trois hauteurs sont concourantes.

Troisième démonstration. — Soient

(BC) $\quad P_1 \equiv A_1x+B_1y+C_1=0,$

(CA) $\quad P_2 \equiv A_2x+B_2y+C_2=0,$

(AB) $\quad P_3 \equiv A_3x+B_3y+C_3=0$

les équations des côtés BC, CA, AB par rapport à deux axes rectangulaires quelconques.

L'équation de la hauteur issue du point A est de la forme $P_2+\lambda P_3=0$, λ étant déterminé en écrivant que les droites $P_2+\lambda P_3=0$, $P_1=0$, sont perpendiculaires. On obtient ainsi

$\lambda = -\dfrac{A_1A_2 + B_1B_2}{A_1A_3 + B_1B_3}$, et l'équation de la hauteur issue de A est

$$(A_3A_1 + B_3B_1)\,P_2 - (A_1A_2 + B_1B_2)\,P_3 = 0.$$

La démonstration s'achève aisément.

25. *Dans un triangle les perpendiculaires élevées aux milieux des côtés sont concourantes.*

Première démonstration. — Mêmes axes et mêmes notations que dans la première démonstration de l'exercice précédent.

La perpendiculaire élevée au milieu de BC a pour équation $x = \dfrac{b+c}{2}$; elle rencontre la perpendiculaire élevée au milieu de AB $\left(\dfrac{y - \frac{a}{2}}{x - \frac{b}{2}} = \dfrac{b}{a}\right)$ au point $x = \dfrac{b+c}{2}$, $y = \dfrac{a}{2} + \dfrac{bc}{2a}$.

Comme les coordonnées de ce point sont symétriques par rapport à b et c, la perpendiculaire au milieu de AC passe aussi par ce point.

Deuxième démonstration. — Si l'on désigne par (x_1, y_1), (x_2, y_2), (x_3, y_3) les coordonnées des sommets A, B, C du triangle, l'équation de la perpendiculaire élevée au milieu de BC est

$$2x(x_2 - x_3) + 2y(y_2 - y_3) - (x_2^2 - x_3^2 + y_2^2 - y_3^2) = 0;$$

on en déduit aisément les équations des deux autres, et il suffit d'ajouter les équations pour établir que les droites sont concourantes.

26. *Dans un triangle les trois bissectrices sont concourantes.*

Soient (x_1, y_1), (x_2, y_2), (x_3, y_3) les coordonnées des sommets

A, B, C par rapport à des axes quelconques rectangulaires. Les équations des côtés sont alors

$$\text{(BC)} \quad P_1 \equiv x(y_2 - y_3) - y(x_2 - x_3) + x_2y_3 - y_2x_3 = 0,$$

$$\text{(CA)} \quad P_2 \equiv x(y_3 - y_1) - y(x_3 - x_1) + x_3y_1 - y_3x_1 = 0,$$

$$\text{(AB)} \quad P_3 \equiv x(y_1 - y_2) - y(x_1 - x_2) + x_1y_2 - y_1x_2 = 0.$$

Les équations des bissectrices de l'angle A sont alors

$$\frac{P_2}{\pm\sqrt{(y_3 - y_1)^2 + (x_3 - x_1)^2}} = \frac{P_3}{\pm\sqrt{(y_1 - y_2)^2 + (x_1 - x_2)^2}},$$

ou, en désignant par a, b, c les longueurs des côtés du triangle,

$$\frac{P_2}{b} - \frac{P_3}{c} = 0, \qquad \text{et} \qquad \frac{P_2}{b} + \frac{P_3}{c} = 0.$$

Or, il est facile de voir que la première équation représente la bissectrice intérieure, car si on substitue dans le premier membre les coordonnées des points B et C on obtient des résultats de signes contraires ; ce qui montre que les deux points B et C sont de part et d'autre de cette droite.

On en conclut que les équations des bissectrices intérieures sont

$$\frac{P_2}{b} - \frac{P_3}{c} = 0,$$

$$\frac{P_3}{c} - \frac{P_1}{a} = 0,$$

$$\frac{P_1}{a} - \frac{P_2}{b} = 0;$$

en les ajoutant, on a une identité ; donc, ces trois droites sont concourantes.

27. *Dans un triangle, les bissectrices extérieures de deux* *angles et la bissectrice intérieure du troisième sont concourantes.*

Il suffit de montrer que les trois droites

$$\frac{P_2}{b}+\frac{P_3}{c}=0,$$

$$\frac{P_3}{c}+\frac{P_1}{a}=0,$$

$$\frac{P_1}{a}-\frac{P_2}{b}=0$$

sont concourantes, ce que l'on constate immédiatement en ajoutant ces équations multipliées respectivement par 1, —1 et 1. On obtient en effet une identité.

28. *Dans un triangle, les bissectrices extérieures des angles rencontrent les côtés opposés en trois points en ligne droite.*

Ces points sont sur la droite

$$\frac{P_1}{a}+\frac{P_2}{b}+\frac{P_3}{c}=0.$$

29. *Étant données cinq droites, en les associant quatre à quatre, on peut former cinq quadrilatères complets. Démontrer que les droites qui joignent les milieux des diagonales de ces quadrilatères sont concourantes.*

Il suffira de démontrer que trois de ces droites sont concourantes. Les trois quadrilatères correspondants ont deux droites communes que nous prendrons pour axes de coordonnées; les trois autres droites Δ_1, Δ_2, Δ_3 rencontrent Ox aux points A_1, A_2, A_3, ayant pour abscisses a_1, a_2, a_3, et Oy aux points B_1, B_2, B_3, ayant pour ordonnées b_1, b_2, b_3.

On voit alors aisément que les droites qui joignent les milieux des diagonales des quadrilatères $(Ox, Oy, \Delta_2, \Delta_3,)$ $(Ox, Oy, \Delta_3, \Delta_1)$,

$(Ox, Oy, \Delta_1, \Delta_2)$, ont respectivement pour équations

$$2x(b_2 - b_3) + 2y(a_2 - a_3) + a_3b_3 - a_2b_2 = 0,$$
$$2x(b_3 - b_1) + 2y(a_3 - a_1) + a_1b_1 - a_3b_3 = 0,$$
$$2x(b_1 - b_2) + 2y(a_1 - a_2) + a_2b_2 - a_1b_1 = 0.$$

En ajoutant ces équations, on a une identité; donc les trois droites sont concourantes.

30. *Dans un quadrangle complet les droites qui joignent les milieux des côtés opposés passent par un même point, qui est le milieu de chacune d'elles.*

On appelle *quadrangle complet* la figure formée par quatre points dont trois ne sont pas en ligne droite; ces points sont appelés les *sommets* du quadrangle, et les droites qui joignent ces points deux à deux sont appelés les *côtés* du quadrangle. Il y a donc *six* côtés.

Le côté joignant deux sommets et le côté joignant les deux autres sont dits *côtés opposés*; le point de rencontre de deux côtés opposés est appelé *point diagonal*; il y a trois couples de côtés opposés et trois points diagonaux.

Si l'on désigne par (x_1, y_1), (x_2, y_2), (x_3, y_3), (x_4, y_4) les coordonnées des sommets du quadrangle, on vérifiera sans difficulté que les droites joignant les milieux des côtés opposés ont pour milieu commun le point qui a pour coordonnées

$$\frac{x_1 + x_2 + x_3 + x_4}{4} \quad \text{et} \quad \frac{y_1 + y_2 + y_3 + y_4}{4}.$$

31. *On considère un triangle dont les sommets* A, B, C *sont situés sur la courbe* $xy = a^2$, *les axes de coordonnées étant perpendiculaires. Démontrer que les perpendiculaires élevées sur les côtés du triangle aux points où ces côtés rencontrent l'axe des* x *sont concourantes.*

Soient (x_1, y_1), (x_2, y_2), (x_3, y_3) les coordonnées des points A, B, C, ces quantités étant liées par les relations

$$x_1 y_1 = a^2, \qquad x_2 y_2 = a^2, \qquad x_3 y_3 = a^2.$$

On démontrera d'abord que l'abscisse du point de rencontre de BC et de Ox est égale à $x_2 + x_3$, et on vérifiera que l'équation de la perpendiculaire à BC passant par ce point est

$$x(x_2 - x_3) + y(y_2 - y_3) + x_3^2 - x_2^2 = 0.$$

32. Théorème de Jean de Céva. — *Étant donnés un triangle* ABC *et trois points* α, β, γ *placés respectivement sur les côtés* BC, CA, AB, *la condition nécessaire et suffisante pour que les droites* $A\alpha$, $B\beta$, $C\gamma$ *soient concourantes est que l'on ait*

$$\frac{\overline{\alpha B}}{\overline{\alpha C}} \cdot \frac{\overline{\beta C}}{\overline{\beta A}} \cdot \frac{\overline{\gamma A}}{\overline{\gamma B}} = -1.$$

Mêmes axes et mêmes notations qu'au n° 7.

On trouve respectivement pour équations des droites $A\alpha$, $B\beta$, $C\gamma$,

$$\frac{x}{b} + \frac{y}{\lambda c} = 0,$$

$$\frac{x}{b} + \frac{y(1-\mu)}{c} - 1 = 0,$$

$$\frac{x(1-\nu)}{-\nu b} + \frac{y}{c} - 1 = 0.$$

Retranchons ces deux dernières équations, nous obtenons l'équation $\dfrac{x}{b\nu} - \dfrac{\mu y}{c} = 0$, qui représente la droite joignant l'origine A au point de rencontre de $B\beta$ et $C\gamma$. En écrivant que cette droite coïncide avec $A\alpha$, nous avons

$$\lambda\mu\nu = -1.$$

33. *On donne une droite* Δ *et un triangle* ABC *dont les sommets sont situés d'un même côté de la droite* Δ. *Soit* α *le point de rencontre de* Δ *et du côté* BC; *on construit sur ce côté les points* a_1 *et* a_2 *tels que l'on ait* $\overline{\alpha a_1}^2 = \overline{\alpha a_2}^2 = \overline{\alpha B} \cdot \overline{\alpha C}$, *le point* a_1 *étant extérieur au segment* BC, *et le point* a_2 *compris entre* B *et* C. *On construit d'une manière analogue les points* b_1 *et* b_2 *sur* CA, *et* c_1, c_2 *sur* AB.

1° *Démontrer que les ensembles des points* (a_1, b_1, c_1), (a_1, b_2, c_2), (a_2, b_1, c_2), (a_2, b_2, c_1) *sont en ligne droite.*

2° *Les ensembles des droites* (Aa_2, Bb_2, Cc_2), (Aa_2, Bb_1, Cc_1), (Aa_1, Bb_2, Cc_1), (Aa_1, Bb_1, Cc_2) *passent par un même point.*

Prenons Δ pour axe des x, et soient (x_1, y_1), (x_2, y_2), (x_3, y_3) les coordonnées des points A, B, C; on peut choisir l'axe des y de façon que y_1, y_2, y_3 soient positifs.

On établira aisément que l'on a

$$\frac{\overline{a_1 B}}{\overline{a_1 C}} = +\frac{\sqrt{y_2}}{\sqrt{y_3}}, \qquad \frac{\overline{a_2 B}}{\overline{a_2 C}} = -\frac{\sqrt{y_2}}{\sqrt{y_3}},$$

et il suffira d'appliquer les théorèmes de Ménélaüs (7) et de Jean de Céva (32)

34. *Avec quatre droites on peut former trois triangles ayant un côté commun; dans chacun de ces triangles on joint le centre du cercle circonscrit au sommet opposé au côté commun. Démontrer que les trois droites ainsi obtenues sont concourantes.*

Prenons le côté commun comme axe des x, l'axe des y étant quelconque, mais perpendiculaire à Ox, et soient

$$P_1 \equiv y - m_1 x - p_1 = 0,$$
$$P_2 \equiv y - m_2 x - p_2 = 0,$$
$$P_3 \equiv y - m_3 x - p_3 = 0$$

les équations des trois autres droites.

On calculera d'abord les coordonnées du centre du cercle circonscrit au triangle formé par les droites P_1, P_2 et Ox; on prendra pour cela le point de rencontre des perpendiculaires aux milieux de deux côtés. On trouvera ainsi

$$x = -\frac{p_1 m_2 + p_2 m_1}{2m_1 m_2}, \qquad y = \frac{(m_1 p_2 - m_2 p_1)(m_1 m_2 + 1)}{2m_1 m_2(m_1 - m_2)},$$

et il en résulte que l'équation de la droite Δ joignant ce point au point de rencontre des droites P_1 et P_2 est

$$(1) \qquad \frac{P_1}{m_1^2 + 1} = \frac{P_2}{m_2^2 + 1}.$$

On en déduit les droites analogues par permutation circulaire d'indices, et on voit aisément, en ajoutant membre à membre, que ces droites sont concourantes.

On peut d'ailleurs trouver autrement l'équation (1).

Il est aisé de voir géométriquement que si l'on désigne par α_1 et α_2 les angles des droites P_1 et P_2 avec Ox, la droite Δ fait avec Ox l'angle $\alpha_1 + \alpha_2 - \frac{\pi}{2}$; par suite, le coefficient angulaire de cette droite est $\operatorname{tg}\left(\alpha_1 + \alpha_2 - \frac{\pi}{2}\right)$ ou $-\frac{1 - m_1 m_2}{m_1 + m_2}$. Il n'y a plus alors qu'à déterminer λ de façon que la droite $P_1 + \lambda P_2 = 0$ ait pour coefficient angulaire $-\frac{1 - m_1 m_2}{m_1 + m_2}$; on trouve $\lambda = -\frac{1 + m_1^2}{1 + m_2^2}$.

35. *Si par les sommets d'un triangle on mène trois droites se coupant en un même point, les symétriques de ces droites par rapport aux bissectrices des angles correspondants se coupent aussi en un même point.*

Soit une droite quelconque D située dans le plan de deux axes rectangulaires Ox, Oy. Abaissons du point O OP perpendiculaire sur D, et prenons sur cette perpendiculaire une demi-droite OL arbitrairement. Si l'on désigne par α l'angle de la demi-droite OL et de la demi-droite Ox, et par p la valeur algébrique du vecteur OP, sens positif OL, on sait que l'équation de la droite D peut s'écrire

$$P \equiv x \cos\alpha + y \sin\alpha - p = 0,$$

et que la distance d'un point (x, y) à cette droite est égale à $|x \cos\alpha + y \sin\alpha - p|$ ou $|P|$.

Considérons une autre droite D' ayant pour équation

$$P' \equiv x \cos\alpha' + y \sin\alpha' - p' = 0$$

et rencontrant D au point I.

Une droite quelconque Δ passant par le point I a pour équation $P + \lambda P' = 0$, ou $\frac{P}{P'} = -\lambda$. Ceci montre que le rapport des distances d'un point quelconque de Δ à D et D' est égal à $|\lambda|$. Si nous considérons la droite Δ_1 symétrique de Δ par rapport à l'une des bissectrices de D, D', il est visible que le rapport des distances d'un point de Δ_1 à D et D' est égal à $\left|\frac{1}{\lambda}\right|$. Donc l'équation de Δ_1 est $\frac{P}{P'} = \pm\frac{1}{\lambda}$. Mais comme Δ et Δ_1 sont situées dans le même angle par rapport à D et D', le rapport $\frac{P}{P'}$ a le même signe pour tout point de chacune des droites Δ, Δ_1 et par suite l'équation de Δ_1 est $\frac{P}{P'} = -\frac{1}{\lambda}$ ou $\lambda P + P' = 0$.

Cela posé, soient

$$P \equiv x \cos\alpha + y \sin\alpha - p = 0, \qquad \text{(BC)}$$

$$Q \equiv x \cos\beta + y \sin\beta - q = 0, \qquad \text{(CA)}$$

$$R \equiv x \cos\gamma + y \sin\gamma - r = 0 \qquad \text{(AB)}$$

les équations des côtés du triangle ABC.

Désignons par x_0, y_0 les coordonnées du point de rencontre des droites menées respectivement par les sommets du triangle. Les équations de ces droites sont

$$\frac{Q}{Q_0} - \frac{R}{R_0} = 0, \qquad \frac{R}{R_0} - \frac{P}{P_0} = 0, \qquad \frac{P}{P_0} - \frac{Q}{Q_0} = 0;$$

les symétriques de ces droites par rapport aux bissectrices des angles correspondants ont pour équations

$$QQ_0 - RR_0 = 0, \qquad RR_0 - PP_0 = 0, \qquad PP_0 - QQ_0 = 0;$$

ces droites sont visiblement concourantes.

36. *On donne un triangle* ABC *et un point* O *dans son plan; on abaisse* OA′, OB′, OC′ *respectivement perpendiculaires sur* BC, CA, AB; *puis* AA″, BB″, CC″ *respectivement perpendiculaires sur* B′C′, C′A′, A′B′. *Montrer que* AA″, BB″, CC″ *sont concourantes.*

On prend le point O comme origine, et on représente les côtés du triangle par les mêmes équations que dans la question précédente.

On verra facilement que l'équation de AA″ est $Qq - Rr = 0$.

37. **Triangles homologiques.** — *Soient deux triangles* ABC, A′B′C′, *et soient* α *le point de rencontre des côtés* BC *et* B′C′, β *celui des côtés* CA, C′A′, *enfin* γ *celui de* AB *et* A′B′.

1° *Si les droites* AA′, BB′, CC′ *sont concourantes, les points* α, β, γ *sont en ligne droite.*

2° *Si les points* α, β, γ *sont en ligne droite, les droites* AA′, BB′, CC′ *sont concourantes.*

Soit O le point de rencontre de BB′ et CC′. Désignons par

$$P = 0, \qquad Q = 0,$$

les équations de ces deux droites, et par

$$R = 0, \qquad R' = 0$$

celles de BC et de B'C'.

Les équations de AC et de AB sont alors de la forme

$$R + \lambda P = 0, \qquad R + \mu Q = 0,$$

et celles de A'C' et A'B',

$$R' + \lambda' P = 0, \qquad R' + \mu' Q = 0.$$

Si nous retranchons les équations de AB et de AC nous obtenons l'équation $\lambda P - \mu Q = 0$, qui représente une droite passant par le point A (qui est le point commun à AB et AC) et aussi par le point O (qui est commun aux droites $P = 0$, $Q = 0$). Donc l'équation de la droite OA est $\lambda P - \mu Q = 0$; de même celle de OA' est $\lambda' P - \mu' Q = 0$.

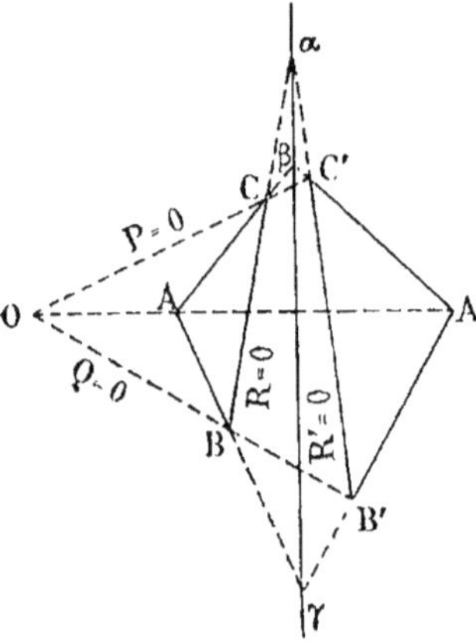

Fig. 5.

Pour que ces deux droites coïncident, c'est-à-dire pour que AA', BB', CC' soient concourantes, il faut qu'on ait

$$(1) \qquad \frac{\lambda}{\lambda'} = \frac{\mu}{\mu'}.$$

D'autre part, on voit d'une manière analogue que les équations

$$\frac{R}{\lambda} - \frac{R'}{\lambda'} = 0, \qquad \frac{R}{\mu} - \frac{R'}{\mu'} = 0$$

représentent respectivement les droites $\alpha\beta$ et $\alpha\gamma$. Donc pour que ces droites coïncident, c'est-à-dire pour que les points α, β, γ soient en ligne droite, il faut qu'on ait également la condition (1).

Ceci démontre les deux propositions énoncées.

38. *Soient* A′, B′, C′ *les symétriques d'un point* M *par rapport aux côtés* BC, CA, AB *d'un triangle équilatéral* ABC. *Démontrer que les droites* AA′, BB′, CC′ *sont concourantes.*

Prenons comme origine le centre du triangle, et comme axes deux droites rectangulaires quelconques passant par ce point. Les équations des côtés du triangle peuvent alors s'écrire

(BC) $$P \equiv x\cos\alpha + y\sin\alpha - p = 0,$$

(CA) $$Q \equiv x\cos\beta + y\sin\beta - p = 0,$$

(AB) $$R \equiv x\cos\gamma + y\sin\gamma - p = 0,$$

avec les conditions $\beta - \alpha = \gamma - \beta = \alpha - \gamma = \frac{2\pi}{3}$.

Le point A′, symétrique de $M(x_0, y_0)$ par rapport au côté BC, a pour coordonnées (55) $x_0 - 2P_0\cos\alpha$, et $y_0 - 2P_0\sin\alpha$, et la droite AA′ qui joint ce point au point de rencontre des droites $Q = 0$, $R = 0$, a pour équation

$$\frac{Q}{(x_0 - 2P_0\cos\alpha)\cos\beta + (y_0 - 2P_0\sin\alpha)\sin\beta - p}$$
$$= \frac{R}{(x_0 - 2P_0\cos\alpha)\cos\gamma + (y_0 - 2P_0\sin\alpha)\sin\gamma - p}$$

ou

$$\frac{Q}{Q_0 + P_0} = \frac{R}{R_0 + P_0},$$

ou encore

$$Q(R_0 + P_0) - R(Q_0 + P_0) = 0.$$

On en déduit les équations des droites BB′ et CC′ par permutation circulaire des lettres P, Q, R, et en ajoutant les trois équations, on obtient une identité.

39. *Soient* ABC, A'B'C' *deux triangles. Si les droites* AA', BB', CC' *rencontrent respectivement les côtés* BC, CA, AB *en trois points en ligne droite, les droites qui joignent les points* A', B', C' *aux points de rencontre des côtés* (BC, B'C'), (CA, C'A'), (AB, A'B') *concourent en un même point.*

On peut utiliser le théorème de Ménélaüs (7) et celui de Jean de Céva (32).

Soient α, β, γ les points de rencontre de AA', BB', CC' avec BC, CA, AB ; on a par hypothèse

$$(1) \qquad \frac{\overline{\alpha B}}{\overline{\alpha C}} \cdot \frac{\overline{\beta C}}{\overline{\beta A}} \cdot \frac{\overline{\gamma A}}{\overline{\gamma B}} = 1.$$

Soient α', β', γ' les points de rencontre des côtés (BC, B'C'), (CA, C'A'), (AB, A'B') ; il faut démontrer qu'on a

$$(2) \qquad \frac{\overline{\alpha' B'}}{\overline{\alpha' C'}} \cdot \frac{\overline{\beta' C'}}{\overline{\beta' A'}} \cdot \frac{\overline{\gamma' A'}}{\overline{\gamma' B'}} = -1.$$

Or si l'on désigne par (x_1, y_1), (x_2, y_2), (x_3, y_3) les coordonnées des points A, B, C, et par (x'_1, y'_1), (x'_2, y'_2), (x'_3, y'_3) celles des points A', B', C', on démontrera que les conditions (1) et (2) s'expriment analytiquement par la même équation

$$\frac{(x_2 x_1 x'_1)}{(x_3 x_1 x'_1)} \cdot \frac{(x_3 x_2 x'_2)}{(x_1 x_2 x'_2)} \cdot \frac{(x_1 x_3 x'_3)}{(x_2 x_3 x'_3)} = -1,$$

où l'on pose pour simplifier

$$(x_2 x_1 x'_1) = \begin{vmatrix} x_2 & y_2 & 1 \\ x_1 & y_1 & 1 \\ x'_1 & y'_1 & 1 \end{vmatrix}, \ldots$$

40. *Étant donnés deux triangles* ABC *et* A'B'C', *on mène les droites* $A\alpha$, $B\beta$, $C\gamma$ *respectivement parallèles aux côtés*

$B'C'$, $C'A'$, $A'B'$, *et les droites* $A'\alpha'$, $B'\beta'$, $C'\gamma'$ *respectivement parallèles aux côtés* BC, CA, AB.

Démontrer que si les droites $A\alpha$, $B\beta$, $C\gamma$ *sont concourantes, il en est de même des droites* $A'\alpha'$, $B'\beta'$, $C'\gamma'$. *Montrer que cette propriété est vérifiée en particulier lorsque les deux triangles* ABC *et* $A'B'C'$ *sont symétriques par rapport à une droite.*

41. *Si deux triangles* ABC, $A'B'C'$ *sont tels que les perpendiculaires abaissées des points* A, B, C *respectivement sur les côtés* $B'C'$, $C'A'$, $A'B'$ *soient concourantes, réciproquement les perpendiculaires abaissées des points* A', B', C' *respectivement sur les côtés* BC, CA, AB *sont aussi concourantes.*

42. *Si dans un triangle on joint le milieu d'un côté au milieu de la hauteur correspondante, on obtient trois droites concourantes.*

43. *Étant donnés un triangle* ABC *et un point quelconque* P, *on prend les symétriques* A', B', C' *de ce point par rapport aux milieux des côtés* BC, CA, AB ; *démontrer que les droites* AA', BB', CC' *concourent en un même point* M, *et que la droite* PM *tourne autour d'un point fixe, lorsque le point* P *se déplace.*

On peut prendre comme axes deux côtés du triangle. Le point M est à la fois le milieu de AA', de BB' et de CC', et la droite PM passe par le centre de gravité du triangle.

44. *Dans un triangle* ABC *on joint les pieds des hauteurs issues des points* B *et* C, *les pieds des bissectrices correspondantes et les points de contact du cercle inscrit avec les côtés* AB *et* AC. *Les trois droites ainsi obtenues passent par un même point.*

En prenant comme axe des x AB, comme axe des y AC,

et en posant $AB = c$, $AC = b$, $BC = a$, on verra que les équations des trois droites considérées sont

$$cx + by - bc\cos A = 0,$$
$$(a+b)x + (a+c)y - bc = 0,$$
$$x + y + a - p = 0. \qquad (2p = a + b + c)$$

45. *Sur les côtés* AB, AC *d'un triangle* ABC *rectangle en* A *on construit les carrés* ABDE, ACFG *à l'extérieur du triangle,* D *et* F *étant opposés à* A. *Démontrer que les droites* CD, BF *et la hauteur issue du point* A *sont concourantes.*

46. *On donne un triangle* ABC, *un point* D *sur* AC *et un point* E *sur* AB. *Soit* I *le point de rencontre de* BD *et* CE. *On prend un point* F *sur* AI; *et on désigne par* G *le point de rencontre de* DF *et* CE, *et par* H *celui de* EF *et* BD. *Démontrer que les droites* BC, DE, GH *sont concourantes.*

47. *Dans un triangle* ABC *trois droites* AA′, BB′, CC′, *partant des sommets et limitées aux côtés opposés sont concourantes au point* O. *Soient* α, β, γ *les milieux de* B′C′, C′A′, A′B′. *Démontrer que* $A\alpha$, $B\beta$, $C\gamma$ *sont concourantes.*

48. *Soient* ABC *et* A′B′C′ *deux triangles symétriques par rapport à une droite. Démontrer que les perpendiculaires abaissées des points* A, B, C *respectivement sur les droites* B′C′, C′A′, A′B′ *sont concourantes.*

49. *Par un point* O *pris dans le plan d'un triangle* ABC *on mène une sécante quelconque rencontrant les côtés* BC, CA, AB *respectivement aux points* α, β, γ. *Soient* α', β', γ' *les symétriques de* α, β, γ *par rapport au point* O. *Démontrer que les droites* $A\alpha'$, $B\beta'$, $C\gamma'$ *sont concourantes.*

50. *Des sommets d'un triangle* ABC *on abaisse sur une droite quelconque* Δ *de son plan des perpendiculaires* AA', BB', CC'. *Démontrer que les perpendiculaires abaissées respectivement des points* A', B', C' *sur les côtés* BC, CA, AB *sont concourantes.*

51. *On donne trois points* A, B, C *situés d'un même côté d'une droite* (D) *et tels que leurs distances* Aa, Bb, Cc *à cette droite soient liées par la relation* $Aa + Bb = Cc$. *Par le point* a *on mène une droite* (D_1) *parallèle à* AC; *par le point* b *une droite* (D_2) *parallèle à* BC. *Démontrer que les droites* (D_1), (D_2) *et* AB *sont concourantes.*

52. *Sur les côtés* BC, CA, AB *d'un triangle* ABC *on prend respectivement des points* A', B', C' *tels que les droites* AA', BB', CC' *soient concourantes; puis, sur les côtés* B'C', C'A', A'B' *du triangle* A'B'C' *on prend respectivement les points* A'', B'', C'' *tels que* A'A'', B'B'', C'C'' *soient concourantes. Démontrer que les droites* AA'', BB'' *et* CC'' *passent par un même point.*

53. *Sur les trois côtés d'un triangle* ABC *comme bases on construit trois triangles isocèles semblables* P_ABC, P_BCA, P_CAB, *dirigés à la fois vers l'intérieur ou vers l'extérieur du triangle* ABC.

1° *Montrer que les droites* AP_A, BP_B, CP_C *se coupent au même point* P.

2° *Les perpendiculaires abaissées des points* A, B, C *respectivement sur les droites* P_BP_C, P_CP_A, P_AP_B *se coupent en un même point* Q.

3° *La droite* PQ *passe par le centre du cercle circonscrit au triangle* ABC.

54. *Dans un triangle* ABC *les bissectrices des angles* A, B, C *rencontrent les côtés opposés aux points* A′, B′, C′. *Les bissectrices des angles du triangle* A′B′C′ *rencontrent les côtés opposés aux points* A″, B″, C″. *Démontrer que les droites* AA″, BB″, CC″ *sont concourantes.*

III. — Exercices divers.

55. *Symétrique d'un point par rapport à une droite.*

Soient une droite D ayant pour équation

$$P \equiv Ax + By + C = 0,$$

et un point M (x_0, y_0) ; nous nous proposons de calculer les coordonnées x_1, y_1 du point M′, symétrique du point M par rapport à la droite D.

Nous écrirons pour cela que la droite MM′ est perpendiculaire à la droite D, et que le milieu de MM′ est sur cette droite. Nous avons ainsi les deux équations

$$(1) \qquad \frac{x_1 - x_0}{A} = \frac{y_1 - y_0}{B},$$

$$(2) \qquad A\frac{x_1 + x_0}{2} + B\frac{y_1 + y_0}{2} + C = 0,$$

qui vont nous donner x_1 et y_1.

Posons $\dfrac{x_1 - x_0}{A} = \dfrac{y_1 - y_0}{B} = \rho$; nous en tirons

$$(3) \qquad x_1 = x_0 + A\rho, \qquad y_1 = y_0 + B\rho,$$

et en portant ces valeurs dans l'équation (2) nous obtenons

$$A(2x_0 + A\rho) + B(2y_0 + B\rho) + 2C = 0,$$

ou

$$\rho = -\frac{2(Ax_0 + By_0 + C)}{A^2 + B^2},$$

ou encore $\rho = -\frac{2P_0}{A^2 + B^2}$, en posant $P_0 = Ax_0 + By_0 + C$.

Remplaçons ρ par cette valeur dans les relations (3) ; nous obtenons pour les coordonnées du point M′

$$(4) \qquad x_1 = x_0 - \frac{2AP_0}{A^2 + B^2}, \qquad y_1 = y_0 - \frac{2BP_0}{A^2 + B^2}.$$

On a évidemment aussi

$$(5) \qquad x_0 = x_1 - \frac{2AP_1}{A^2 + B^2}, \qquad y_0 = y_1 - \frac{2BP_1}{A^2 + B^2}.$$

Comme exercice de calcul, on pourra chercher à déduire analytiquement le système (5) du système (4).

Remarque. — Le calcul a été fait en supposant les axes de coordonnées rectangulaires. Si les axes sont obliques, on trouvera pour les coordonnées du point M′

$$x_1 = x_0 - \frac{2P_0(A - B\cos\theta)}{A^2 + B^2 - 2AB\cos\theta},$$

$$y_1 = y_0 - \frac{2P_0(B - A\cos\theta)}{A^2 + B^2 - 2AB\cos\theta}.$$

56. *On donne deux axes quelconques* Ox *et* Oy, *deux points* A *et* A′ *sur* Ox, *deux points* B *et* B′ *sur* Oy *et deux parallèles* Δ *et* Δ' *à* Ox. *La droite* Δ *rencontre* AB *en* M *et* A′B *en* N ; Δ' *rencontre* AB′ *en* M′ *et* A′B′ *en* N′. *Démontrer que les droites* MM′ *et* NN′ *se coupent sur* Oy.

57. *On donne un trapèze* ABCD, *dont les bases sont* AB, CD *et dont les diagonales* AC, BD *se coupent au point* O. *Par* *les sommets du trapèze on mène des parallèles à une même droite* Δ ; *les parallèles issues de* A *et de* C *rencontrent* BD *en* M *et* P ; *les parallèles issues de* B *et* D *rencontrent* AC *en* Q *et* N.

Démontrer que :

1° MQ *et* PN *sont parallèles ;*

2° *Les six points* (PQ, BC), (MN, AD), (MQ, AB), (NP, CD), (AP, CM), (NB, DQ) *sont sur une même droite passant par le point* O.

Si l'on prend comme axes de coordonnées les diagonales AC et BD, et si l'on désigne par m le coefficient angulaire de Δ, on montrera que les six points sont situés sur la droite $y + mx = 0$.

58. *Étant donné un triangle isocèle* ABC (AB = AC), *on prend sur* AB *un point* D *et sur* BC *un point* E *tels que la projection de* DE *sur* BC *soit égale à* $\frac{BC}{2}$. *Démontrer que la perpendiculaire à* DE *menée par le point* E *passe par un point fixe.*

Prenons comme axes BC et la hauteur OA, désignons par a l'ordonnée du point A, par b et $-b$ les abscisses des points C et B.

Soit λ l'abscisse d'un point quelconque E de la droite BC ; menons par ce point une droite quelconque $y = m(x - \lambda)$, qui rencontre AB au point D, puis écrivons que la projection de DE sur BC est égale à b. Il suffit pour cela d'écrire que la différence des abscisses de E et D est égale à b.

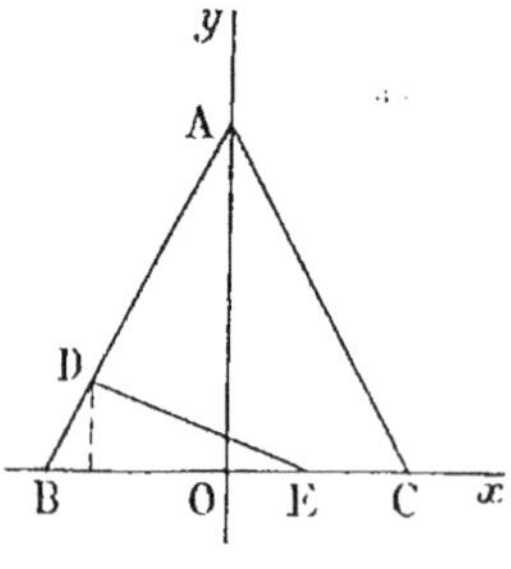

Fig. 6.

Nous trouvons ainsi

$$m = -\frac{a\lambda}{b^2};$$

c'est le coefficient angulaire de DE. Alors la perpendiculaire menée à DE par le point E a pour équation

$$y = \frac{b^2}{a\lambda}(x - \lambda), \qquad \text{ou} \qquad b^2 x - \lambda(ay + b^2) = 0.$$

Cette équation renferme un paramètre λ au premier degré, la droite passe par un point fixe défini par les équations

$$x = 0, \qquad ay + b^2 = 0 ;$$

c'est le point de rencontre de OA et de la perpendiculaire à BA menée par le point B.

Remarque. — En général, étant donnée une courbe variable dont l'équation renferme un paramètre λ, $f(x, y, \lambda) = 0$, pour reconnaître si cette courbe passe par un point fixe, on ordonne l'équation par rapport à λ, on égale à zéro les coefficients de toutes les puissances de λ, et on cherche si les équations obtenues ont des solutions en x et y. Si ces équations ont l'ensemble de solutions x_0, y_0, la courbe passe par le point fixe (x_0, y_0).

En particulier, lorsque l'équation de la courbe est du premier degré par rapport à λ, $\varphi(x, y) + \lambda g(x, y) = 0$, la courbe passe par les points fixes définis par les équations $\varphi(x, y) = 0$, $g(x, y) = 0$.

Si l'équation de la courbe renferme deux paramètres indépendants λ et μ, les coordonnées des points fixes doivent annuler tous les coefficients du polynome en λ, μ formé par le premier membre de l'équation.

Par exemple, si l'équation a la forme

$$\lambda f(x, y) + \mu\varphi(x, y) + g(x, y) = 0,$$

pour que cette courbe passe par des points fixes, il faut que les coordonnées de ces points fixes vérifient les équations

$$f(x, y) = 0, \quad \varphi(x, y) = 0, \quad g(x, y) = 0.$$

59. *On donne deux axes quelconques* Ox, Oy, *un point* A *sur Ox, un point B sur Oy. On prend sur Ox un point variable C, et sur Oy un point variable D tel que l'on ait $\overline{AC} = \overline{BD}$. Démontrer que la perpendiculaire au milieu de CD passe par un point fixe.*

Soient $(Ox, Oy) = \theta$, $\overline{OA} = a$, $\overline{OB} = b$, $\overline{AC} = \overline{BD} = \lambda$.

On voit aisément que la perpendiculaire au milieu de CD a pour équation

$$[2x - (a + \lambda)]\,[(b + \lambda)\cos\theta - (a + \lambda)] \\ - [2y - (b + \lambda)]\,[(a + \lambda)\cos\theta - (b + \lambda)] = 0.$$

L'équation étant du premier degré par rapport à λ, la droite passe par un point fixe, intersection des deux droites

$$(2x - a)\,(b\cos\theta - a) - (2y - b)\,(a\cos\theta - b) = 0,$$

$$x - y + \frac{a - b}{\cos\theta - 1} = 0.$$

60. *On donne un triangle OAB et deux points P et Q en ligne droite avec le point O. On joint un point quelconque C de la droite AB aux points P et Q; la droite PC rencontre OA au point M, la droite QC rencontre OB au point N. Démontrer que la droite MN passe par un point fixe.*

On peut prendre comme axes de coordonnées OA et OB.

Si l'on pose $\overline{OA} = a$, $\overline{OB} = b$, et si l'on désigne par α, β les coordonnées du point P, par $m\alpha$, $m\beta$ celles du point Q et enfin par x_0, y_0 celles du point C, on voit aisément que l'équation de MN est

$$mx\,(\beta - y_0) + y\,(x_0 - m\alpha) - m\,(\beta x_0 - \alpha y_0) = 0.$$

Mais x_0, y_0 sont liés par la relation $\dfrac{x_0}{a} + \dfrac{y_0}{b} - 1 = 0$; en remplaçant y_0 par $b\left(1 - \dfrac{x_0}{a}\right)$ dans l'équation de la droite

MN, cette équation renferme le seul paramètre x_0 au premier degré. Donc la droite passe par un point fixe. On vérifie aisément que ce point est le point commun aux droites PB et AQ.

61. *On donne quatre droites* OA, OB, OC, OD *passant par un même point* O *et deux points* R *et* S. *Par le point* R *on mène une sécante quelconque rencontrant* OA *en* M *et* OB *en* N. *On joint* SM, SN, *qui rencontrent respectivement* OC *et* OD *en* P *et* Q. *Montrer que la droite* PQ *passe par un point fixe.*

On peut prendre comme axes OC et OD. Soient $y - mx = 0$, $y - m'x = 0$ les équations de OA et OB, (a, b) les coordonnées de R et (c, d) celles de S. L'équation de la sécante RMN étant $y - b - \lambda(x - a) = 0$, la droite SM a pour équation (4, note)

$$\frac{y - mx}{d - mc} = \frac{y - b - \lambda(x - a)}{d - b - \lambda(c - a)},$$

et la droite SN

$$\frac{y - m'x}{d - m'c} = \frac{y - b - \lambda(x - a)}{d - b - \lambda(c - a)}.$$

On en déduit aisément l'équation de la droite PQ, et on constate que cette équation renferme λ au premier degré.

62. *On donne deux axes rectangulaires* Ox, Oy *et on considère un point* A *variable sur* Ox *et un point* B *variable sur* Oy *tels que* $\overline{OA} + \overline{OB} = a$, a *étant une constante. Soit* C *le quatrième sommet du rectangle construit sur* OA *et* OB. *Démontrer que la perpendiculaire abaissée du point* C *sur* AB *passe par un point fixe.*

63. *On donne un angle* xOy *et une droite* Δ *parallèle à*

Oy. *On joint le point* O *à un point quelconque* M *du plan ; la droite* OM *coupe* Δ *au point* A. *Par le point* M *on mène une parallèle à* Ox *qui rencontre* Δ *en* B, *et par le point* A *une parallèle à* Ox *qui rencontre* OB *en* M'. *Démontrer que la droite* MM' *passe par un point fixe.*

En désignant par a l'abscisse de Δ et par x_0, y_0 les coordonnées du point M, on trouve que l'équation de MM' est

$$xy_0 - y(x_0 + a) + ay_0 = 0, \quad \text{ou} \quad y_0(x + a) - x_0 y - ay = 0.$$

Elle passe, quels que soient x_0, y_0, par le point $x = -a$, $y = 0$.

64. *On donne un triangle* ABC. *Par un point quelconque* P, *situé dans son plan, on mène des parallèles aux côtés* AB *et* AC *qui rencontrent respectivement* AC *et* AB *aux points* Q *et* R. *On joint le point* R *au milieu* B' *de* AC, *et le point* Q *au milieu* C' *de* AB. *Les droites* RB' *et* QC' *se coupent au point* S. *Démontrer que la droite* PS *passe par un point fixe, quel que soit le point* P.

On pourra prendre comme axes AB et AC. Le point fixe est le milieu de BC.

65. *Soient* A', B', C' *les milieux des côtés* BC, CA, AB *d'un triangle* ABC. *La perpendiculaire en* B' *au côté* AC *rencontre* AB *en* B'', *et la perpendiculaire en* C' *au côté* AB *rencontre* AC *en* C''. *Soit* D *le quatrième sommet du parallélogramme construit sur* AB'' *et* AC''. *Démontrer que la droite qui joint le point* D *au point de rencontre de* B'B'' *et* C'C'' *est perpendiculaire à* BC *au point* A'.

66. *Étant donnés deux axes rectangulaires* Ox, Oy *et une*

droite qui les rencontre en A *et* B, *on projette le point* O *en* C *sur* AB, *puis on mène les parallèles* CE *et* AE, CD *et* BD *aux axes et l'on projette le point* C *en* P *et* Q *sur les axes.*

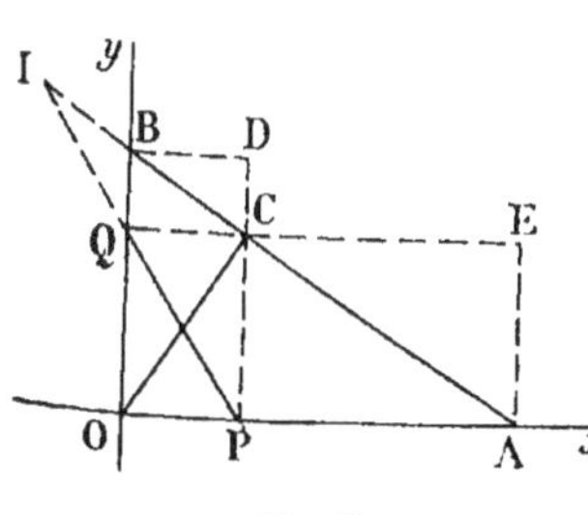

Fig. 7.

1° *Le coefficient angulaire de* DE *est le cube de celui de* AB.

2° *Les droites* PQ, AB, DE *sont concourantes.*

3° *Si on désigne le point commun par* I, *on a*

$$\frac{\overline{IP}}{\overline{IQ}} = \frac{\overline{OA}^2}{\overline{OB}^2}.$$

67. *On donne quatre points* A, B, C, D. *Par le point* A *on mène une parallèle à* BC *qui rencontre* BD *au point* M, *et par le point* B *on mène une parallèle à* AD *qui rencontre* AC *au point* N. *Démontrer que la droite* MN *est parallèle à* CD.

68. *On donne dans un plan un ensemble de* n *points* A_1, A_2, ..., A_n *et un point* O *autour duquel on fait tourner une droite variable* Δ.

1° *Démontrer que la somme des carrés des distances des points* A_1, A_2, ..., A_n *à la droite* Δ *a un maximum et un minimum.*

2° *Démontrer que les droites* Δ *correspondant à ce maximum et à ce minimum sont rectangulaires.*

69. *On donne quatre droites concourantes* Δ_1, Δ_2, Δ_3, Δ_4; *mener par un point* P *une droite rencontrant les droites données en des points* A_1, A_2, A_3, A_4, *tels que l'on ait* $\overline{A_1A_2} = \overline{A_3A_4}$. *Discussion.*

70. *Dans un triangle* ABC *rectangle en* A, *on mène l'une* *des bissectrices* BD, *qui rencontre en* D *le côté* AC *et en* E *la hauteur* AH. *Par* E *on mène la parallèle* FG *à* BC, *limitée en* F *à* AB *et en* G *à* AC. *Démontrer que* AD = GC *et que l'angle* DHF *est droit.*

71. *D'un point* P *pris sur la bissectrice de l'angle* A *d'un triangle* ABC *on abaisse* PM *perpendiculaire sur* AB *et* PN *perpendiculaire sur* AC, *et on prend le point de rencontre* T *de la droite* MN *et de la médiane issue du point* A. *Démontrer que la droite* PI *est perpendiculaire à* BC.

72. *On donne deux axes rectangulaires* Ox, Oy *et un point quelconque* P. *Par ce point passe une transversale coupant* Ox *en* A, Oy *en* B. *De* P *on mène une perpendiculaire à* AB *qui coupe* Ox *en* A′, Oy *en* B′; *puis, par les points* A′ *et* B′ *on mène des perpendiculaires à* OP *qui rencontrent* AB *en* A″ *et* B″. *Démontrer que* $\overline{A''B''} = \overline{AB}$.

73. *Conditions pour que le point* $M(x_0, y_0)$ *soit situé à l'intérieur du triangle dont les côtés ont pour équations*

$$ax + by + c = 0,$$
$$a'x + b'y + c' = 0,$$
$$a''x + b''y + c'' = 0.$$

On écrira que le point M est par rapport à chacune de ces droites du même côté que le point de rencontre des deux autres droites. On obtient ainsi les conditions

$$\frac{(ax_0 + by_0 + c)\Delta}{a'b'' - b'a''} > 0,$$

$$\frac{(a'x_0 + b'y_0 + c')\Delta}{a''b - b''a} > 0,$$

$$\frac{(a''x_0 + b''y_0 + c'')\Delta}{ab' - ba'} > 0,$$

Δ désignant le déterminant

$$\begin{vmatrix} a & b & c \\ a' & b' & c' \\ a'' & b'' & c'' \end{vmatrix}$$

74. *On donne deux axes rectangulaires* Ox, Oy, *et deux points* $I(x_0, y_0)$ *et* $M(x, y)$. *On fait tourner le point* M *autour du point* I *d'un angle* α; *calculer les coordonnées* x', y' *de la position* M' *du point* M *après la rotation.*

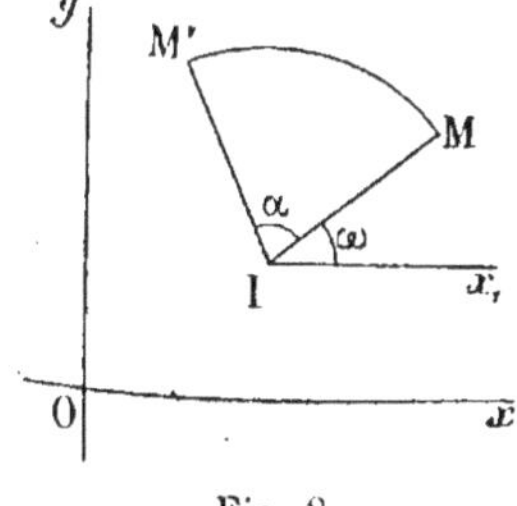

Fig. 8.

Si l'on désigne par ω l'angle de IM avec Ox, et par ρ la longueur IM, on a

$$x - x_0 = \rho \cos \omega,$$
$$y - y_0 = \rho \sin \omega,$$

puis

$$x' - x_0 = \rho \cos (\omega + \alpha),$$
$$y' - y_0 = \rho \sin (\omega + \alpha).$$

On en déduit immédiatement

$$x' - x_0 = (x - x_0) \cos \alpha - (y - y_0) \sin \alpha,$$
$$y' - y_0 = (x - x_0) \sin \alpha + (y - y_0) \cos \alpha.$$

75. *La surface du parallélogramme déterminé par les quatre droites* $ax + by \pm c = 0$, $a'x + b'y \pm c' = 0$ *est égale à*

$$\sin \theta . \left| \frac{4cc'}{ab' - ba'} \right| ,$$

θ *désignant l'angle des axes de coordonnées.*

IV. — Lieux géométriques.

76. *On donne deux axes quelconques Ox, Oy et un point P. Par ce point on mène une sécante variable rencontrant Ox au point A et Oy au point B; on joint le point A au milieu C de OP, et par le point D où AC rencontre Oy on mène une parallèle à OP qui rencontre la sécante PAB au point M. On demande de trouver le lieu du point M.*

Soient a, b les coordonnées du point P et

$$(1) \qquad y - b = \lambda(x - a)$$

l'équation de la sécante PAB. Le point A a pour abscisse $\dfrac{\lambda a - b}{\lambda}$ et l'équation de la droite AC s'écrit

$$\frac{y}{x - \dfrac{\lambda a - b}{\lambda}} = \frac{\dfrac{b}{2}}{\dfrac{a}{2} - \dfrac{\lambda a - b}{\lambda}};$$

cette droite rencontre Oy au point D qui a pour ordonnée $\dfrac{b(b - \lambda a)}{2b - \lambda a}$, et par suite l'équation de DM est

$$(2) \qquad y - \frac{b(b - \lambda a)}{2b - \lambda a} = \frac{b}{a}x.$$

On aura l'équation du lieu du point M en éliminant λ entre les équations (1) et (2).

De la première nous tirons $\lambda = \dfrac{y - b}{x - a}$, et en remplaçant λ par cette valeur dans l'équation (2) nous obtenons

$$y - \frac{b[b(x - a) - a(y - b)]}{[2b(x - a) - a(y - b)]} = \frac{b}{a}x,$$

ou

$$y - \frac{b}{a}x - \frac{b(bx - ay)}{2bx - ay - ab} = 0,$$

ou encore

$$(ay - bx)(2bx - ay - ab) - ab(bx - ay) = 0$$

ou enfin, en mettant $bx - ay$ en facteur,

$$(bx - ay)(2bx - ay) = 0.$$

Cette équation représente deux droites. La première,

$$bx - ay = 0,$$

est la droite OP. Il est facile de voir que c'est un lieu singulier. En effet, si nous prenons un point (x_0, y_0) sur cette droite, nous avons $\frac{y_0}{x_0} = \frac{b}{a}$; la valeur de λ correspondante est

$$\lambda = \frac{y_0 - b}{x_0 - a} = \frac{b}{a},$$

et si nous remplaçons λ par $\frac{b}{a}$ dans les équations (1) et (2), elles représentent toutes deux la droite OP. En d'autres termes, lorsque la sécante PAB se confond avec OP, la droite DM coïncide aussi avec OP. On peut donc considérer OP comme un lieu singulier.

Le véritable lieu est la droite $2bx - ay = 0$; on vérifiera aisément que cette droite est la conjuguée harmonique de Ox par rapport à Oy et OP.

77. *Étant donné un triangle* ABC, *déterminer un carré* MNPQ *tel que le côté* PQ *repose sur* AB, *et que le côté opposé* MN *ait ses extrémités* M *et* N *respectivement sur les côtés* AC *et* BC. *Puis, en supposant que* A *et* B *soient fixes et que le point* C *décrive une droite, montrer que les sommets* M, N *et le centre du carré décrivent des droites.*

Prenons pour axes AB et la perpendiculaire au milieu, et désignons par $+a$ et $-a$ les abscisses des points A et B et par x_0, y_0 les coordonnées du point C.

Une droite parallèle à AB, $y=\lambda$, rencontre AC et BC aux points M et N dont les abscisses sont

$$x = a + \frac{\lambda(x_0 - a)}{y_0}, \qquad x = -a + \frac{\lambda(x_0 + a)}{y_0}.$$

Pour que la figure formée par M, N et les projections de ces points sur AB soit un carré, il faut que l'ordonnée λ des points M et N soit égale en valeur absolue à la différence des abscisses des points M et N. Cette différence est $2a - \frac{2a\lambda}{y_0}$; on aura donc :

$$\text{ou bien} \quad 2a - \frac{2a\lambda}{y_0} = \lambda, \qquad \text{d'où} \qquad \lambda = \frac{2ay_0}{2a+y_0},$$

$$\text{ou bien} \quad 2a - \frac{2a\lambda}{y_0} = -\lambda, \qquad \text{d'où} \qquad \lambda = \frac{2ay_0}{2a-y_0}.$$

Il y a donc en général deux solutions, c'est-à-dire deux carrés répondant à la question.

Considérons l'un d'eux, celui qui correspond à la valeur

$$\lambda = \frac{2ay_0}{2a+y_0}.$$

Les coordonnées du point M sont

$$x = \frac{a(2x_0+y_0)}{2a+y_0}, \qquad y = \frac{2ay_0}{2a+y_0},$$

et celles du point N $\quad x = \frac{a(2x_0-y_0)}{y_0+2a}, \quad y = \frac{2ay_0}{y_0+2a}.$

L'ordonnée du centre ω du carré est la moitié de celle du point M, et l'abscisse de ω est la demi-somme des abscisses des points M et N. Donc les coordonnées du point ω sont

$$x = \frac{2ax_0}{y_0+2a}, \qquad y = \frac{ay_0}{y_0+2a}.$$

Lorsque le point C décrit la droite $Ax + By + C = 0$, le point M décrit un lieu géométrique dont l'équation s'obtient en éliminant x_0, y_0 entre les trois équations

$$x = \frac{a(2x_0 + y_0)}{2a + y_0}, \qquad y = \frac{2ay_0}{2a + y_0}, \qquad Ax_0 + By_0 + C = 0.$$

Des deux premières on tire $y_0 = \frac{2ay}{2a - y}$, $x_0 = \frac{a(2x - y)}{2a - y}$, et, en portant ces valeurs dans la troisième, on obtient

$$Aa(2x - y) + B.2ay + C(2a - y) = 0,$$

ou

$$2a(Ax + By + C) - (Aa + C)y = 0.$$

Cette équation représente une droite qui passe par le point I où AB rencontre la droite que décrit le point C.

On verra de même que le point N et le point ω décrivent respectivement les droites

$$2a(Ax + By + C) + (Aa - C)y = 0,$$
$$a(Ax + By + C) + y(Ba - C) = 0,$$

qui passent aussi par le point I.

78. *On donne deux axes rectangulaires Ox, Oy et un point $P(a, b)$. Par ce point on mène deux droites rectangulaires variables dont l'une rencontre Ox au point A et l'autre Oy au point B.*

Trouver le lieu de la projection du point P sur AB.

Si on désigne par m le coefficient angulaire de PB, celui de PA est $-\frac{1}{m}$, l'abscisse de A est $a + bm$, l'ordonnée de B $b - am$, et l'équation de AB est

$$(1) \qquad \frac{x}{a + bm} + \frac{y}{b - am} - 1 = 0.$$

On en déduit aussitôt l'équation de la perpendiculaire abaissée de P sur AB :

$$(2) \qquad (x-a)(a+bm)-(y-b)(b-am)=0,$$

et il faut éliminer m entre ces deux équations.

Nous écrivons la seconde

$$\frac{a+bm}{y-b}=\frac{b-am}{x-a};$$

puis, nous multiplions le premier rapport haut et bas par a, le deuxième haut et bas par b, et nous ajoutons terme à terme. Nous formons ainsi un rapport égal aux deux premiers et qui ne contient pas m,

$$\frac{a+bm}{y-b}=\frac{b-am}{x-a}=\frac{a^2+b^2}{a(y-b)+b(x-a)},$$

et nous avons

$$a+bm=\frac{(a^2+b^2)(y-b)}{a(y-b)+b(x-a)},$$

$$b-am=\frac{(a^2+b^2)(x-a)}{a(y-b)+b(x-a)}.$$

Nous n'avons plus qu'à porter les valeurs de $a+bm$ et $b-am$ dans l'équation (1) pour obtenir l'équation du lieu. Nous avons ainsi

$$\frac{x\,[a(y-b)+b(x-a)]}{(a^2+b^2)(y-b)}+\frac{y\,[a(y-b)+b(x-a)]}{(a^2+b^2)(x-a)}-1=0.$$

L'équation se simplifie beaucoup si on transporte l'origine au point P, les axes restant parallèles à eux-mêmes : il faut pour cela changer x en $x+a$, y en $y+b$, on obtient ainsi

$$\frac{(x+a)(ay+bx)}{(a^2+b^2)\,y}+\frac{(y+b)(ay+bx)}{(a^2+b^2)\,x}-1=0,$$

ou

$$(ay + bx)\left[x(x + a) + y(y + b)\right] - (a^2 + b^2)xy = 0,$$

ou enfin

$$(x^2 + y^2)(ay + bx + ab) = 0.$$

Comme $x^2 + y^2$ est toujours positif, le lieu a pour équation $bx + ay + ab = 0$, ou, en revenant aux premiers axes,

$$bx + ay - ab = 0.$$

Cette équation représente la droite qui joint les projections du point P sur Ox et Oy.

Autre méthode. — Donnons-nous les coordonnées α, β d'un point M du lieu ; par ce point nous menons une droite (D) perpendiculaire à MP, nous considérons les points A, B où cette droite rencontre Ox, Oy respectivement, et nous écrivons que les droites PA et PB sont perpendiculaires.

La droite (D) a pour équation

$$(x - \alpha)(a - \alpha) + (y - \beta)(b - \beta) = 0,$$

le point A a pour abscisse $\dfrac{\alpha(a - \alpha) + \beta(b - \beta)}{a - \alpha}$, le point B a pour ordonnée $\dfrac{\alpha(a - \alpha) + \beta(b - \beta)}{b - \beta}$; les coefficients angulaires de PA et PB sont

$$\frac{b}{a - \dfrac{\alpha(a - \alpha) + \beta(b - \beta)}{a - \alpha}}, \qquad \frac{b - \dfrac{\alpha(a - \alpha) + \beta(b - \beta)}{b - \beta}}{a},$$

ou

$$\frac{b(a - \alpha)}{(a - \alpha)^2 - \beta(b - \beta)}, \qquad \frac{(b - \beta)^2 - \alpha(a - \alpha)}{a(b - \beta)}.$$

Il suffit d'écrire que le produit de ces coefficients angulaires est égal à -1. Nous obtenons

$$\frac{b(a-\alpha)}{(a-\alpha)^2-\beta(b-\beta)} \cdot \frac{(b-\beta)^2-\alpha(a-\alpha)}{a(b-\beta)} = -1.$$

En y remplaçant α, β par x, y, on a l'équation du lieu. On transporte ensuite l'origine au point (a, b) et on est conduit au même résultat que plus haut.

79. *Soient* Δ_1, Δ_2, Δ_3 *trois droites concourantes, et* P_1, P_2 *deux points fixes. Une droite variable* Δ, *passant par le point* P_1, *rencontre* Δ_1 *en* M_1 *et* Δ_2 *en* M_2. *Les droites* P_2M_1 *et* P_2M_2 *rencontrent* Δ_3 *en* M'_1 *et* M'_2. *Démontrer que chacune des droites* $M_1M'_2$ *et* $M_2M'_1$ *passe par un point fixe, et que leur point de rencontre décrit une droite fixe passant par le point commun à* Δ_1, Δ_2, Δ_3.

Si on prend comme axes Δ_1, Δ_2, et si on désigne par $y = mx$ l'équation de Δ_3, par (α, β) et (α', β') les coordonnées de P_1 et P_2, et par λ le coefficient angulaire de Δ, on trouve pour équation de $M_1M'_2$

$$\lambda\left[(\alpha'-\alpha)y - m\alpha' x + m\alpha\alpha'\right] - (\beta'-\beta)y + m\alpha'(y-\beta) = 0,$$

et pour celle de $M_2M'_1$

$$\lambda\left[(x-\alpha)\beta' - mx(\alpha'-\alpha)\right] - \beta'(y-\beta) + mx(\beta'-\beta) = 0.$$

Chacune de ces droites passe par un point fixe situé sur P_1P_2.

On obtient le lieu de leur point de rencontre en éliminant λ entre ces deux équations. Le lieu se décompose; on trouve d'abord la droite P_1P_2 qui est un lieu singulier, puis la droite

$$\beta' y - m^2\alpha' x = 0,$$

qui est le véritable lieu.

80. *Par le milieu O de la base BC d'un triangle ABC on mène une droite variable qui rencontre les côtés AB et AC aux points D et E. On demande le lieu géométrique du point de rencontre des droites BE et CD.*

En prenant comme axes BC et OA, on verra aisément que le lieu est la parallèle à BC menée par le point A.

81. *On donne deux axes rectangulaires Ox, Oy, un point fixe A sur Ox et deux points variables P et Q sur Oy, tels que l'on ait $\overline{OP}.\overline{OQ} = k^2$, k^2 étant une constante. Par les points P et Q on mène des perpendiculaires à AP et AQ respectivement; ces perpendiculaires se rencontrent en un point M. On demande de trouver le lieu du point M.*

Si on désigne par a l'abscisse du point A et par λ et μ les ordonnées des points P et Q, on voit aisément que les équations des droites PM et QM sont

$$ax - \lambda y + \lambda^2 = 0, \qquad ax - \mu y + \mu^2 = 0;$$

et pour avoir le lieu, il faut éliminer λ et μ entre ces deux équations et la relation $\lambda\mu = k^2$.

Cela revient à écrire que ces trois équations ont un ensemble de solutions communes en λ et μ, ou que le produit des racines de l'équation en u, $ax - uy + u^2 = 0$, est égal à k^2.

On obtient ainsi $ax = k^2$; ce qui montre que le lieu du point M est une droite parallèle à Oy.

Pour qu'un point (x, y) de cette droite soit un point du lieu, il faut encore que l'équation en u ait ses racines réelles, ce qui donne la condition $y^2 - 4ax > 0$, ou en remplaçant ax par k^2, $y^2 - 4k^2 > 0$. Ceci exprime que y doit être extérieur à l'intervalle $(-2k, +2k)$.

Si l'on désigne par B et B' les points de la droite $ax = k^2$ qui ont pour ordonnées $+2k$ et $-2k$, on voit que le lieu du point M se compose des deux parties de cette droite extérieures au segment BB'.

82. *On donne deux points A, B et une droite Δ perpendiculaire à AB. On joint A et B à un point variable C pris sur Δ; puis, par le point A on mène une perpendiculaire à AC et par le point B une perpendiculaire à BC. Trouver le lieu géométrique du point de rencontre de ces deux perpendiculaires.*

Le lieu est la droite symétrique de Δ par rapport au milieu de AB.

83. *On donne deux axes obliques Ox, Oy et une droite D. Par un point P variable sur D on mène une parallèle à Oy, qui rencontre Ox en A, et une parallèle à Ox, qui rencontre Oy en B. Trouver le lieu du point de concours des hauteurs du triangle OAB.*

84. *On donne deux droites parallèles D, D′ et trois points A, B, C en ligne droite. Par le point A on mène une sécante quelconque rencontrant D et D′ aux points H et H′ respectivement. On joint BH et CH′ qui se coupent en M, BH′ et CH qui se coupent en M′. Démontrer que les lieux géométriques de M et M′ sont des droites parallèles à D.*

On pourra prendre comme axes la droite D et la droite ABC.

85. *On donne deux axes quelconques Ox, Oy, et on considère deux points variables A et B situés respectivement sur Ox et Oy et tels que l'on ait $\overline{OA} + \overline{OB} = a$. Par le point A on mène une perpendiculaire à Ox, et par le point B une perpendiculaire à Oy. Lieu du point de rencontre de ces perpendiculaires.*

Le lieu est la droite $x + y = \dfrac{a}{1 + \cos\theta}$.

86. *On donne deux axes* Ox, Oy, *un point* A *fixe sur* Ox *et un point* B *fixe sur* Oy. *On considère deux points variables* C *et* D, *le premier sur* Ox, *le deuxième sur* Oy, *et tels que le rapport* $\frac{\overline{AC}}{\overline{BD}}$ *soit égal à un nombre constant* k; *puis, on prend sur la droite* CD *un point* M *tel que le rapport* $\frac{\overline{MC}}{\overline{MD}}$ *soit égal aussi à un nombre constant* h. *Trouver le lieu du point* M.

Soient $\overline{OA}=a$, $\overline{OB}=b$, $\overline{AC}=\lambda$, $\overline{BD}=\mu$; les coordonnées du point M sont

$$x=\frac{a+\lambda}{1-h}, \qquad y=\frac{-(b+\mu)h}{1-h}.$$

Le lieu s'obtient en éliminant λ et μ entre ces deux équations et la relation $\frac{\lambda}{\mu}=k$.

87. *Lieu des points tels que la somme de leurs distances à deux droites fixes soit constante et égale à* a.

Prenons les deux droites comme axes de coordonnées, et soient x, y les coordonnées d'un point M du lieu. Les distances de ce point aux axes Oy et Ox respectivement étant

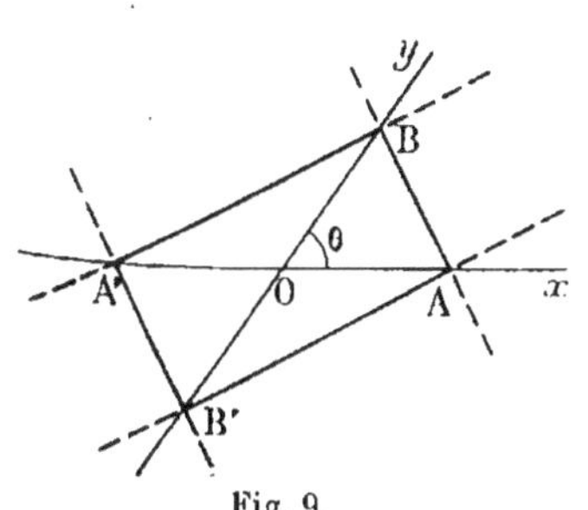

Fig. 9.

$$|x|\sin\theta \quad \text{et} \quad |y|\sin\theta,$$

on doit avoir

$$(1) \qquad |x|+|y|=\frac{a}{\sin\theta}.$$

Construisons les points A et A′ de l'axe Ox qui ont pour abscisses $\frac{a}{\sin\theta}$ et $-\frac{a}{\sin\theta}$, et les points B et B′ de Oy dont les ordonnées sont égales à $\frac{a}{\sin\theta}$ et $-\frac{a}{\sin\theta}$.

Pour interpréter géométriquement la relation (1), il faut faire des hypothèses sur les signes de x et y.

1° Si x et y sont positifs, la relation s'écrit $x+y=\frac{a}{\sin\theta}$; elle montre que le point M doit être situé sur la droite AB entre A et B.

2° Si $x>0$, $y<0$, on a $x-y=\frac{a}{\sin\theta}$; le point M doit être situé sur AB′ entre A et B′, ... etc.

On en conclut que le lieu du point M se compose des quatre côtés du rectangle ABA′B′.

88. *Lieu des points tels que la différence de leurs distances à deux droites fixes soit constante et égale à* $a, (a>0)$, *en valeur absolue.*

Un raisonnement analogue au précédent montre que le lieu se compose des prolongements des côtés du rectangle ABA′B′, tracés en trait discontinu sur la figure 9.

89. *Soient* d *et* d' *les distances d'un point variable* M *à deux droites fixes* D *et* D′; *trouver le lieu du point* M *tel que l'on ait* $\alpha d+\alpha' d'=a$, α *et* α' *étant deux nombres donnés positifs ou négatifs, et* a *une longueur positive ou négative également donnée.*

90. *Lieu des points tels que le rapport de leurs distances à deux droites données soit constant.*

Le lieu se compose de deux droites conjuguées harmoniques par rapport aux droites données.

91. *On donne un quadrilatère convexe* ABCD, *trouver le lieu du point* M *tel que la somme des aires des triangles* MAB *et* MCD *soit égale à la moitié de l'aire du quadrilatère.*

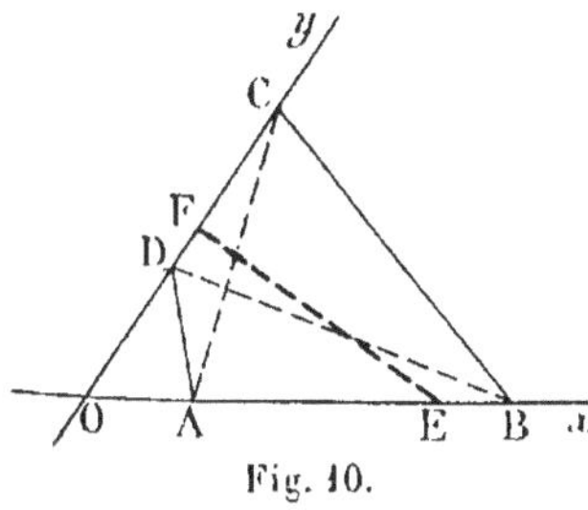

Fig. 10.

On prend comme axes AB et CD ; on se donne les coordonnées x, y d'un point du lieu, et on distingue différents cas suivant les signes de ces coordonnées.

On trouvera en particulier que lorsque x et y sont positifs, le lieu se compose de la portion de droite qui joint les milieux des diagonales AC et BD, cette portion étant limitée en E et F aux demi-droites Ox et Oy.

CHAPITRE II

CERCLE

I. — Exercices divers.

92. *On donne deux points* $A(x_1, y_1)$ *et* $B(x_2, y_2)$ *rapportés à deux axes rectangulaires. Former l'équation du cercle qui a pour diamètre* AB.

On peut envisager ce cercle comme le lieu des points M tels que l'angle AMB soit droit. Si on désigne par (x, y) les coordonnées d'un point M du lieu, les coefficients angulaires des droites MA, MB sont $\frac{y-y_1}{x-x_1}$, $\frac{y-y_2}{x-x_2}$, et pour que ces droites soient perpendiculaires, il faut qu'on ait

$$\frac{y-y_1}{x-x_1} \cdot \frac{y-y_2}{x-x_2} = -1,$$

ou

$$(x-x_1)(x-x_2)+(y-y_1)(y-y_2)=0;$$

c'est l'équation du cercle cherché.

On vérifiera aisément que le centre de ce cercle est le milieu de AB et que son rayon est égal à $\frac{AB}{2}$.

93. Cercle des neuf points. — *Dans un triangle les milieux des côtés, les pieds des hauteurs et les milieux des segments* *limités à chaque sommet et au point de concours des hauteurs sont situés sur un même cercle.*

Ce cercle est homothétique du cercle circonscrit au triangle, le centre d'homothétie étant le point de concours des hauteurs et le rapport d'homothétie étant égal à $\frac{1}{2}$.

Soit le triangle ABC ; prenons comme axe des x le côté BC et comme axe des y la hauteur AO. Nous désignerons par b et c les abscisses des points B et C et par a l'ordonnée du point A.

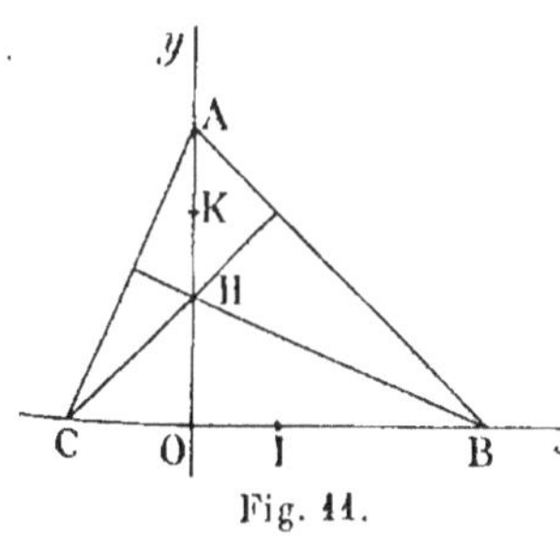

Fig. 11.

Soient en outre H le point de concours des hauteurs, I le milieu de BC et K le milieu de AH.

Le point I a pour abscisse $\frac{b+c}{2}$, et le point H a pour ordonnée $-\frac{bc}{a}$ (24) ; donc le point K a pour ordonnée

$$\frac{1}{2}\left(a-\frac{bc}{a}\right) \qquad \text{ou} \qquad \frac{a^2-bc}{2a}.$$

On peut donc écrire immédiatement l'équation du cercle qui passe par les trois points O, I, K ; on obtient

$$(1) \qquad x^2+y^2-\frac{b+c}{2}x-\frac{a^2-bc}{2a}y=0.$$

On vérifie sans difficulté que ce cercle passe par les milieux de AB et de AC. Ceci suffit à démontrer le théorème. En effet, l'équation (1) représente le cercle qui passe par les milieux des côtés. Or ce cercle passe par le point O, qui est le pied d'une hauteur quelconque ; donc ce cercle passe par les pieds des trois hauteurs. De même, ce cercle, passant par le milieu de AH (A étant un sommet quelconque), passe aussi par les milieux de BH et CH.

On pourra d'ailleurs le vérifier, ce qui constituera un bon exercice de calcul.

D'autre part, le cercle circonscrit au triangle ABC a pour équation

$$(2) \qquad x^2 + y^2 - (b + c)x - \frac{a^2 + bc}{a}y + bc = 0.$$

Soit $M(x, y)$ un point de ce cercle; prenons sur la droite HM un point M′ tel que

$$\frac{\overline{HM'}}{\overline{HM}} = \frac{1}{2}.$$

Si nous désignons par x', y' les coordonnées de M′ et par x_0, y_0 celles de H, cette égalité nous donne

$$x_0 = \frac{x' - \frac{1}{2}x}{1 - \frac{1}{2}}, \qquad y_0 = \frac{y' - \frac{1}{2}y}{1 - \frac{1}{2}},$$

ou, en remplaçant x_0 par 0 et y_0 par $-\frac{bc}{a}$,

$$x = 2x', \qquad y = 2y' + \frac{bc}{a}.$$

Remplaçons x et y par ces valeurs dans l'équation (2), nous obtenons

$$4x'^2 + \left(2y' + \frac{bc}{a}\right)^2 - 2(b + c)x' - \frac{a^2 + bc}{a}\left(2y' + \frac{bc}{a}\right) + bc = 0,$$

ou

$$x'^2 + y'^2 - \frac{b + c}{2}x' - \frac{a^2 - bc}{2a}y' = 0,$$

ce qui montre que le point M′ est sur le cercle des neuf points.

94. *On considère sur un cercle deux points fixes* A, B *et un point variable* M. *Démontrer que l'angle que fait la droite* MA *avec la droite* MB *est constant.*

Prenons la droite AB pour axe des x, l'axe des y étant perpendiculaire au milieu de AB ; si nous désignons par a et $-a$ les abscisses des points A et B, l'équation du cercle est

$$x^2 + y^2 - 2by - a^2 = 0.$$

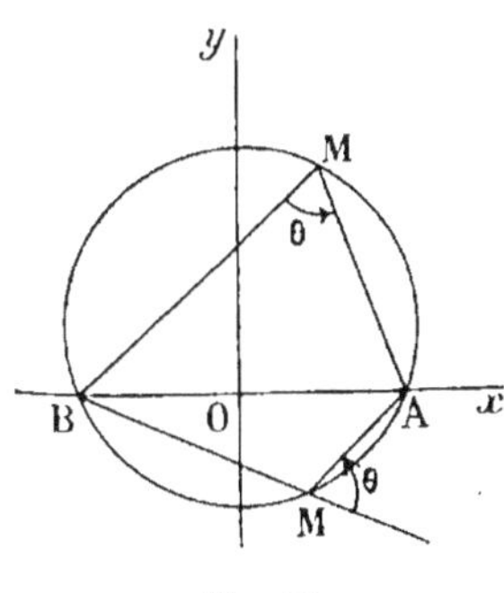

Fig. 12.

Soit $M(x,y)$ un point du cercle et soit θ l'angle (MB, MA) [1] ; nous avons

$$\operatorname{tg}\theta = \frac{\dfrac{y}{x-a} - \dfrac{y}{x+a}}{1 + \dfrac{y^2}{x^2 - a^2}} = \frac{2ay}{x^2 + y^2 - a^2}.$$

Comme le point M est sur le cercle, on a $x^2 + y^2 - a^2 = 2by$, et par suite $\operatorname{tg}\theta = \dfrac{a}{b}$.

95. Droite de Simson. — *La condition nécessaire et suffisante pour que les projections d'un point sur les côtés d'un*

---

(1) Étant données deux droites D et D′ se coupant au point I, nous représentons par (D, D′) l'angle de D′ avec D, c'est-à-dire le plus petit angle dont il faut faire tourner la droite D autour du point I dans le sens positif d'orientation du plan, pour l'amener à coïncider avec D′. Le sens positif est celui qui amène Ox sur Oy après une rotation inférieure à π autour du point O.

Si les axes sont rectangulaires, on a

$$\operatorname{tg}(D, D') = \frac{m' - m}{1 + mm'},$$

m et m' étant les coefficients angulaires de D et D′, et si les axes sont obliques

$$\operatorname{tg}(D, D') = \frac{(m' - m)\sin\theta}{1 + mm' + (m + m')\cos\theta}.$$

triangle soient en ligne droite est que ce point soit situé sur le cercle circonscrit au triangle.

Soit le triangle ABC. Prenons pour axe des x le côté BC, et pour axe des y la hauteur correspondante AO; désignons par b, c les abscisses des points B, C, et par a l'ordonnée du point A.

On vérifiera aisément que le cercle circonscrit au triangle a pour équation

$$x^2 + y^2 - (b + c)x - \frac{a^2 + bc}{a} y + bc = 0.$$

Cela posé, soit $P(x_0, y_0)$ un point du plan, et soient A′, B′, C′ les projections de ce point sur les côtés BC, CA, AB du triangle.

Les coordonnées du point A′ sont x_0 et 0; pour avoir celles du point B′, il faut résoudre les équations des droites AC et PB′, qui sont

$$\frac{x}{c} + \frac{y}{a} - 1 = 0, \qquad c(x - x_0) = a(y - y_0).$$

On en tire aisément

$$x_1 = \frac{c(cx_0 - ay_0 + a^2)}{a^2 + c^2}, \qquad y_1 = \frac{a(-cx_0 + ay_0 + c^2)}{a^2 + c^2},$$

et on en déduit les coordonnées x_2, y_2 du point C′ en y remplaçant c par b.

Pour que les points A′, B′, C′ soient en ligne droite, il faut qu'on ait

$$\frac{y_1}{x_1 - x_0} = \frac{y_2}{x_2 - x_0}.$$

On trouve aisément

$$\frac{y_1}{x_1 - x_0} = \frac{cx_0 - ay_0 - c^2}{ax_0 + cy_0 - ac},$$

et $\dfrac{y_2}{x_2 - x_0}$ s'en déduit en remplaçant c par b.

On doit donc avoir, pour que A', B', C' soient en ligne droite,

$$\frac{cx_0 - ay_0 - c^2}{ax_0 + cy_0 - ac} = \frac{bx_0 - ay_0 - b^2}{ax_0 + by_0 - ab},$$

ou, en chassant le dénominateur et en divisant par $b - c$,

$$x_0^2 + y_0^2 - (b + c)x_0 - \frac{a^2 + bc}{a} y_0 + bc = 0,$$

et cette relation exprime que le point P est sur le cercle circonscrit au triangle ABC.

96. *Par le sommet* A *d'un carré* ABCD *on mène une droite qui rencontre* BC *en* E *et* CD *en* F. *Démontrer que la droite qui joint le point* F *au milieu* I *de* BE *est tangente au cercle inscrit au carré, et rencontre la droite* DE *en un point* M *situé sur le cercle circonscrit au carré.*

On peut prendre comme axes de coordonnées les axes du carré, c'est-à-dire les droites qui joignent les milieux des côtés opposés.

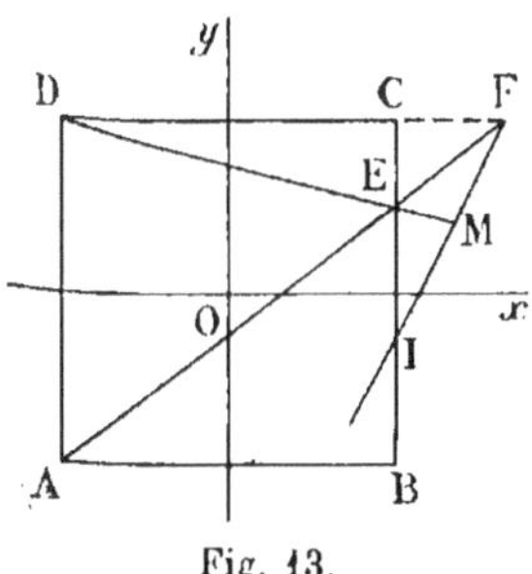

Fig. 13.

Si on désigne par $2a$ la longueur du côté, les coordonnées de A seront $(-a, -a)$, celles de B $(a, -a)$, celles de C (a, a), et enfin celles de D $(-a, a)$.

Soit $y + a = m(x + a)$ l'équation de la sécante AEF. On en déduit aisément celle de la droite FI, on trouve

$$(1) \qquad (m^2 - 2m)x - 2y(m - 1) + a(m^2 - 2m + 2) = 0,$$

et on vérifie que la distance de cette droite à l'origine est égale à a ; ce qui démontre la première partie.

Ensuite, on considère la droite DE qui a pour équation

$$(2) \qquad x(m - 1) - y + am = 0,$$

et pour avoir les coordonnées du point M il faut résoudre les équations (1) et (2). Auparavant, on remplace l'équation (1) par la suivante

$$(3) \qquad x + y(m-1) + a(m-2) = 0,$$

qu'on obtient en multipliant respectivement les équations (1) et (2) par -1 et $m-1$, et en les ajoutant membre à membre.

On trouve alors pour les coordonnées du point M

$$x = -\frac{a(m^2-2)}{m^2-2m+2}, \qquad y = -\frac{a(m^2-4m+2)}{m^2-2m+2},$$

et on constate aisément que ces valeurs vérifient l'équation du cercle circonscrit au carré, $x^2+y^2-2a^2=0$.

Remarque. — On peut opérer un peu plus rapidement. Pour montrer que la droite FI est tangente au cercle inscrit, il suffit de montrer que ce cercle est l'enveloppe de la droite, et pour cela qu'on obtient l'équation de ce cercle en écrivant que l'équation (1) a une racine double en m.

En second lieu, si on élimine m entre (2) et (3), on obtient l'équation du lieu du point M, et on trouve aisément le cercle $x^2+y^2-2a^2=0$.

97. *On donne deux axes rectangulaires Ox, Oy, un point P mobile sur Ox d'abscisse α et un point Q mobile sur Oy d'ordonnée β et tels que l'on ait $\alpha+\beta=2a$, a étant une longueur positive donnée. Sur PQ comme diagonale on construit un carré PQRS, et on demande de démontrer que l'un des sommets R reste fixe et que l'autre se déplace sur une droite.*

On détermine les points R et S en prenant l'intersection du cercle décrit sur PQ comme diamètre avec la perpendiculaire à PQ en son milieu. On trouve ainsi pour l'un des points

$$x = \frac{\alpha+\beta}{2} = a, \qquad y = \frac{\alpha+\beta}{2} = a,$$

c'est le point fixe, et pour l'autre

$$x = \frac{\alpha - \beta}{2}, \qquad y = \frac{\beta - \alpha}{2},$$

et celui-ci se déplace sur la droite $x + y = 0$.

98. *On donne deux axes rectangulaires* Ox, Oy, *deux points* A *et* A′ *situés sur l'axe* Ox, *et un point* B *situé sur l'axe* Oy.

1° *Soit* M *un point quelconque de l'axe* Ox ; *on demande de former les équations des cercles circonscrits aux triangles* ABM *et* A′BM.

2° *Calculer les coordonnées des centres* C, C′ *de ces cercles, leurs rayons* R, R′ *et la distance* CC′ *de leurs centres.*

3° *Le point* M *se déplaçant sur* Ox, *montrer que les centres* C *et* C′ *décrivent chacun une droite, et que le rapport des rayons* R, R′ *est constant.*

4° *Former l'équation de la droite* CC′. *Montrer que par un point* P *du plan passent deux de ces droites, et trouver le lieu du point* P *pour que ces deux droites soient perpendiculaires.*

On représentera par a, a' *les abscisses des points* A, A′, *par* b *l'ordonnée du point* B, *et par* m *l'abscisse du point variable* M.

Le cercle circonscrit au triangle ABM a pour équation

$$x^2 + y^2 - (a + m)x - \frac{b^2 + am}{b} y + am = 0.$$

Son centre a pour coordonnées $x = \dfrac{a + m}{2}$, $y = \dfrac{b^2 + am}{2b}$,

et son rayon R est égal à $\sqrt{\dfrac{(b^2 + a^2)(b^2 + m^2)}{4b^2}}$.

Résultats analogues pour le cercle circonscrit au triangle A′BM ; il suffit de changer a en a'.

Le point C décrit la perpendiculaire au milieu de AB, et

$$\frac{R}{R'} = \sqrt{\frac{b^2 + a^2}{b^2 + a'^2}}.$$

L'équation de CC' est

$$2mx - 2by + b^2 - m^2 = 0.$$

Le lieu demandé dans la quatrième partie est l'axe des x.

99. *On donne un triangle* ABC *et un point* P.

1° *Démontrer qu'il existe deux droites* D *et* D' *passant par le point* P, *telles que le milieu du segment déterminé par chacun des côtés du triangle sur ces deux droites coïncide avec le milieu de ce côté.*

2° *Dans quelle région du plan doit être placé le point* P *pour que le problème soit possible?*

3° *Quel lieu doit décrire le point* P *pour que ces deux droites soient perpendiculaires?*

On peut prendre comme axes de coordonnées CA et CB. En posant CA $= 2a$, CB $= 2b$ et en désignant par α, β les coordonnées du point P, on trouve que les coefficients angulaires des droites D et D' sont racines de l'équation

$$(1) \qquad \alpha(\alpha - a)m^2 - 2m(\alpha - a)(\beta - b) + \beta(\beta - b) = 0.$$

Cette équation a ses racines réelles si l'on a

$$(\alpha - a)(\beta - b)\left(\frac{\alpha}{a} + \frac{\beta}{b} - 1\right) < 0.$$

Cette inégalité exprime que le point P doit se trouver dans la région négative de la courbe représentée par l'équation

$$(x - a)(y - b)\left(\frac{x}{a} + \frac{y}{b} - 1\right) = 0.$$

Cette courbe se décompose en trois droites qui joignent deux à deux les milieux des côtés du triangle ABC. Comme l'origine des coordonnées est dans la région négative de cette courbe, on en déduit immédiatement que l'équation (1) aura ses racines réelles lorsque le point P sera situé dans la région du plan qui n'est pas couverte de hachures.

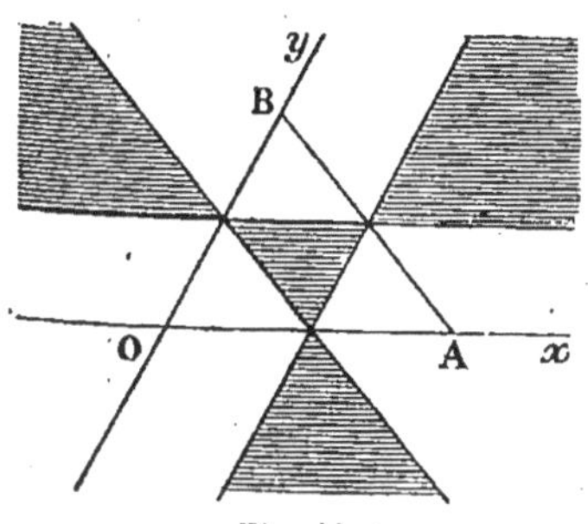

Fig. 14.

Pour que les deux droites soient perpendiculaires, il faut que les racines de l'équation (1) vérifient la relation

$$1 + mm' + (m + m') \cos \theta = 0 ;$$

pour qu'il en soit ainsi, il faut que le point P soit sur le cercle passant par les milieux des côtés du triangle ABC.

100. *Dans un cercle donné de centre* O *on considère un diamètre fixe* AB *et un rayon mobile* OC. *Par les points* A, O, C *on fait passer un cercle de centre* D, *et par les points* B, O, C *un cercle de centre* E ; *on joint* AD, BE *qui se coupent au point* M. *Démontrer que :*

1° *Le point* M *est sur le cercle donné ;*

2° *La droite* CM *est parallèle à* AB ;

3° *Les cinq points* O, C, D, E, M *sont sur une même circonférence.*

On prend comme axes le diamètre AB et le diamètre perpendiculaire ; on désigne par R le rayon, par $+R$ et $-R$ les abscisses de A et B et par φ l'angle de OC avec Ox. Les coordonnées du point C sont alors $R \cos \varphi$ et $R \sin \varphi$.

On trouve alors que les coordonnées du point D sont $\frac{R}{2}$ et $\frac{R}{2} \operatorname{tg} \frac{\varphi}{2}$, et celles du point E, $-\frac{R}{2}$ et $\frac{R}{2} \operatorname{cotg} \frac{\varphi}{2}$.

Les cinq points O, C, D, E, M sont situés sur le cercle

$$x^2 + y^2 - \frac{Ry}{\sin \varphi} = 0.$$

101. *On donne un triangle* OAB *rectangle en* O ; *par le point* O *on mène une droite quelconque et on abaisse sur cette droite les perpendiculaires* AA′ *et* BB′. *Démontrer que le cercle qui a pour diamètre* A′B′ *passe par un point fixe.*

Ce point fixe est la projection de O sur AB.

102. *On donne une circonférence de diamètre* AB *et une droite* Δ *perpendiculaire à* AB *et rencontrant ce diamètre au point* C, *symétrique de* B *par rapport à* A. *Par le point* A *on mène une sécante variable qui rencontre* Δ *en* P *et le cercle en* H. *La droite* BH *rencontre* Δ *en* Q, *et la droite* AQ *coupe le cercle en* K. *Par les points* P *et* Q *on mène des parallèles au diamètre* AB, *qui rencontrent respectivement* AQ *en* R *et* AP *en* M.

1° *Le produit* $\overline{CP} \cdot \overline{CQ}$ *est constant ;*

2° *Les points* P, K, B *sont en ligne droite ;*

3° *Les points* R, B, M *sont en ligne droite ;*

4° *La droite* MK *passe par un point fixe ;*

5° *La droite* HK *passe par un point fixe.*

103. *Soit* O *le centre du cercle circonscrit à un triangle* ABC, *et soient* α, β, γ *les centres des cercles circonscrits respectivement aux triangles* BOC, COA, AOB. *Démontrer que les droites* Aα, Bβ, Cγ *sont concourantes.*

Prenons le point O comme origine de deux axes rectangulaires Ox, Oy et soient

$$x^2 + y^2 - R^2 = 0,$$

$$P_1 \equiv a_1x + b_1y + 1 = 0,$$
$$P_2 \equiv a_2x + b_2y + 1 = 0,$$
$$P_3 \equiv a_3x + b_3y + 1 = 0$$

les équations du cercle et des côtés BC, CA, AB du triangle.

Un cercle quelconque passant par les points B et C a une équation de la forme [1]

$$x^2 + y^2 - R^2 + \lambda(a_1x + b_1y + 1) = 0\,;$$

écrivons qu'il passe par l'origine, nous avons $\lambda = R^2$. Par suite, l'équation du cercle BOC est

$$x^2 + y^2 + R^2(a_1x + b_1y) = 0\,;$$

son centre α a pour coordonnées $-\frac{a_1R^2}{2}$, $-\frac{b_1R^2}{2}$, et l'équation de la droite $A\alpha$ qui joint le point α au point de rencontre des droites $P_2 = 0$, $P_3 = 0$ est

$$\frac{P_2}{-\frac{R^2}{2}(a_1a_2 + b_1b_2) + 1} = \frac{P_3}{-\frac{R^2}{2}(a_1a_3 + b_1b_3) + 1},$$

ou

$$P_2\left[R^2(a_1a_3 + b_1b_3) - 2\right] - P_3\left[R^2(a_1a_2 + b_1b_2) - 2\right] = 0.$$

On en déduit les équations de $B\beta$, $C\gamma$ par permutation circulaire d'indices, et on vérifie sans difficulté que ces trois droites sont concourantes.

Remarquons que dans cette démonstration nous n'avons pas exprimé que le cercle était circonscrit au triangle. Nous avons donc établi un théorème plus général, qu'on énoncera aisément.

---

[1] On sait qu'étant donnés un cercle $C = 0$ et une droite $P = 0$, l'équation générale des cercles passant par les points de rencontre du cercle et de la droite est $C + \lambda P = 0$.

De même, l'équation générale des cercles passant par les points de rencontre de deux cercles $C = 0$, $C' = 0$ est $C + \lambda C' = 0$.

104. *On donne trois points en ligne droite se suivant dans l'ordre* O, A, B, *et on considère deux demi-cercles* (γ) *et* (γ_1) *situés d'un même côté de la droite* OAB *et ayant respectivement pour diamètres* OA *et* OB. *Du milieu* P *de* AB *on mène à* AB *une perpendiculaire qui rencontre* (γ_1) *au point* M, *et on construit la tangente* PD *au demi-cercle* (γ). *Démontrer que les points* O, D, M *sont en ligne droite.*

En posant $OA = 2a$, $OB = 2b$ $(a > 0,\ b > 0,\ a < b)$, les équations des cercles sont

$$x^2 + y^2 - 2ax = 0, \qquad x^2 + y^2 - 2bx = 0.$$

Les coordonnées du point M sont

$$x_1 = a + b, \qquad y_1 = \sqrt{b^2 - a^2};$$

et pour avoir celles du point D, il suffit de prendre l'intersection du cercle (γ) et de la polaire du point P par rapport à ce cercle ; cette polaire a pour équation $(a + b) f'_x + f'_z = 0$, $[f(x, y)$ désignant le premier membre de l'équation du cercle $(\gamma)]$, ou

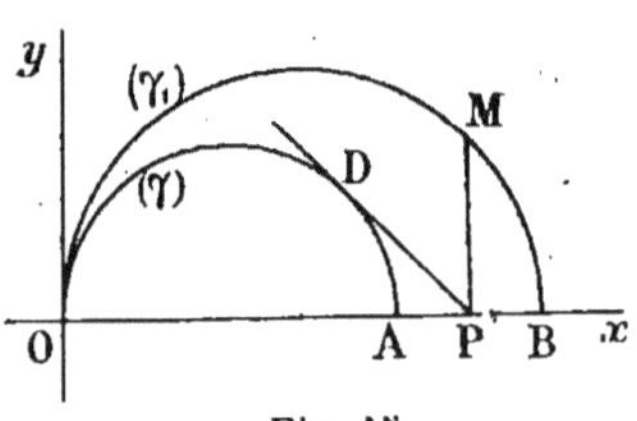

Fig. 15.

$$(a + b)(x - a) - ax = 0.$$

Les coordonnées du point D sont alors

$$x_2 = \frac{a(a + b)}{b}, \qquad y_2 = \frac{a}{b}\sqrt{b^2 - a^2}.$$

On en déduit $\frac{x_1}{x_2} = \frac{y_1}{y_2}$, ce qui montre que la droite DM passe par le point O.

105. *On prolonge le diamètre* AB *d'un cercle d'une longueur* $BC = AB$ *et par le point* C *on mène une droite* Δ *perpendi-*

culaire à BC. D'un point quelconque P de Δ on mène des tangentes au cercle qui rencontrent en H et K la tangente au point A. Démontrer que le centre de gravité du triangle PHK est fixe.

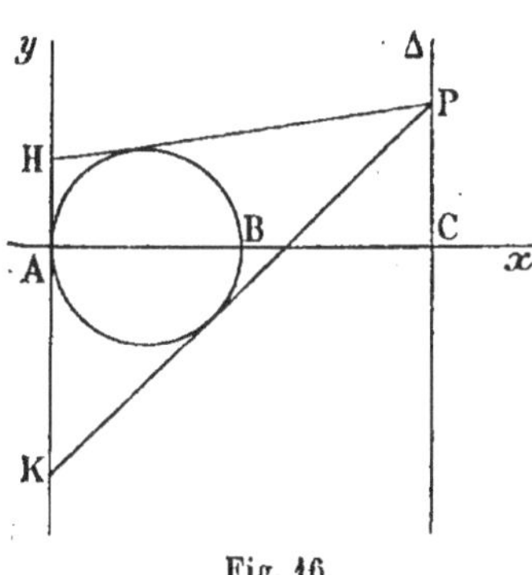

Fig. 16.

Soit

$$f(x, y) \equiv x^2 + y^2 - ax = 0$$

l'équation du cercle ; l'équation de Δ est $x - 2a = 0$, et les coordonnées du point P sont $2a$ et λ.

L'ensemble des tangentes issues de ce point au cercle a pour équation (1)

$$\left[2a(2x-a)+2\lambda y - ax\right]^2 - 4(x^2+y^2-ax)(4a^2+\lambda^2-2a^2)=0$$

ou $$(3ax + 2\lambda y - 2a^2)^2 - 4(x^2+y^2-ax)(2a^2+\lambda^2) = 0.$$

En y faisant $x = 0$, on obtient une équation du deuxième degré qui a pour racines les ordonnées des points H et K.

On en déduit que le centre de gravité du triangle PHK a pour coordonnées $x = \frac{2a}{3}$, $y = 0$.

106. *On donne un triangle $A_1A_2A_3$, et l'on désigne par H_1, H_2, H_3 les pieds des hauteurs issues des points A_1, A_2, A_3 respectivement ; on décrit sur A_1H_1 comme diamètre un cercle (C_1) et on considère le cercle (Γ_1) ayant pour centre le point A_1 et passant aux points de rencontre du cercle (C_1) avec la parallèle au côté A_2A_3 menée par l'orthocentre H du triangle ;*

(1) L'équation de l'ensemble des tangentes issues d'un point (x_0, y_0) à une courbe du deuxième degré $f(x, y) = 0$ est

$$(x_0 f'_x + y_0 f'_y + f'_z)^2 - 4f(x, y)\, f(x_0, y_0) = 0.$$

on considère de même les deux cercles analogues (Γ_2) *et* (Γ_3) *relatifs aux deux autres sommets* A_2 *et* A_3. *Montrer que ces cercles sont deux à deux orthogonaux et se coupent deux à deux sur les hauteurs du triangle* $A_1A_2A_3$.

Prenons comme axe des x le côté A_1A_2 et comme axe des y la hauteur A_3H_3; désignons par a et a' les abscisses des points A_1, A_2 et par b l'ordonnée de A_3.

On verra aisément que l'équation de (C_2) est

$$C_2 \equiv (x - a')\left[x - a\frac{aa' + b^2}{a^2 + b^2}\right] + y\left[y - b\frac{a^2 - aa'}{a^2 + b^2}\right],$$

celle de la parallèle à A_1A_3 menée par le point H,

$$P_2 \equiv b^2x + aby + a^2a' = 0.$$

L'équation de Γ_2 est alors de la forme $C_2 + \lambda P_2 = 0$, et on détermine λ de façon que ce cercle ait pour centre le point A_2. On trouve $\lambda = \frac{a - a'}{a^2 + b^2}$, et l'équation du cercle Γ_2 est

$$x^2 + y^2 - 2a'x + aa' = 0.$$

Le cercle Γ_1 s'en déduit par l'échange de a et a'; on voit alors que les deux cercles ont pour axe radical l'axe des y, et on constate qu'ils sont orthogonaux en vérifiant que le carré de la distance des centres est égal à la somme des carrés des rayons.

107. *On donne un triangle* OAB, *on mène la bissectrice de l'angle* O, *et sur cette droite on prend un point* C. *Le cercle circonscrit au triangle* OAC *rencontre* OB *au point* D, *et le cercle circonscrit au triangle* OBC *rencontre* OA *au point* E. *Démontrer que* $\overline{AE} = \overline{BD}$.

Si l'on prend comme axes OA et OB $(\overline{OA} = a,\ \overline{OB} = b)$ et si l'on désigne par x_0 l'abscisse et l'ordonnée du point C, on vérifiera que $\overline{AE} = \overline{BD} = 2x_0(1 + \cos\theta) - a - b$.

108. *Par le point de concours* D *des tangentes* BD, CD *au cercle circonscrit au triangle* ABC, *on mène une parallèle à la tangente en* A ; *cette parallèle rencontre* AC *en* E *et* AB *en* F. *Démontrer que* D *est le milieu de* EF.

On peut remarquer que le point D est le pôle de BC par rapport au cercle, et que le pôle d'une droite $ux + vy + w = 0$ par rapport à une courbe du deuxième degré $f(x, y) = 0$ est déterminé par les équations $\frac{f'_x}{u} = \frac{f'_y}{v} = \frac{f'_z}{w}$.

Prendre comme axes AB et AC.

109. *Étant donné un triangle* ABC *inscrit dans un cercle et la tangente en* A *qui coupe* BC *au point* P, *les perpendiculaires abaissées de* P *sur les côtés* AB, AC *rencontrent le diamètre mené par* A *en deux points symétriques par rapport au centre.*

Prendre comme axes la tangente en A et le diamètre qui passe en A ; se donner l'équation de BC, en déduire l'équation de l'ensemble des droites AB et AC, puis l'ensemble des perpendiculaires abaissées de P sur AB et AC.

110. *On donne un triangle* OAB ; *on mène la bissectrice de l'angle* O *qui rencontre* AB *au point* C, *et on trace le cercle passant par le point* O, *le point* C *et le milieu de* AB. *Ce cercle rencontre* OA *au point* P, OB *au point* Q ; *montrer que* $\overline{AP} = \overline{BQ}$.

En prenant comme axes OA, OB, en posant $\overline{OA} = a$, $\overline{OB} = b$, l'équation du cercle est de la forme

$$x^2 + 2xy \cos \theta + y^2 - \lambda x - \mu y = 0,$$

λ et μ vérifiant les deux conditions

$$\lambda + \mu = \frac{2ab(1+\cos\theta)}{a+b},$$

$$\lambda a + \mu b = \frac{a^2 + 2ab\cos\theta + b^2}{2},$$

qui expriment que le cercle passe par le point C et le milieu de AB. En multipliant la première par $-\frac{a+b}{2}$, la deuxième par 1 et en ajoutant membre à membre, on obtient $\lambda - a = \mu - b$, ce qui démontre la proposition.

111. *Par les extrémités de la médiane* AM *d'un triangle* ABC *on fait passer un cercle qui rencontre en* E *le côté* BC *et en* D *le cercle circonscrit au triangle* ABC. *Montrer que les droites* AD *et* AE *sont conjuguées harmoniques par rapport aux droites* AB *et* AC.

112. *On donne un cercle ayant pour centre le point* O, *un diamètre* AB *et une corde* AC ; *on considère le point* D *situé sur* AC *et qui se projette sur* AB *au point* O. *La tangente au cercle au point* C *rencontre* AB *au point* P ; *on mène par le point* P *une perpendiculaire à* AB, *et par le point* B *une perpendiculaire à* BD. *Montrer que ces deux perpendiculaires se coupent sur la droite* AC.

113. *D'un point* P *extérieur à un cercle de centre* O *on abaisse la perpendiculaire* PA *sur un diamètre quelconque du cercle, puis par l'une des extrémités de ce diamètre on mène une parallèle à* OP *qui rencontre au point* C *l'une des tangentes au cercle issues de* P. *Démontrer que* PC = PA.

On peut prendre comme axe des x la tangente issue du point P, et comme axe des y le diamètre du cercle perpendiculaire. L'extrémité considérée du diamètre perpendiculaire à PA a pour coordonnées $x = R \cos \varphi$, $y = R + R \sin \varphi$, φ désignant l'angle du diamètre avec l'axe des x.

114. *Soient AB et PQ deux diamètres d'une circonférence. Par le point A on mène la parallèle à PQ qui rencontre en C la circonférence et en I la droite joignant le point Q au symétrique P' de P par rapport à AB. Soit H le point de rencontre de la droite AQ et de la perpendiculaire à AB menée par le point I. Démontrer que les points P, C, H sont en ligne droite.*

115. *On donne deux axes rectangulaires Ox, Oy et un point P qui se projette sur Ox en A et sur Oy en B. Un cercle quelconque passant par O et P rencontre Ox en C et Oy en D.*

Démontrer que la droite PM qui joint le point P au point d'intersection M des droites AB et CD est perpendiculaire à CD.

116. *On donne deux droites parallèles D et Δ et une perpendiculaire à ces deux droites qui rencontre D en A et Δ en B. Sur D on prend à partir du point A un point A' arbitraire, et sur Δ à partir du point B et du même côté par rapport à AB on prend un point B' tel que $\overline{AA'} \cdot \overline{BB'} = \overline{AB}^2$. On mène les droites AB' et BA' et on désigne par M leur point de rencontre; on mène par le point M une perpendiculaire à AB, et on désigne par P et Q les points où elle rencontre AB et A'B'. Enfin on désigne par C le point de rencontre de AB et A'B'.*

1° *Démontrer que le point M est sur le cercle de diamètre AB.*

2° *Démontrer que le point M est le milieu de PQ.*

3° *Démontrer que la droite MC est tangente en M au cercle de diamètre AB.*

117. *On donne deux axes rectangulaires Ox, Oy, un cercle touchant Ox au point A et Oy au point B, et un point P situé sur Ox. La polaire du point P par rapport au cercle rencontre Oy au point C. Démontrer que* $\overline{OC} = \overline{PA}$.

118. M *étant un point du cercle circonscrit à un triangle équilatéral* ABC, *on mène les droites* MA, MB, MC *qui rencontrent* BC, CA, AB *respectivement en* A′, B′, C′. *Montrer que lorsque le point* M *se déplace sur le cercle, l'aire du triangle* A′B′C′ *est constante et égale au double de l'aire du triangle* ABC.

119. *Exprimer les coordonnées d'un point d'un cercle en fonction rationnelle d'un paramètre.*

Soit $x^2 + y^2 - R^2 = 0$ l'équation d'un cercle rapporté à deux diamètres rectangulaires. On peut exprimer les coordonnées x, y d'un point M du cercle en fonction de l'angle φ que fait la demi-droite OM avec la demi-droite Ox ; on a

$$x = R\cos\varphi, \qquad y = R\sin\varphi,$$

et on obtient tous les points du cercle en faisant varier φ de 0 à 2π.

Posons maintenant $\operatorname{tg}\frac{\varphi}{2} = t$, nous avons

$$x = \frac{R(1 - t^2)}{1 + t^2}, \qquad y = \frac{2Rt}{1 + t^2};$$

x et y sont alors exprimés *en fonction rationnelle de* t.

A chaque valeur de t correspond un point du cercle, et à chaque point du cercle correspond une valeur de t, qu'on appelle le t de ce point.

La tangente en ce point a pour équation

$$\frac{R(1 - t^2)}{1 + t^2}x + \frac{2Rt}{1 + t^2}y - R^2 = 0,$$

ou

$$(1 - t^2)x + 2ty - R(1 + t^2) = 0.$$

Soient M_1 et M_2 deux points du cercle correspondant aux valeurs t_1 et t_2 du paramètre. Proposons-nous de former l'équation de la droite M_1M_2.

On pourrait calculer les coordonnées de ces deux points, et en déduire l'équation de la droite, mais il est plus élégant d'opérer de la façon suivante.

Soit $Ax + By + C = 0$ l'équation d'une droite quelconque Δ. Si nous écrivons que le point du cercle $x = \frac{R(1 - t^2)}{1 + t^2}$, $y = \frac{2Rt}{1 + t^2}$ est sur la droite, nous obtenons une équation du deuxième degré en t

$$A.\frac{R(1 - t^2)}{1 + t^2} + B.\frac{2Rt}{1 + t^2} + C = 0,$$

ou

$$(C - AR)\,t^2 + 2BRt + C + AR = 0,$$

qui admet pour racines les t des points de rencontre de la droite et du cercle.

Pour que la droite Δ coïncide avec M_1M_2, il faut et il suffit que cette équation ait pour racines t_1 et t_2. On doit donc avoir

$$t_1 + t_2 = -\frac{2BR}{C - AR}, \qquad t_1t_2 = \frac{C + AR}{C - AR},$$

ou

$$\frac{C - AR}{1} = \frac{C + AR}{t_1t_2} = \frac{-2BR}{t_1 + t_2},$$

ou encore, en ajoutant et en retranchant les numérateurs et les dénominateurs des deux premiers rapports,

$$\frac{2C}{1 + t_1t_2} = \frac{2AR}{-(1 - t_1t_2)} = \frac{-2BR}{t_1 + t_2},$$

ou enfin

$$\frac{A}{1 - t_1 t_2} = \frac{B}{t_1 + t_2} = \frac{C}{-R(1 + t_1 t_2)}.$$

Il en résulte que l'équation de la droite M_1M_2 est

$$x(1 - t_1 t_2) + y(t_1 + t_2) - R(1 + t_1 t_2) = 0.$$

Si l'on y fait $t_2 = t_1$ on retrouve l'équation de la tangente au point M_1.

120. *On donne deux axes rectangulaires* Ox, Oy, *un cercle ayant pour centre l'origine et pour rayon* R, *et deux points* A, B *situés sur* Ox, *symétriques par rapport au point* O *et ayant pour abscisses* a *et* $-a$. *On joint un point* P *du cercle aux points* A *et* B; *la droite* PA *rencontre le cercle au point* C, *la droite* PB *au point* D. *On considère la droite* CD *qui rencontre* Ox *au point* E. *Démontrer que la tangente au cercle au point* P' *diamétralement opposé à* P *passe par le point* E.

Soit t_0 le t du point P (voir l'exercice précédent), nous allons calculer les t des points C et D. Pour cela, désignons par t' le t du point C; l'équation de la droite PC est alors

$$x(1 - t_0 t') + y(t_0 + t') - R(1 + t_0 t') = 0.$$

En écrivant que cette droite passe par le point A, nous avons

$$a(1 - t_0 t') - R(1 + t_0 t') = 0,$$

d'où nous tirons

$$t' = \frac{a - R}{(a + R)t_0}.$$

Nous aurons de même pour le t du point D

$$t'' = \frac{-a - R}{(-a + R)t_0} = \frac{a + R}{(a - R)t_0}.$$

Par suite, l'équation de la droite CD est

$$x(1-t't'')+y(t'+t'')-R(1+t't'')=0,$$

ou

$$x(t_0^2-1)+\frac{2(a^2+R^2)}{a^2-R^2}t_0y-R(t_0^2+1)=0.$$

Cette droite rencontre Ox au point E qui a pour abscisse

$$\frac{R(t_0^2+1)}{t_0^2-1}.$$

D'autre part, le t du point P' est $\frac{-1}{t_0}$; la tangente en ce point a pour équation

$$x\left(1-\frac{1}{t_0^2}\right)-\frac{2y}{t_0}-R\left(1+\frac{1}{t_0^2}\right)=0,$$

ou

$$x(t_0^2-1)-2t_0y-R(t_0^2+1)=0.$$

Cette droite passe par le point E.

121. *On donne un cercle et un point* A. *On mène un diamètre variable* MN; *les droites* AM, AN *rencontrent le cercle donné en deux autres points* M' *et* N'.

1° *Montrer que la droite* M'N' *passe par un point fixe.*

2° *Montrer que le cercle circonscrit au triangle* AM'N' *passe par un point fixe, autre que le point* A.

3° *Trouver le lieu géométrique du point de rencontre autre que* A *des cercles circonscrits aux triangles* AMN *et* AM'N'.

Prenons pour axes le diamètre OA et le diamètre perpendiculaire; désignons par R le rayon du cercle donné et par a l'abscisse du point A.

Soit t_0 le t du point M, celui de N est $-\frac{1}{t_0}$; on en déduit comme dans l'exercice précédent que les t des points M' et N' sont $\frac{a-R}{(a+R)t_0}$ et $-\frac{(a-R)t_0}{a+R}$.

On peut alors former l'équation de M'N',

$$x(a^2+R^2)+y(a^2-R^2)\cdot\frac{1-t_0^2}{2t_0}-2aR^2=0,$$

ou, en posant $\frac{2t_0}{1-t_0^2}=\lambda$, et en remarquant que λ est la pente du diamètre MN,

$$x(a^2+R^2)+y\,\frac{a^2-R^2}{\lambda}-2aR^2=0.$$

On voit ainsi que la droite M'N' passe par le point fixe

$$x=\frac{2aR^2}{a^2+R^2}, \qquad y=0.$$

Un cercle quelconque passant par les points M' et N' a une équation de la forme

$$x^2+y^2-R^2+\mu\left[x(a^2+R^2)+y\,\frac{a^2-R^2}{\lambda}-2aR^2\right]=0;$$

écrivons que ce cercle passe par le point A, nous avons $\mu=-\frac{1}{a}$, et par suite l'équation du cercle AM'N' est

$$(1) \qquad a(x^2+y^2)-x(a^2+R^2)-y\,\frac{a^2-R^2}{\lambda}+aR^2=0.$$

Ce cercle coupe l'axe des x en deux points fixes qui ont pour abscisses a et $\frac{R^2}{a}$.

On verra d'une façon analogue que l'équation du cercle AMN est

$$(2) \qquad a(x^2+y^2)-x(a^2-R^2)+y\,\frac{a^2-R^2}{\lambda}-aR^2=0.$$

En éliminant λ entre les équations (1) et (2), c'est-à-dire en les ajoutant, on voit que le lieu des points communs à ces deux cercles est le cercle $x^2+y^2-ax=0$, qui est décrit sur OA comme diamètre.

122. *On considère les deux cercles*

$$(C)\qquad x^2+y^2-R^2=0,$$

$$(C')\qquad (x-2R)^2+y^2-\frac{9R^2}{4}=0.$$

Par un point A *du cercle* (C) *on mène des tangentes au cercle* (C'), *et on joint les points* B *et* C *où ces tangentes rencontrent le cercle* (C). *Démontrer que la droite* BC *est tangente au cercle* (C').

En désignant par t_0 le t du point A, on montrera que les t des points B et C sont racines de l'équation

$$(27t_0^2-9)t^2-24tt_0-(9t_0^2+5)=0,$$

et on en déduira que l'équation de BC est

$$2x(9t_0^2-1)+12t_0y-R(9t_0^2-7)=0.$$

Il est alors facile de vérifier que BC est tangent au cercle (C').

123. *On donne un cercle et deux points* A *et* B. *On considère une corde variable* CD *du cercle qui se déplace en restant parallèle à la droite* AB. *On joint* AC *qui rencontre le cercle au point* E, BD *qui rencontre le cercle au point* F. *Montrer que la droite* EF *passe par un point fixe.*

On peut prendre comme axes deux diamètres rectangulaires du cercle, Oy étant parallèle à AB. Soient a, b les coordonnées de A, a, b' celles de B, t_0 et $-t_0$ les t des points C et D.

On calcule le t du point E en écrivant que la droite CE passe au point A ; on trouve $t = \frac{bt_0 + a - R}{(a + R)t_0 - b}$; celui du point F s'en déduit en changeant b en b' et t_0 en $-t_0$.

On peut alors former l'équation de la droite EF, qui est du deuxième degré en t_0. Mais on vérifie (58, remarque) que le coefficient de t_0^2, celui de t_0 et le terme indépendant de t_0 s'annulent pour un ensemble de valeurs de x et y :

$$x = a, \qquad y = \frac{bb' - a^2 + R^2}{b + b'}.$$

On en conclut que la droite EF passe par le point fixe qui a ces nombres pour coordonnées.

124. *On donne deux cercles ayant pour centres* O *et* O', *le cercle* (O) *ayant son centre sur le cercle* (O'); *on mène d'un point* M *du cercle* (O') *les tangentes* MA, MB *au cercle* (O), *qui rencontrent à nouveau le cercle* (O') *aux points* C *et* D.

1° *La droite* CD *est perpendiculaire à* OO'.

2° AB *et* CD *se coupent sur* OO'.

3° *Le point de rencontre des deux autres tangentes au cercle* (O) *menées de* C *et* D *est situé sur le cercle* (O').

II. — Lieux géométriques.

125. *On donne un cercle et deux diamètres rectangulaires* AA' *et* BB'. *Par le point* B *on mène une sécante quelconque rencontrant le cercle au point* C *et la droite* AA' *au point* D. *La tangente au cercle au point* C *rencontre au point* M *la perpendiculaire menée à* AA' *par le point* D. *On demande le lieu géométrique du point* M.

Soit $x^2 + y^2 - R^2 = 0$ l'équation du cercle, les axes de coordonnées étant les diamètres A'A et B'B. Une sécante quelconque passant par le point B a pour équation $y - R = \lambda x$; elle rencontre le cercle d'abord au point B ($x = 0$, $y = R$), puis en un autre point C, dont les coordonnées sont

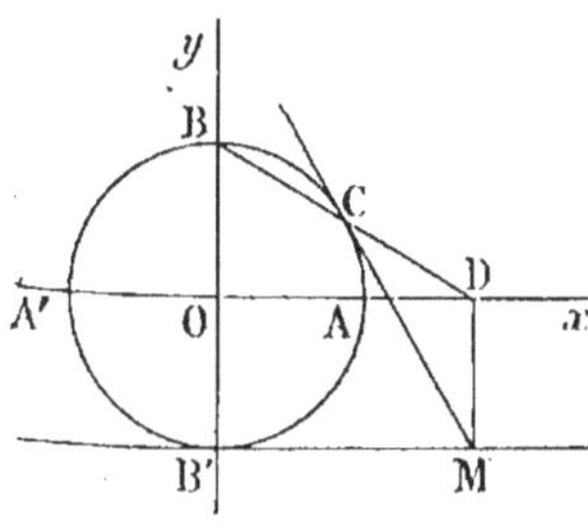

Fig. 17.

$$x_0 = \frac{-2R\lambda}{1 + \lambda^2}, \qquad y_0 = \frac{R(1 - \lambda^2)}{1 + \lambda^2}.$$

La tangente en ce point au cercle a pour équation

$$xx_0 + yy_0 - R^2 = 0,$$

ou

(1) $$2\lambda x + y(\lambda^2 - 1) + R(\lambda^2 + 1) = 0.$$

D'autre part, le point D où la sécante BC rencontre Ox ayant pour abscisse $-\frac{R}{\lambda}$, l'équation de la perpendiculaire DM est

(2) $$x = -\frac{R}{\lambda}.$$

On aura l'équation du lieu du point M en éliminant λ entre les équations (1) et (2).

De l'équation (2) on tire $\lambda = -\frac{R}{x}$, et en remplaçant λ par cette valeur dans l'équation (1), on obtient

$$-2R + y\left(\frac{R^2}{x^2} - 1\right) + R\left(\frac{R^2}{x^2} + 1\right) = 0,$$

ou

$$y(R^2 - x^2) + R(R^2 - x^2) = 0,$$

ou enfin

$$(x - R)(x + R)(y + R) = 0.$$

Ceci représente trois droites qui sont les tangentes au cercle aux points A, A', B'.

Il est aisé de voir que les deux premières sont des lieux singuliers. En effet, prenons un point quelconque (x, y) sur la droite $x = R$; pour ces valeurs de x, y les équations (1) et (2) ont une solution commune en λ, donnée par l'équation (2), $\lambda = -\frac{R}{x} = -1$. Si nous portons alors cette valeur de λ dans les équations (1) et (2), elles se réduisent toutes les deux à l'équation $x - R = 0$.

Cela se voit d'ailleurs géométriquement, car, pour $\lambda = -1$, le point C est au point A, CM et DM sont confondues avec la tangente en A.

On voit de même que la tangente en A' est aussi un lieu singulier, correspondant à $\lambda = +1$ (le point C étant au point A').

Le véritable lieu est la droite $y + R = 0$, tangente au cercle au point B'.

126. *Trouver le lieu des centres des cercles inscrit et exinscrits à un triangle* ABC *dont deux sommets* A *et* B *sont fixes et dont le troisième* C *décrit un cercle fixe* (γ) *passant par les points* A *et* B.

Cela revient à dire que l'angle (CB, CA) est constant (94).

Nous prendrons comme axe des x la droite AB et comme axe des y une perpendiculaire au milieu de AB; nous désignerons par a et $-a$ les abscisses des points A et B, et nous poserons

$$(CB, CA) = \theta.$$

Première solution. — On peut obtenir en même temps les lieux des centres des cercles inscrit et exinscrits en remarquant que ces points sont les points de rencontre des bissectrices des angles A et B.

Soient m et m' les coefficients angulaires des droites AC et BC, nous avons

$$(1) \qquad \frac{m - m'}{1 + mm'} = \operatorname{tg} \theta;$$

et comme les droites AC et BC ont pour équations

$$y - m(x - a) = 0, \qquad y - m'(x + a) = 0,$$

les bissectrices de l'angle A sont définies par l'équation

$$(2) \qquad y = \pm \frac{y - m(x - a)}{\sqrt{1 + m^2}},$$

et celles de l'angle B, par

$$(3) \qquad y = \pm \frac{y - m'(x + a)}{\sqrt{1 + m'^2}}.$$

On aura l'équation du lieu en éliminant m et m' entre les équations (1), (2) et (3). La deuxième peut s'écrire

$$y^2(1 + m^2) = [y - m(x - a)]^2,$$

et elle donne

$$m = \frac{2y(x - a)}{(x - a)^2 - y^2};$$

on tire de même de la troisième

$$m' = \frac{2y(x + a)}{(x + a)^2 - y^2},$$

et, en portant ces valeurs dans l'équation (1), on obtient, après un calcul facile,

$$\frac{4ay(x^2 + y^2 - a^2)}{(x^2 + y^2 - a^2)^2 - 4a^2y^2} = \operatorname{tg} \theta,$$

ou

$$(x^2+y^2-a^2)^2 \operatorname{tg}\theta - 4ay(x^2+y^2-a^2) - 4a^2y^2\operatorname{tg}\theta = 0.$$

Telle est l'équation du lieu.

Comme elle est homogène et du deuxième degré par rapport à $x^2+y^2-a^2$ et y, on peut la décomposer en la considérant comme une équation du deuxième degré par rapport à $\frac{x^2+y^2-a^2}{y}$. Elle s'écrit en effet

$$\left(\frac{x^2+y^2-a^2}{y}\right)^2 \operatorname{tg}\theta - 4a\frac{x^2+y^2-a^2}{y} - 4a^2\operatorname{tg}\theta = 0,$$

et en la résolvant on obtient

$$\frac{x^2+y^2-a^2}{y} = \frac{2a \pm \sqrt{4a^2+4a^2\operatorname{tg}^2\theta}}{\operatorname{tg}\theta} = \frac{2a\left(1\pm\sqrt{1+\operatorname{tg}^2\theta}\right)}{\operatorname{tg}\theta},$$

ou encore, en remplaçant $1+\operatorname{tg}^2\theta$ par $\frac{1}{\cos^2\theta}$,

$$\frac{x^2+y^2-a^2}{y} = 2a\operatorname{cotg}\frac{\theta}{2}, \quad \text{et} \quad \frac{x^2+y^2-a^2}{y} = -2a\operatorname{tg}\frac{\theta}{2}.$$

On en conclut que le lieu se compose des deux cercles

$$(\gamma_1) \qquad x^2+y^2-2ay\operatorname{cotg}\frac{\theta}{2} - a^2 = 0,$$

$$(\gamma_2) \qquad x^2+y^2+2ay\operatorname{tg}\frac{\theta}{2} - a^2 = 0.$$

Ces cercles passent par les points A et B et leurs centres ont pour ordonnées $+a\operatorname{cotg}\frac{\theta}{2}$ et $-a\operatorname{tg}\frac{\theta}{2}$; ce sont les points I_1 et I_2 du cercle (γ), situés sur le diamètre perpendiculaire à AB.

Deuxième solution. — Nous allons maintenant envisager

séparément les centres des cercles inscrit et exinscrits au triangle ABC; nous déterminerons les lieux de ces points et nous retrouverons successivement les cercles (γ_1) et (γ_2).

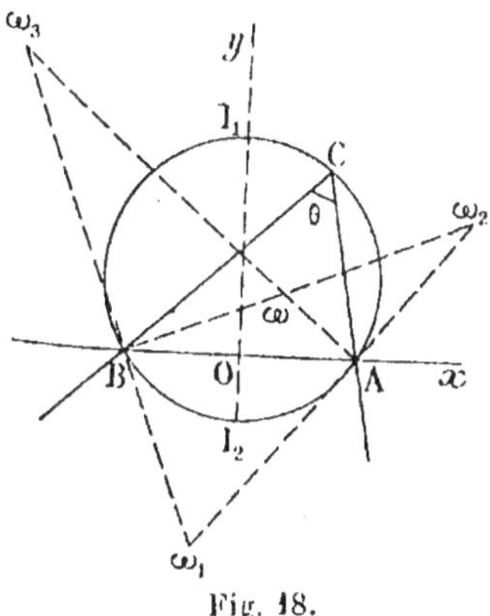

Fig. 18.

1° Supposons d'abord que le point C soit situé sur l'arc AI_1B du cercle fixe (γ), arc qui constitue ce qu'on appelle le *segment capable* de l'angle θ. On peut toujours choisir la direction positive de Oy, de façon que dans cette hypothèse l'ordonnée du point C soit positive (fig. 18).

Cherchons le lieu du point ω, centre du cercle inscrit. Désignons par α et β les angles du triangle qui ont leurs sommets en A et B; les bissectrices intérieures $A\omega$ et $B\omega$ ont pour équations

$$(1) \qquad y = -(x-a)\operatorname{tg}\frac{\alpha}{2}, \qquad y = (x+a)\operatorname{tg}\frac{\beta}{2}.$$

D'autre part nous avons $\alpha + \beta = \pi - \theta$, ou $\frac{\alpha+\beta}{2} = \frac{\pi}{2} - \frac{\theta}{2}$, ou encore

$$(2) \qquad \frac{\operatorname{tg}\frac{\alpha}{2} + \operatorname{tg}\frac{\beta}{2}}{1 - \operatorname{tg}\frac{\alpha}{2}\operatorname{tg}\frac{\beta}{2}} = \operatorname{cotg}\frac{\theta}{2}.$$

Nous aurons le lieu du point ω en éliminant $\operatorname{tg}\frac{\alpha}{2}$ et $\operatorname{tg}\frac{\beta}{2}$ entre (1) et (2). Cette élimination est immédiate et nous donne

$$\frac{-\frac{y}{x-a} + \frac{y}{x+a}}{1 + \frac{y^2}{x^2-a^2}} = \operatorname{cotg}\frac{\theta}{2},$$

ou

$$x^2 + y^2 + 2ay \operatorname{tg} \frac{\theta}{2} - a^2 = 0.$$

C'est le cercle (γ_2). Mais tout point de ce cercle n'est pas un point du lieu. En effet, quand le point C décrit l'arc AI_1B, l'angle α varie de 0 à $\pi - \theta$; on a donc $0 < \alpha < \pi - \theta$, ou

$$0 < \frac{\alpha}{2} < \frac{\pi}{2} - \frac{\theta}{2}, \qquad \text{ou encore} \qquad 0 < \operatorname{tg} \frac{\alpha}{2} < \operatorname{cotg} \frac{\theta}{2}.$$

Si nous remplaçons $\operatorname{tg} \frac{\alpha}{2}$ par $-\frac{y}{x-a}$, nous avons

$$0 < -\frac{y}{x-a} < \operatorname{cotg} \frac{\theta}{2}$$

ou

$$-\operatorname{cotg} \frac{\theta}{2} < \frac{y}{x-a} < 0.$$

Pour qu'un point $\omega\,(x, y)$ du cercle (γ_2) soit un point du lieu, il faut donc que le coefficient angulaire $\frac{y}{x-a}$ de la droite $A\omega$ soit compris entre $-\operatorname{cotg} \frac{\theta}{2}$ et zéro. Si nous remarquons que $-\operatorname{cotg} \frac{\theta}{2}$ est le coefficient angulaire de la droite AI_1, tangente en A au cercle (γ_2), on voit que le lieu du point ω se compose seulement de l'arc du cercle (γ_2) qui est au-dessus de AB.

On déterminera de la même manière les lieux des points ω_1, ω_2 et ω_3, en remarquant que les équations des bissectrices $A\omega_1\omega_2$ et $B\omega_1\omega_3$ sont respectivement

$$y = \frac{x-a}{\operatorname{tg} \frac{\alpha}{2}}, \qquad y = -\frac{x+a}{\operatorname{tg} \frac{\beta}{2}},$$

et en utilisant toujours la relation (2).

On trouvera que le point ω_1 est sur le cercle (γ_2) et que les points ω_2, ω_3 sont sur le cercle (γ_1).

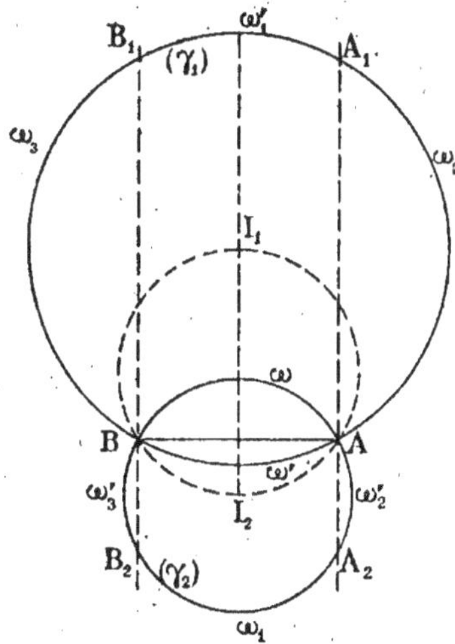

Fig. 19.

2° Soit maintenant C' un point de l'arc AI_2B du cercle (γ); considérons le triangle $AC'B$ et désignons par ω', ω'_1, ω'_2, ω'_3 les centres des cercles inscrit et exinscrits respectivement dans les angles C', A et B. On démontrera d'une manière analogue que les points ω' et ω'_1 se déplacent sur le cercle (γ_1), tandis que ω'_2 et ω'_3 se déplacent sur (γ_2).

Les parties des cercles (γ_1) et (γ_2) qui sont décrites par les différents points ω, ω_1, ... sont séparées par la corde AB et par les perpendiculaires à cette corde A_1AA_2 et B_1BB_2. En discutant comme nous l'avons fait pour le point ω, on obtiendra les conclusions suivantes :

Le point	ω	décrit l'arc	AB	du cercle	(γ_2)
—	ω_1	—	A_2B_2	—	(γ_2)
—	ω_2	—	AA_1	—	(γ_1)
—	ω_3	—	BB_1	—	(γ_1)
—	ω'	—	AB	—	(γ_1)
—	ω'_1	—	A_1B_1	—	(γ_1)
—	ω'_2	—	AA_2	—	(γ_2)
—	ω'_3	—	BB_2	—	(γ_2)

127. *Dans un cercle fixe on considère un rayon fixe* OA *et un rayon variable* OM; *on projette le point* M *en* P *sur* OA, *et on demande le lieu des centres des cercles inscrit et exinscrits au triangle* OMP.

Si on désigne par A′ le point diamétralement opposé à A, et par BB′ le diamètre perpendiculaire à AA′, le lieu total se compose des quatre cercles circonscrits aux triangles OAB, OAB′, OA′B, OA′B′.

On déterminera les arcs de ces cercles qui correspondent aux centres des cercles inscrit et exinscrits au triangle OMP.

128. *On donne deux cercles ayant pour centres* O *et* O′ *et se coupant aux deux points* A *et* B. *Par le point* A *on mène une sécante variable rencontrant les cercles aux points* C *et* C′. *On joint* OC, O′C′ *et on demande le lieu géométrique du point de rencontre de ces droites.*

Prenons comme origine le point A, comme axe des y la droite AB et comme axe des x la parallèle à OO′ menée par le point A. Les équations des deux cercles sont de la forme

$$x^2+y^2-2ax-2by=0, \qquad x^2+y^2-2a'x-2by=0.$$

Si l'on désigne par $y-mx=0$ l'équation de la sécante CC′, on voit facilement que l'équation de OC est

$$\frac{y-b}{x-a}=\frac{2am+b(m^2-1)}{a(1-m^2)+2bm},$$

ou, en posant $\dfrac{2m}{1-m^2}=\lambda$,

$$\frac{y-b}{x-a}=\frac{a\lambda-b}{a+b\lambda}.$$

On en déduit l'équation de O′C′ en changeant a en a', et, en éliminant λ entre les deux équations, on a pour équation du lieu

$$b(x^2+y^2)-b(a+a')x-(aa'+3b^2)y+2b(aa'+b^2)=0,$$

qui représente le cercle circonscrit au triangle OO′B.

129. *Un angle droit se déplace de façon que ses côtés soient tangents à deux cercles fixes. Trouver le lieu du milieu des points de contact.*

Soient $(x-a)^2+y^2-R^2=0$, $(x-a')^2+y^2-R'^2=0$ les équations des deux cercles, la ligne des centres étant prise pour axe des x. Un point quelconque M du premier a pour coordonnées $x=a+R\cos\varphi$, $y=R\sin\varphi$, et la tangente en ce point a pour équation

$$(x-a)\cos\varphi+y\sin\varphi-R=0.$$

De même, l'équation

$$(x-a')\cos\varphi'+y\sin\varphi'-R'=0$$

représente la tangente au deuxième cercle au point M' qui a pour coordonnées $x=a'+R'\cos\varphi'$, $y=R'\sin\varphi'$.

Pour que les tangentes soient rectangulaires, il faut qu'on ait $\cos\varphi\cos\varphi'+\sin\varphi\sin\varphi'=0$, ou $\cos(\varphi'-\varphi)=0$, ou encore $\varphi'-\varphi=\pm\frac{\pi}{2}$, à un multiple près de 2π. En prenant le signe $+$, on a $\varphi'=\varphi+\frac{\pi}{2}$, $\cos\varphi'=-\sin\varphi$, $\sin\varphi'=\cos\varphi$, et le milieu de MM' a pour coordonnées

$$x=\frac{a+R\cos\varphi+a'-R'\sin\varphi}{2},\qquad y=\frac{R\sin\varphi+R'\cos\varphi}{2},$$

ou

$$x-\frac{a+a'}{2}=\frac{R\cos\varphi-R'\sin\varphi}{2},\qquad y=\frac{R\sin\varphi+R'\cos\varphi}{2}.$$

On élimine aisément φ en faisant la somme des carrés, on a

$$\left(x-\frac{a+a'}{2}\right)^2+y^2=\frac{R^2+R'^2}{4}.$$

On est conduit au même résultat en prenant $\varphi'-\varphi=-\frac{\pi}{2}$.

130. *On donne un cercle ayant pour centre le point* O *et deux points fixes* A *et* B *situés sur un même diamètre. On mène un diamètre variable* COD.

1° *Lieu du point de rencontre des droites* AC *et* BD.

2° *Lieu du point de rencontre des cercles circonscrits aux triangles* AOC *et* BOD.

On prend comme axes le diamètre OAB et le diamètre perpendiculaire ; on désigne par R le rayon du cercle et par a et b les abscisses des points A et B.

On prend comme paramètres variables les coordonnées x', y' du point C, liées par la relation

$$x'^2 + y'^2 - R^2 = 0\,;$$

les coordonnées du point D sont alors $-x'$ et $-y'$.

Le premier lieu demandé est le cercle

$$\left(x - \frac{2ab}{a+b}\right)^2 + y^2 = R^2\left(\frac{a-b}{a+b}\right)^2,$$

et le deuxième est le cercle

$$\left[4R^2 - (a-b)^2\right](x^2 + y^2) - 4R^2(a+b)x + R^2(a+b)^2 = 0.$$

131. *On donne trois points en ligne droite* O, A *et* A′, *un cercle* (C) *tangent en* A *à la droite* OA, *un cercle* (C′) *tangent en* A′ *à la droite* OA′. *Par le point* O *on mène une sécante variable qui rencontre le cercle* (C) *au point* B, *et le cercle* (C′) *au point* B′. *Trouver le lieu du point de rencontre des droites* AB *et* A′B′.

On prendra comme origine le point O, comme axe des x la droite OAA′, et comme axe des y une perpendiculaire. En désignant alors par a et a' les abscisses des points A et A′, les équations des cercles peuvent s'écrire

(C) $$(x-a)^2 + y^2 - 2by = 0,$$

(C′) $$(x-a')^2 + y^2 - 2b'y = 0.$$

Donnons-nous les équations de AB et A′B′

(1) $$y = \lambda(x - a), \qquad y = \lambda'(x - a');$$

calculons les coordonnées des points B et B′, et écrivons que ces points sont en ligne droite avec l'origine. Nous obtenons la relation

(2) $$\frac{b\lambda^2}{a\lambda^2 + 2b\lambda + a} = \frac{b'\lambda'^2}{a'\lambda'^2 + 2b'\lambda' + a'}.$$

On aura l'équation du lieu en éliminant λ et λ' entre les équations (1) et (2). On obtient l'équation d'un cercle passant par l'intersection des cercles (C) et (C′).

On a aussi la solution singulière $y = 0$, qui correspond au cas où la sécante est confondue avec OAA′.

132. *On considère deux circonférences fixes sécantes* C *et* C′ *et un de leurs points d'intersection* O. *Par ce point* O *on mène deux sécantes variables* OPP′, OQQ′, *qui rencontrent les circonférences* C, C′ *aux points* P *et* Q, P′ *et* Q′ *respectivement, et choisies de telle façon que le quadrilatère* PQQ′P′ *soit inscriptible.*

1° *Montrer que le centre du cercle circonscrit à ce quadrilatère est fixe.*

2° *Trouver le lieu décrit par le point de rencontre des droites* PQ, P′Q′ *et par celui des droites* PQ′, P′Q.

Les équations des deux cercles peuvent s'écrire

(C) $$x^2 + y^2 - 2ax - 2by = 0,$$

(C′) $$x^2 + y^2 - 2a'x - 2by = 0,$$

le point O étant l'origine et l'axe radical l'axe des y.

Donnons-nous l'équation de la droite PQ, $ux + vy - 1 = 0$; un cercle quelconque passant par les points P et Q a pour équation

$$x^2 + y^2 - 2ax - 2by + \lambda(ux + vy - 1) = 0.$$

Il rencontre (C′) en deux points P′ et Q′, la droite P′Q′ ayant pour équation

$$2(a'-a)x+\lambda(ux+vy-1)=0.$$

Nous formons ensuite l'équation du faisceau des droites OP, OQ [1], puis celle du faisceau OP′, OQ′, et nous écrivons que ces faisceaux sont les mêmes. Nous obtenons ainsi $\lambda=-\frac{2a'}{v}$ et $\frac{u}{a'}=\frac{v}{b}$, ou $u=a'k$, $v=bk$, $\lambda=-\frac{2}{k}$.

L'équation du cercle circonscrit au quadrilatère PQP′Q′ est alors

$$\text{(S)} \qquad x^2+y^2-2(a+a')x-4by+\frac{2}{k}=0\,;$$

il a pour centre le point fixe $x=a+a'$, $y=2b$.

Les droites PQ′ et P′Q′ ont respectivement pour équations

$$a'x+by=\frac{1}{k}, \qquad ax+by=\frac{1}{k}\,;$$

elles se coupent sur l'axe radical des deux cercles C et C′.

Enfin le point de rencontre des droites PQ′ et P′Q est le pôle de cet axe radical par rapport au cercle variable (S). Ce point est sur la parallèle à Ox passant par le centre du cercle (S).

133. *Un angle de grandeur constante tourne autour de son sommet* P, *et ses côtés* PA, PB *rencontrent deux axes rectangulaires* Ox, Oy *respectivement aux points* A *et* B. *Trouver le lieu de la projection* M *du point* P *sur* AB.

---

[1] Pour obtenir l'équation de l'ensemble des droites joignant l'origine aux points de rencontre de deux courbes, on rend homogènes les équations des deux courbes et on élimine la variable d'homogénéité entre les équations obtenues.

Ainsi l'équation de l'ensemble des droites OP, OQ est

$$x^2+y^2-2(ax+by)(ux+vy)=0.$$

On peut prendre comme paramètres variables l'abscisse α du point A et l'ordonnée β du point B. Si l'on désigne par a et b les coordonnées du point P, on éliminera α et β entre les équations

$$\frac{x}{\alpha}+\frac{y}{\beta}-1=0, \qquad \frac{y-b}{x-a}=\frac{\alpha}{\beta},$$

$$\frac{\frac{b-\beta}{a}-\frac{b}{a-\alpha}}{1+\frac{b(b-\beta)}{a(a-\alpha)}}=\operatorname{tg}\theta,$$

θ désignant l'angle constant (PA, PB).

Après l'élimination, on transportera l'origine au point P ; on divisera l'équation obtenue par x^2+y^2, puis en revenant aux premiers axes, on obtiendra le cercle

$$x^2+y^2-ax-by+\operatorname{tg}\theta\,(bx+ay-ab)=0.$$

134. *On donne deux axes rectangulaires* Ox, Oy, *et une circonférence de centre* C, *tangente en* O *à* Oy, *et de rayon* a.

Soient deux points P *et* P' *pris sur* Oy, *par lesquels on mène les tangentes* PA, P'A' *à la circonférence. Ces deux points se déplacent sur* Oy *de manière que leurs ordonnées* b *et* b' *vérifient la relation*

$$ubb'+v(b+b')+w=0,$$

u, v, w *étant des constantes données.*

1° *Trouver le lieu géométrique du point de rencontre* M *des tangentes* PA, P'A' ;

2° *Démontrer que la droite* AA' *qui joint les points de contact des tangentes* PA, P'A' *passe par un point fixe ;*

3° *Démontrer que les trois droites* OM, PA', P'A *sont concourantes.*

Le lieu du point M est la droite

$$x(ua^2 - w) + 2avy + 2aw = 0.$$

La droite AA' a pour équation

$$(a^2 - bb')x - a(b + b')y + 2abb' = 0,$$

ou

$$bb'(-vx + auy + 2av) + a(avx + wy) = 0.$$

Elle passe par le point de rencontre des deux droites

$$-vx + auy + 2av = 0, \qquad avx + wy = 0.$$

Les équations de PA', P'A, OM sont respectivement

$$x(2a^2b' - ba^2 - bb'^2) - 2ab'^2y + 2abb'^2 = 0,$$
$$x(2a^2b - b'a^2 - b'b^2) - 2ab^2y + 2ab'b^2 = 0,$$
$$a(b + b')x - 2bb'y = 0.$$

On vérifie aisément que cette dernière droite coïncide avec la droite joignant l'origine au point de rencontre des deux premières.

135. *On considère un triangle rectangle isocèle* ABC *et le cercle circonscrit à ce triangle; sur ce cercle on prend un point* M *que l'on joint aux points* A, B, C, *et l'on désigne par* A', B', C' *les points de rencontre de ces droites avec les côtés* BC, CA, AB *du triangle respectivement. On considère en outre le cercle* (Γ) *qui passe aux points* A', B', C'.

1° *Montrer que lorsque* M *décrit le premier cercle, les cercles* (Γ) *ont leurs centres sur une droite fixe et coupent orthogonalement un cercle fixe.*

2° *Le cercle* (Γ) *rencontre à nouveau les côtés du triangle* ABC *aux points* A", B", C". *Montrer que les droites* AA", BB", CC" *concourent en un point* M' *du cercle circonscrit au triangle* ABC *et que la droite* MM' *passe par un point fixe quand* M *varie.*

3° *Montrer que le pôle de la droite* MM' *par rapport au cercle* (Γ) *est fixe.*

Prenons pour axes de coordonnées les deux côtés de l'angle droit CA, CB, et posons CA = CB = a. L'équation du cercle circonscrit au triangle ABC est

$$x^2 + y^2 - a(x + y) = 0.$$

On peut définir le point M de ce cercle par le coefficient angulaire λ de la droite AM ; on en conclut que les coordonnées du point M sont

$$x = \frac{a\lambda(\lambda + 1)}{\lambda^2 + 1}, \qquad y = \frac{a\lambda(\lambda - 1)}{\lambda^2 + 1}.$$

Celles du point C' sont $\frac{a(\lambda + 1)}{2\lambda}$, $\frac{a(\lambda - 1)}{2\lambda}$; celles de A', 0 et $-\lambda a$; celles de B', λa et 0.

L'équation du cercle (Γ) est alors

$$x^2 + y^2 - \frac{a(2\lambda^2 + 1)}{2\lambda}(x - y) + \frac{a^2}{2} = 0.$$

Son centre décrit la droite $x + y = 0$, et il est orthogonal au cercle $x^2 + y^2 = \frac{a^2}{2}$.

Le cercle (Γ) est déterminé lorsqu'on connaît son centre

$$x_0 = -y_0 = \frac{a(2\lambda^2 + 1)}{4\lambda};$$

donc, au cercle (Γ) correspondent deux points tels que M, définis par les deux valeurs de λ racines de l'équation

$$(1) \qquad 2a\lambda^2 - 4\lambda x_0 + a = 0.$$

Soient M et M' ces deux points. Le cercle Γ est donc aussi circonscrit à un triangle A''B''C'' analogue au triangle A'B'C', le point M étant remplacé par M'. Comme M' est distinct de M, les points A'', B'', C'' sont distincts de A', B', C', et sont les points où le cercle (Γ) rencontre à nouveau les côtés du triangle ABC.

Les coordonnées des points M et M' sont alors

$$\text{M}\left\{\begin{aligned} x &= \frac{a\lambda_1(\lambda_1+1)}{\lambda_1^2+1}, \\ y &= \frac{a\lambda_1(\lambda_1-1)}{\lambda_1^2+1}. \end{aligned}\right. \qquad \text{M}'\left\{\begin{aligned} x &= \frac{a\lambda_2(\lambda_2+1)}{\lambda_2^2+1}, \\ y &= \frac{a\lambda_2(\lambda_2-1)}{\lambda_2^2+1}, \end{aligned}\right.$$

λ_1 et λ_2 étant les racines de l'équation (1).

L'équation de MM' s'écrit alors

$$(\lambda_1+\lambda_2+\lambda_1\lambda_2-1)x+(\lambda_1\lambda_2-\lambda_1-\lambda_2-1)y-2a\lambda_1\lambda_2=0,$$

ou

$$(4x_0-a)x-(4x_0+a)y-2a^2=0.$$

Elle passe par le point fixe $x=y=-a$, et son pôle par rapport au cercle (Γ) est le point fixe $x=y=\dfrac{a}{4}$.

136. *Former l'équation de la courbe homothétique d'une courbe donnée (C), définie par son équation $f(x, y)=0$, connaissant les coordonnées x_0, y_0 du centre d'homothétie S et le rapport d'homothétie k.*

Soit $M(x, y)$ un point quelconque de la courbe (C); nous avons

$$(1) \qquad f(x, y)=0.$$

Sur la droite SM nous prenons un point M', défini par l'égalité $\dfrac{\overline{SM'}}{\overline{SM}}=k$, et nous cherchons le lieu du point M' quand le point M décrit la courbe (C). Si l'on désigne par x', y' les coordonnées du point M', on a, en projetant les vecteurs $\overline{SM'}$

et $\overline{\text{SM}}$ successivement sur les axes de coordonnées,

$$\frac{\overline{\text{SM}'}}{\overline{\text{SM}}} = \frac{x'-x_0}{x-x_0} = \frac{y'-y_0}{y-y_0},$$

et par suite

$$(2) \qquad \frac{x'-x_0}{x-x_0} = \frac{y'-y_0}{y-y_0} = k.$$

Nous aurons l'équation du lieu du point M' en éliminant x et y entre les équations (1) et (2).

Des équations (2) on tire

$$x = \frac{x'}{k} - \frac{x_0(1-k)}{k}, \qquad y = \frac{y'}{k} - \frac{y_0(1-k)}{k},$$

et, en portant ces valeurs dans la relation (1) et en supprimant les accents, on obtient

$$f\left(\frac{x}{k} - \frac{x_0(1-k)}{k},\ \frac{y}{k} - \frac{y_0(1-k)}{k}\right) = 0.$$

C'est l'équation de la courbe homothétique de la courbe C.

Dans le cas particulier où le point S est à l'origine, cette équation se réduit à $f\left(\frac{x}{k}, \frac{y}{k}\right) = 0$.

137. *Démontrer analytiquement que la courbe homothétique d'une droite est une droite parallèle, que la figure homothétique d'un cercle est un cercle.*

138. *Former l'équation de la courbe inverse d'une courbe donnée* (C), *définie par son équation* $f(x, y) = 0$, *connaissant les coordonnées* x_0, y_0 *du pôle d'inversion* P, *et la puissance d'inversion* k.

Nous supposerons les axes de coordonnées rectangulaires.

Soit $M(x, y)$ un point quelconque de la courbe (C); nous avons

$$f(x, y) = 0. \tag{1}$$

Sur la droite PM nous prenons un point M', défini par la relation $\overline{PM} \cdot \overline{PM'} = k$, et nous cherchons le lieu du point M', quand le point M décrit la courbe (C).

Soient x', y' les coordonnées de M', nous avons

$$\frac{\overline{PM'}}{\overline{PM}} = \frac{x' - x_0}{x - x_0} = \frac{y' - y_0}{y - y_0};$$

mais

$$\frac{\overline{PM'}}{\overline{PM}} = \frac{\overline{PM'}^2}{\overline{PM} \cdot \overline{PM'}} = \frac{(x' - x_0)^2 + (y' - y_0)^2}{k},$$

donc

$$\frac{x' - x_0}{x - x_0} = \frac{y' - y_0}{y - y_0} = \frac{(x' - x_0)^2 + (y' - y_0)^2}{k}.$$

Nous en tirons

$$x = x_0 + \frac{k(x' - x_0)}{(x' - x_0)^2 + (y' - y_0)^2},$$

$$y = y_0 + \frac{k(y' - y_0)}{(x' - x_0)^2 + (y' - y_0)^2},$$

et nous portons ces valeurs dans la relation (1). Nous obtenons ainsi, en supprimant les accents,

$$f\left[x_0 + \frac{k(x - x_0)}{(x - x_0)^2 + (y - y_0)^2}, \quad y_0 + \frac{k(y - y_0)}{(x - x_0)^2 + (y - y_0)^2}\right] = 0.$$

Remarquons qu'on peut écrire aussi

$$\frac{\overline{PM'}}{\overline{PM}} = \frac{\overline{PM'} \cdot \overline{PM}}{\overline{PM}^2} = \frac{k}{(x - x_0)^2 + (y - y_0)^2},$$

et

$$\frac{x'-x_0}{x-x_0}=\frac{y'-y_0}{y-y_0}=\frac{k}{(x-x_0)^2+(y-y_0)^2}.$$

On en déduit

$$x'=x_0+\frac{k(x-x_0)}{(x-x_0)^2+(y-y_0)^2},$$

$$y'=y_0+\frac{k(y-y_0)}{(x-x_0)^2+(y-y_0)^2}.$$

Dans le cas particulier où le point P est à l'origine, on a

$$x=\frac{kx'}{x'^2+y'^2},\qquad y=\frac{ky'}{x'^2+y'^2}$$

$$x'=\frac{kx}{x^2+y^2},\qquad y'=\frac{ky}{x^2+y^2},$$

et l'équation de la courbe inverse de la courbe $f(x, y)=0$ est

$$f\left(\frac{kx}{x^2+y^2},\ \frac{ky}{x^2+y^2}\right)=0.$$

139. *Établir analytiquement les propriétés suivantes:*

1° *La courbe inverse d'une droite qui ne passe pas par le pôle est un cercle passant par le pôle.*

2° *La courbe inverse d'un cercle passant par le pôle est une droite qui ne passe pas par le pôle.*

3° *La courbe inverse d'un cercle qui ne passe pas par le pôle est un cercle ne passant pas par le pôle.*

140. *Dans un plan rapporté à des axes rectangulaires on considère le système des cercles* (S) *définis par l'équation*

$$x^2+y^2+ax+by+Aa+Bb+C=0,$$

où A, B, C *sont des constantes données,* a *et* b *des paramètres variables. Démontrer qu'à chaque point* M *du plan correspond un point* M′ *tel que par les deux points* M, M′ *on puisse faire passer une infinité de cercles* (S) ; *on montrera comment les coordonnées de l'un de ces points s'expriment au moyen des coordonnées de l'autre ; on prouvera que la droite* MM′ *passe par un point fixe* I *et que le produit* $\overline{IM} \cdot \overline{IM'}$ *est constant ; enfin, on cherchera à remplacer la définition analytique des cercles* (S) *par une définition géométrique qui mette facilement en évidence les propriétés qui précèdent.*

141. *On donne deux cercles fixes* (O) *et* (O′). *Sur un rayon variable du cercle* (O) *comme diamètre on décrit un cercle* (ω). *Trouver le lieu des centres d'homothétie des cercles* (O′) *et* (ω).

142. *On donne deux axes obliques* Ox, Oy ; *une droite variable rencontre* Ox *en* A, Oy *en* B *de telle façon que la longueur* AB *soit constante et égale à* a. *Par le point* A *on mène une perpendiculaire à* Ox, *et par le point* B *une perpendiculaire à* Oy. *Trouver le lieu du point de rencontre de ces deux droites.*

Le lieu est un cercle ayant pour centre le point O.

143. *Un point fixe* A *situé sur un cercle* (C) *est le centre de deux cercles variables* (γ) *et* (γ′) *dont les rayons sont respectivement* R *et* 2R. *On demande, quand* R *varie, le lieu des points de rencontre du cercle* (γ′) *et de l'axe radical des cercles* (C) *et* (γ).

144. *On donne deux axes rectangulaires* Ox, Oy, *un point* A *sur* Ox *et un point* B *sur* Oy. *On mène une droite variable* Δ *passant par le point* O, *et on abaisse* AP *et* BQ *perpendiculaires sur cette droite. Trouver le lieu du milieu de* PQ.

Le lieu est le cercle qui passe par le point O et par les milieux de OA et de OB.

145. *On donne deux circonférences concentriques* (γ) *et* (γ'), *le rayon de* (γ) *étant plus petit que celui de* (γ'), *et un point* P *situé sur* (γ). *On mène dans le cercle* (γ) *une corde quelconque* PA, *et dans* (γ') *la corde perpendiculaire* BPC.

1° *Démontrer que* $\overline{PA}^2 + \overline{PB}^2 + \overline{PC}^2$ *est constant.*

2° *Démontrer que* $\overline{BC}^2 + \overline{CA}^2 + \overline{AB}^2$ *est constant.*

3° *Démontrer que le centre de gravité du triangle* ABC *reste fixe.*

4° *Trouver les lieux décrits par les milieux des côtés du triangle* ABC.

146. *On donne deux cercles tangents en un point* O *et ayant pour centres* C *et* C'. *Une sécante variable passant par le point* O *rencontre les cercles aux points* A *et* A' *respectivement. Trouver le lieu du point de rencontre des droites* CA' *et* AC'.

147. *On donne un cercle et deux points* A *et* B. *Par le point* B *on mène une sécante variable rencontrant le cercle aux points* C *et* D. *On demande le lieu géométrique du centre du cercle circonscrit au triangle* ACD.

Le lieu est une droite perpendiculaire à AB.

148. *On donne un angle quelconque* xOy *et un point* P *dans son plan. Par les points* O *et* P *on fait passer une circonférence variable qui rencontre* Ox *en* A *et* Oy *en* B. *Trouver le lieu du point de concours des hauteurs du triangle* OAB.

Le lieu est une droite parallèle à la droite qui joint les projections du point P sur Ox et Oy.

149. *Une tangente variable à un cercle rencontre deux diamètres fixes rectangulaires* Ox, Oy *de ce cercle aux points*

A *et* B. *L'axe radical de ce cercle et du cercle circonscrit au triangle* OAB *rencontre* Ox, Oy *aux points* C *et* D. *Trouver le lieu géométrique du milieu de* CD *quand la tangente* AB *roule sur le cercle* (O).

Le lieu est le cercle concentrique au cercle (O) et de rayon moitié moindre.

150. *On donne deux cercles tangents en un point* O *et ayant pour centres les points* C *et* C'. *Par le point* O *on mène une corde* OA *dans le cercle* C *et une corde* OA' *dans le cercle* C', *les deux cordes étant variables, mais le rapport de leurs longueurs étant constant. Du point* C *on mène une perpendiculaire sur* OA *et du point* C' *une perpendiculaire sur* OA'; *trouver le lieu du point de rencontre de ces perpendiculaires.*

Si on prend comme axes CC' et la tangente commune, si l'on désigne par a et a' les abscisses des points C et C' et par k le rapport des longueurs OA et OA', on trouve pour équation du lieu

$$a'^2k^2\left[(x-a')^2+y^2\right]-a^2\left[(x-a)^2+y^2\right]=0.$$

Cette équation représente un cercle qui est aussi le lieu des points M tels que l'on ait

$$\frac{\mathrm{MC}}{\mathrm{MC'}}=\left|\frac{a'k}{a}\right|.$$

151. *On donne deux points fixes* P *et* Q *et une droite* Δ *perpendiculaire à* PQ. *Par le point* P *on mène deux droites rectangulaires variables qui rencontrent* Δ *en* A *et* B; *on demande le lieu géométrique de la projection du point* A *sur la droite* QB.

Le lieu est un cercle passant par le point Q et ayant son centre sur la droite PQ.

152. *On donne deux cercles* (C), (C′) *et une corde variable* AB *du cercle* (C′), *qui est vue du centre du cercle* (C) *sous un angle droit. Trouver le lieu du centre du cercle passant par les points* A, B *et orthogonal au cercle* (C).

153. *On donne un triangle* ABC. *On prend sur le côté* BC *un point variable* D. *On fait passer deux circonférences, l'une par les points* A, B, D, *l'autre par les points* A, C, D ; *soient* O *et* O′ *les centres de ces deux circonférences.*

1° *Démontrer que le rapport des rayons de ces deux circonférences est indépendant de la position du point* D *sur le côté* BC.

2° *On prend sur* OO′ *le point* M *tel que l'on ait* $\frac{MO}{MO'} = k$, k *étant un nombre fixe. Démontrer que le point* M *décrit une droite.*

154. *On donne deux cercles* (C) *et* (C′). *Une tangente variable au cercle* (C) *rencontre le cercle* (C′) *en deux points* M *et* N. *On demande le lieu du centre du cercle passant par les points* M *et* N *et par le centre du cercle* (C).

Ce lieu est un cercle qui a pour centre le centre de (C′).

155. *Un cercle* (C) *de rayon constant tourne autour d'un de ses points* O. *Démontrer que le lieu du pied de la perpendiculaire abaissée de ce point sur l'axe radical du cercle* (C) *et d'un cercle fixe est un cercle.*

156. *Soient* OA *et* OB *deux rayons rectangulaires fixes d'un cercle* O. *On considère deux cercles variables tangents en* A *et* B *au cercle* O *et tangents entre eux au point* M. *Montrer que le lieu du point* M *est le cercle qui est tangent en* A *et* B *aux droites* OA *et* OB.

157. *On donne deux axes* Ox, Oy *faisant un angle de* $60°$, *et une circonférence touchant ces axes aux points* A *et* B *respectivement.* M *étant un point quelconque de cette circonférence, on appelle* P *le point de rencontre de* Ox *et* BM, Q *celui de* Oy *et* AM.

1° *Trouver le lieu du centre du cercle circonscrit au triangle* OPQ.

2° *Lieu du point de concours des hauteurs du même triangle.*

3° *Lieu du centre de gravité.*

On simplifiera beaucoup la question en montrant que la somme des segments $\overline{OP} + \overline{OQ}$ est égale à $\overline{OA}$.

158. *On donne deux circonférences tangentes. Par le point de contact* A *on mène dans la première une corde* AB *et dans la deuxième une corde* AC *perpendiculaire à* AB. *On demande :*

1° *Le lieu de la projection du point* A *sur* BC ;

2° *Le lieu du milieu de* BC ;

3° *Le lieu du centre de gravité du triangle* ABC.

159. *On donne une circonférence et un diamètre fixe* AB. *Par le point* A *on mène une corde* AC *variable, sur laquelle on prend le point* D *défini par l'égalité* $\frac{\overline{AD}}{\overline{AC}} = k$, k *étant un nombre fixe. Lieu du point de rencontre de la droite* BC *et de la droite qui joint le point* D *au centre du cercle.*

160. *Par un point* O *on mène une tangente* OA *à un cercle de centre* C ; *on prend un point* B *variable sur* OA, *et par ce point on mène une perpendiculaire* BD *à la droite* OA, *et une parallèle* BE *à la droite* OC. *Cette droite* BE *rencontre le cercle en un point* E. *Le cercle de centre* O *et de rayon* OE *rencontre* BD *en deux points* M *et* M′ ; *on demande le lieu géométrique de ces points.*

On prendra comme axes OA et la perpendiculaire au point O, et comme paramètres variables les coordonnées du point E.

Le lieu se compose de deux cercles.

161. *On donne une circonférence de centre* O, *deux diamètres fixes rectangulaires* AA′, BB′ *et un diamètre variable* MM′. *Les bissectrices de l'angle* MAM′ *rencontrent* MM′ *en* D *et* D′, *et* BB′ *en* E *et* E′. *Soient* C *et* C′ *les centres des cercles* (C) *et* (C′) *circonscrits aux triangles* DEO, D′E′O.

1° *Lieu du centre radical des trois cercles* (O), (C) *et* (C′).

2° *Lieu du second point d'intersection des cercles* (C) *et* (C′).

3° *La droite* CC′ *passe par le milieu de* OA.

4° *Le cercle qui a pour diamètre* CC′ *passe par le milieu de* DD′.

Le premier lieu est la tangente en A au cercle (O), le deuxième est le cercle de diamètre OA.

162. *On donne deux axes rectangulaires* Ox, Oy, *un point* P *sur* Oy *et un point* A *dans le plan. Par le point* A *on mène deux droites rectangulaires variables qui rencontrent* Ox *en* B *et* C ; *on considère la circonférence passant par les points* P, B *et* C, *et on désigne par* M *le point où cette circonférence rencontre la droite qui joint le point* P *à la projection de* A *sur* Ox.

1° *Démontrer que le point* M *est fixe.*

2° *Quand le point* P *décrit la droite* Oy, *quel est le lieu du point* M ?

Si on désigne par a, b les coordonnées du point A et par p l'ordonnée du point P, on trouve que les coordonnées du point M sont

$$x = a + \frac{ab^2}{a^2 + p^2}, \qquad y = -\frac{b^2 p}{a^2 + p^2};$$

et le lieu de ce point quand p varie est le cercle

$$(x-a)^2+y^2-\frac{b^2}{a}(x-a)=0.$$

163. *On donne un cercle* (C) *et une corde* AB *de ce cercle. D'un point* I *du cercle comme centre on décrit un cercle* (C′) *tangent à la droite* AB, *et on demande le lieu du point de rencontre des tangentes menées au cercle* (C′) *par les points* A *et* B.

En prenant comme axe des x la corde AB et comme axe des y le diamètre perpendiculaire du cercle (C), et en désignant par $\pm a$ les abscisses des points A et B et par b l'ordonnée du centre du cercle, on trouve que le lieu est un cercle qui a pour équation

$$b(x^2+y^2)-(b^2-a^2)y-a^2b=0.$$

CHAPITRE III

COURBES DONT L'ÉQUATION EST RÉSOLUE PAR RAPPORT A x OU A y, OU DONT LES COORDONNÉES DES POINTS SONT EXPRIMÉES EN FONCTION D'UN PARAMÈTRE.

I. — Lorsque l'équation d'une courbe peut être résolue par rapport à y ou par rapport à x, la construction de cette courbe se ramène à l'étude des variations d'une fonction.

II. — Si l'équation de la courbe ne peut être résolue par rapport à y ou par rapport à x, on peut chercher à exprimer les coordonnées x, y d'un point de la courbe en fonction d'un paramètre t. Supposons qu'on ait obtenu des équations de la forme

$$x = f(t), \qquad y = \varphi(t);$$

on dit que ce sont les *équations paramétriques* de la courbe. Pour construire la courbe, on fera varier t de $-\infty$ à $+\infty$ et on étudiera les variations de x et de y.

Lorsque les fonctions $f(t)$ et $\varphi(t)$ sont rationnelles, on dit que la courbe est *unicursale*.

III. — Par exemple, supposons que l'équation de la courbe ait la forme

$$\varphi_m(x, y) + \varphi_{m-1}(x, y) = 0,$$

$\varphi_m(x, y)$ et $\varphi_{m-1}(x, y)$ désignant des polynomes *homogènes* par rapport à x, y dont les degrés sont indiqués par l'indice. Cette équation représente une courbe du m^e degré ayant à l'origine un point multiple d'ordre $m-1$.

Une droite quelconque passant par l'origine, $y = tx$, rencontre la courbe en $m-1$ points confondus à l'origine et en un autre point, ayant pour coordonnées,

$$x = -\frac{\varphi_{m-1}(1, t)}{\varphi_m(1, t)}, \qquad y = -\frac{t\varphi_{m-1}(1, t)}{\varphi_m(1, t)};$$

on a ainsi les équations paramétriques de la courbe.

IV. — Comme cas particuliers, on peut citer la strophoïde et la cissoïde.

La strophoïde est une cubique circulaire qui a un point double à tangentes rectangulaires.

Si le point double est à l'origine, et que les axes soient rectangulaires, l'équation générale de la strophoïde est

$$(x^2+y^2)(ax+by)+Ax^2+2Bxy-Ay^2=0.$$

La strophoïde est droite lorsque la direction asymptotique réelle, $ax+by=0$, est parallèle à l'une des bissectrices des tangentes au point double. La courbe a dans ce cas un axe de symétrie qui est la perpendiculaire abaissée du point double sur la direction asymptotique réelle.

La cissoïde est une cubique circulaire qui a un point double à tangentes confondues, c'est-à-dire un point de rebroussement.

Si le point de rebroussement est à l'origine et si les axes sont rectangulaires, l'équation générale de la cissoïde est

$$(x^2+y^2)(ax+by)+(cx+dy)^2=0.$$

On dit que la cissoïde est droite lorsque la direction asymptotique réelle est perpendiculaire à la tangente de rebroussement : dans ce cas, cette tangente est axe de symétrie.

V. — De même, si l'équation d'une courbe est mise sous la forme

$$\varphi_m(x, y)+\varphi_{m-p}(x, y)=0,$$

$\varphi_m(x, y)$ et $\varphi_{m-p}(x, y)$ étant des polynomes homogènes de degrés m et $m-p$ respectivement, en coupant cette courbe par la droite $y=tx$ on obtiendra les équations paramétriques

$$x=\sqrt[p]{-\frac{\varphi_{m-p}(1, t)}{\varphi_m(1, t)}}, \qquad y=t\sqrt[p]{-\frac{\varphi_{m-p}(1, t)}{\varphi_m(1, t)}}.$$

VI. — En général, pour avoir l'équation du lieu géométrique d'un point variable, on est conduit à éliminer un paramètre λ entre deux équations

(1) $$f(x, y, \lambda) = 0, \qquad \varphi(x, y, \lambda) = 0.$$

Il peut arriver que cette élimination soit laborieuse, ou qu'elle conduise à une équation compliquée entre x et y. Si l'on peut résoudre les équations (1) par rapport à x et à y, et obtenir des relations de la forme $x = f_1(\lambda)$, $y = f_2(\lambda)$, on aura les équations paramétriques du lieu; et, en discutant ces équations on pourra construire le lieu.

VII. — Nous avons dit que pour construire la courbe $y = F(x)$, il faut étudier les variations de la fonction $F(x)$, et pour cela étudier le signe de la dérivée $F'(x)$.

Lorsque cette dérivée est trop compliquée, on se borne à déterminer les signes et les valeurs remarquables de $F(x)$.

Supposons par exemple que $F(x)$ soit une fonction rationnelle; l'équation de la courbe s'écrit

$$y = \frac{f(x)}{\varphi(x)},$$

$f(x)$ et $\varphi(x)$ étant des polynomes

$$f(x) \equiv a_0 x^m + a_1 x^{m-1} + \cdots, \qquad \varphi(x) \equiv b_0 x^p + b_1 x^{p-1} + \cdots.$$

Pour avoir le signe de y pour les différentes valeurs de x, il faut connaître les racines des polynomes $f(x)$ et $\varphi(x)$.

Soit a une racine de $f(x)$; pour $x = a$, $y = 0$. Quand x traverse la valeur a, y change de signe si a est racine simple ou racine multiple d'ordre impair de $f(x)$; au contraire y ne change pas de signe si a est racine multiple d'ordre pair.

De même, pour une racine b de $\varphi(x)$, y est infini. Quand x traverse la valeur b, y change de signe si b est racine d'ordre impair, et ne change pas de signe si b est racine d'ordre pair.

Enfin, on sait que pour $x = \pm\infty$, y a même valeur que le rapport des termes de plus haut degré $\dfrac{a_0 x^m}{b_0 x^p}$.

On déduit de là la forme générale de la courbe. Et on peut opérer de même dans la discussion des équations paramétriques.

164. *Indiquer la forme générale de la courbe définie par l'équation*

$$y = \frac{(x+2)^2(x-1)(x-2)^3(x-4)^2}{(x+3)(x+1)^3 x^2 (x-3)^4}.$$

Les valeurs remarquables de x sont -3, -2, -1, 0, 1, 2, 3 et 4; quand x traverse les valeurs -3, -1, 1, 2, y change de signe; au contraire quand x traverse les autres valeurs, y ne change pas de signe.

D'autre part, pour $x = \pm\infty$ y a même valeur que $\frac{x^8}{x^{10}}$ ou $\frac{1}{x^2}$; donc y est infiniment petit positif pour les valeurs de x infiniment grandes.

On peut donc dresser immédiatement le tableau suivant

x	$-\infty$		-3		-2		-1		0		1		2		3		4		$+\infty$
y	0	$+$	$+\infty \mid -\infty$	$-$	0	$-$	$-\infty \mid +\infty$	$+$	$+\infty \mid +\infty$	$+$	0	$-$	0	$+$	$+\infty \mid +\infty$	$+$	0	$+$	0

ce qui donne la forme de la courbe.

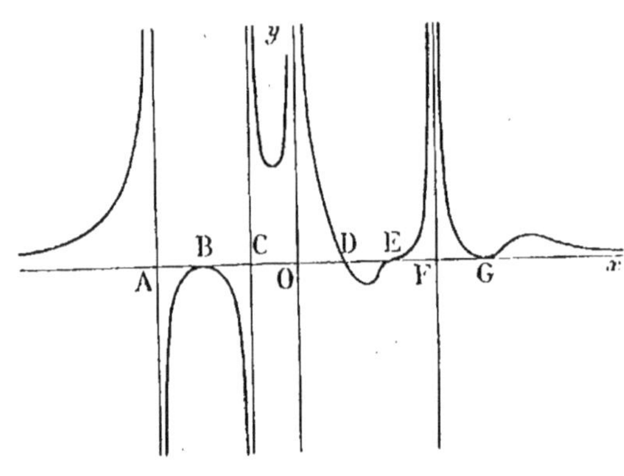

Fig. 20.

Au point B d'abscisse -2 la tangente est Ox, car le rapport $\frac{y}{x+2}$ a pour limite zéro quand x tend vers 2; il en est de même au point $E(x=2)$ et au point $G(x=4)$.

165. *Construire la courbe définie par l'équation*

$$x(y^2 - x^2) + x^2 - 2y^2 = 0.$$

On peut résoudre cette équation par rapport à y^2, on a

$$y^2 = \frac{x^2(x-1)}{x-2}, \qquad \text{et} \qquad y = \pm x\sqrt{\frac{x-1}{x-2}}.$$

On en conclut que la courbe est symétrique par rapport à Ox, car à chaque valeur de x correspondent deux valeurs de y égales et de signes contraires.

Il suffira de construire la branche de courbe définie par l'équation

$$y = x\sqrt{\frac{x-1}{x-2}},$$

puis de tracer la symétrique de la courbe obtenue par rapport à Ox.

La fonction y n'est définie que pour les valeurs de x qui rendent positif le rapport $\frac{x-1}{x-2}$, c'est-à-dire pour les valeurs de x extérieures à l'intervalle $(1, 2)$. Nous ferons varier x de $-\infty$ à 1 et de 2 à $+\infty$.

La dérivée de y par rapport à x est

$$y' = \frac{2x^2 - 7x + 4}{2(x-2)^2\sqrt{\frac{x-1}{x-2}}};$$

elle a le signe du trinome $2x^2 - 7x + 4$. Celui-ci a deux racines positives : $x' = \frac{7-\sqrt{17}}{4} = 0,72\ldots$, $x'' = \frac{7+\sqrt{17}}{4} = 2,78\ldots$; la première est inférieure à 1, la deuxième supérieure à 2. La dérivée est positive quand x est extérieur à l'intervalle (x', x'') et négative quand x est compris dans cet intervalle.

On en déduit les variations suivantes de y :

x	$-\infty$		0		x'		1		2		x''		$+\infty$
y	$-\infty$	croît	0	croît	*max.*	décr.	0		$+\infty$	décr.	*min.*	croît	$+\infty$

Pour $x = \pm\infty$ le rapport $\sqrt{\frac{x-1}{x-2}}$ a pour limite 1 ; par suite, pour $x = -\infty$, $y = -\infty$ et pour $x = +\infty$, $y = +\infty$.

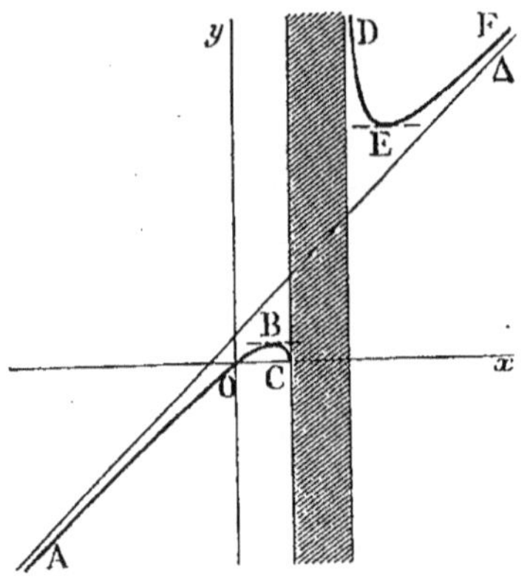

Fig. 21.

Le maximum de y est égal à 0,33... et le minimum à 4,1...

On peut alors tracer la courbe et on obtient les branches AOBC et DEF.

La tangente au point O a pour coefficient angulaire $\frac{1}{\sqrt{2}}$, et la tangente au point C est parallèle à Oy.

Cherchons maintenant si les branches infinies AO et EF ont une asymptote.

Nous déterminons pour cela la limite de $\frac{y}{x}$ pour x infini ; nous avons

$$\frac{y}{x} = \sqrt{\frac{x-1}{x-2}}.$$

Quand x augmente indéfiniment, $\frac{y}{x}$ a pour limite 1 ; donc la direction asymptotique a pour coefficient angulaire 1.

Pour avoir l'asymptote, il faut chercher la limite de $y - x$; or

$$y - x = x\left[\sqrt{\frac{x-1}{x-2}} - 1\right],$$

ou, en multipliant et divisant le second membre par

$$\sqrt{\frac{x-1}{x-2}} + 1,$$

$$y - x = x\,\frac{\frac{x-1}{x-2} - 1}{\sqrt{\frac{x-1}{x-2}} + 1} = \frac{x}{x-2}\,\frac{1}{\sqrt{\frac{x-1}{x-2}} + 1}.$$

Quand x augmente indéfiniment, $y-x$ a pour limite $\frac{1}{2}$; donc, l'asymptote a pour équation

$$y = x + \frac{1}{2};$$

c'est la droite Δ.

La courbe étant du troisième degré, cette asymptote ne peut la rencontrer qu'en un point à distance finie. Comme ce point existe visiblement sur la branche symétrique de OA par rapport à Ox, on voit que la droite Δ ne peut rencontrer les branches OA et EF.

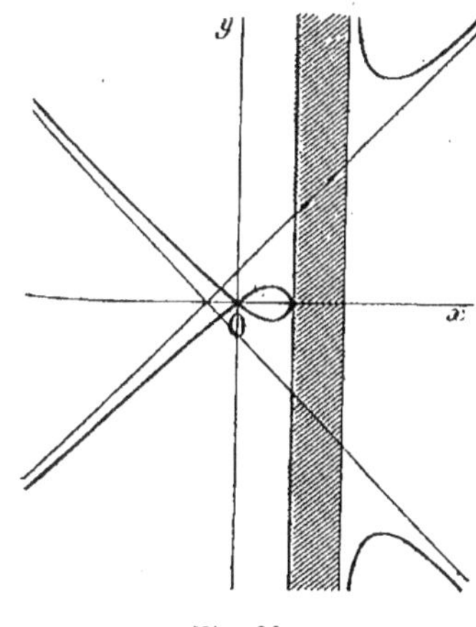

Fig. 22.

Pour avoir toute la courbe, nous construirons les symétriques des branches AOBC et DEF par rapport à Ox, et la droite Δ, symétrique de Δ' par rapport à Ox, sera asymptote à ces nouvelles branches.

166. *Construire les courbes définies par les équations*

$$y = \pm x\sqrt{\frac{x-1}{x+1}}, \qquad y = \pm x\sqrt{\frac{x-1}{x-\frac{1}{2}}}.$$

167. *Construire la courbe définie par l'équation*

$$y = \pm x\sqrt{\frac{x-1}{x-k}},$$

et discuter la forme de cette courbe quand on fait varier k.

En prenant la branche

$$y = x\sqrt{\frac{x-1}{x-k}},$$

on a

$$y' = \frac{2x^2 - (3k+1)x + 2k}{2(x-k)^2\sqrt{\frac{x-1}{x-k}}}.$$

Le numérateur de la dérivée a des racines réelles lorsque k est extérieur à l'intervalle $\left(\frac{1}{9}, 1\right)$. Dans le cas où les racines existent, il faudra les comparer aux valeurs remarquables 1 et k.

168. 1° *Construire la courbe* (C) *définie par l'équation*

$$y = \frac{x}{x^2 - 2x + m},$$

en discutant tous les cas qui peuvent se présenter suivant les valeurs données à m.

2° *Une droite* (D) *parallèle à* Ox *rencontre la courbe* (C) *au plus en deux points* M′ *et* M″.

Connaissant l'ordonnée y *du point* P *où* (D) *rencontre* Oy, *calculer l'abscisse du milieu* M *de* M′M″ *et l'abscisse du point* R *conjugué harmonique de* P *par rapport aux deux points* M′ *e* M″.

3° *Construire les courbes que décrivent les points* M *et* R *quand le point* P *décrit* Oy.

169. *Construire la courbe définie par les équations paramétriques*

$$x = \frac{t^3}{(t-1)(t+2)}, \qquad y = \frac{t^2 - 2t}{t-1}.$$

Ces équations représentent une courbe unicursale du troisième degré. Pour la construire, nous étudierons les variations de x et y quand t varie de $-\infty$ à $+\infty$. Nous remarquerons que x est une fonction continue sauf pour les valeurs $t=-2$ et $t=1$; y est aussi continue, excepté pour $t=1$.

En prenant les dérivées de x et y par rapport à t, nous avons

$$\frac{dx}{dt}=\frac{t^2(t^2+2t-6)}{(t-1)^2(t+2)^2}, \qquad \frac{dy}{dt}=\frac{t^2-2t+2}{(t-1)^2};$$

$\frac{dy}{dt}$ est positif quel que soit t, y est une fonction croissante. D'autre part, $\frac{dx}{dt}$ s'annule pour deux valeurs de t, qui sont, à $\frac{1}{10}$ près, $t_1=-3{,}6$ et $t_2=1{,}6$; donc $\frac{dx}{dt}$ est positive pour les valeurs de x extérieures à l'intervalle (t_1, t_2), et négative pour les valeurs de x comprises dans cet intervalle.

On a donc les variations suivantes :

t	$-\infty$		t_1		-2		0		1		t_2		2		$+\infty$
x	$-\infty$	$-$ ↗	max.	$-$ ↘	$-\infty$ ∥ $+\infty$	$+$ ↘	0	$-$ ↘	$-\infty$ ∥ $+\infty$	$+$ ↘	min.	$+$ ↗	2	$+$ ↗	$+\infty$
y	$-\infty$	↗	$-$		$-\frac{8}{3}$	$-$ ↗	0	$+$	$+\infty$ ∥ $-\infty$	↗	$-$	↗	0	$+$ ↗	$+\infty$

On en déduit la forme de la courbe : nous avons indiqué sur cette courbe les valeurs de t correspondant à certains points, en particulier aux branches infinies (fig. 23).

Le coefficient angulaire m de la tangente en chaque point est le quotient de $\frac{dy}{dt}$ par $\frac{dx}{dt}$; on a donc

$$m=\frac{(t^2-2t+2)(t+2)^2}{(t^2+2t-6)\,t^2}.$$

A l'origine et aux points t_1 et t_2 la tangente est parallèle à Oy.

Asymptotes. — 1° Pour $t=-2$, x est infini et y est égal à $-\frac{8}{3}$; donc la droite $y=-\frac{8}{3}$ est asymptote à la courbe.

Pour déterminer la position de la courbe par rapport à cette droite, il faut déterminer le signe de la différence $y-\left(-\frac{8}{3}\right)$ ou de $y+\frac{8}{3}$ pour les valeurs de t voisines de -2.

Nous avons

$$y+\frac{8}{3}=\frac{t^2-2t}{t-1}+\frac{8}{3}=\frac{(t+2)(3t-4)}{3(t-1)}.$$

Pour les valeurs de t voisines de -2, la fraction $\frac{3t-4}{3(t-1)}$ a le même signe que pour $t=-2$, c'est-à-dire le signe $+$; donc pour les valeurs de t voisines de -2, $y+\frac{8}{3}$ a le signe de $t+2$. Par suite, pour $t=-2-\varepsilon$, $y<-\frac{8}{3}$, pour $t=-2+\varepsilon$, $y>-\frac{8}{3}$.

Ceci était d'ailleurs à prévoir, puisque la fonction y est croissante. Mais nous voyons de plus que $y+\frac{8}{3}$ s'annule aussi pour $t=\frac{4}{3}$: on en déduit que l'asymptote rencontre la courbe au point qui correspond à $t=\frac{4}{3}$.

2° Pour $t=\pm\infty$, x et y sont infinis. Cherchons si les branches de courbe correspondantes ont une asymptote.

Nous avons

$$\frac{y}{x}=\frac{t^2-4}{t^2};$$

donc, pour $t=\pm\infty$, $\frac{y}{x}$ a pour limite 1; la direction asymptotique a pour coefficient angulaire 1.

D'autre part,

$$y - x = \frac{t^2 - 2t}{t - 1} - \frac{t^3}{(t-1)(t+2)} = \frac{-4t}{(t-1)(t+2)}.$$

Pour $t = \pm\infty$, $y - x$ a pour limite zéro. Donc l'asymptote passe par l'origine.

Pour étudier la position de la courbe par rapport à l'asymptote, nous allons comparer les ordonnées y et Y de la courbe et de l'asymptote qui correspondent à une même valeur de x. Nous venons de trouver

$$y - x = \frac{-4t}{(t-1)(t+2)};$$

nous avons d'autre part

$$Y - x = 0,$$

et, en retranchant,

$$y - Y = \frac{-4t}{(t-1)(t+2)}.$$

Pour $t = -\infty$, $y - Y > 0$; pour $t = +\infty$, $y - Y < 0$.

3° x et y sont aussi infinis pour $t = 1$; cherchons l'asymptote correspondante.

Pour $t = 1$, lim. $\frac{y}{x} = -3$; puis

$$y + 3x = \frac{t^2 - 2t}{t - 1} + \frac{3t^3}{(t-1)(t+2)} = \frac{4t(t+1)}{t+2},$$

et lim. $(y + 3x) = \frac{8}{3}$.

Donc l'asymptote a pour équation

$$Y + 3x = \frac{8}{3}.$$

Mais comme on a

$$y + 3x = \frac{4t(t+1)}{t+2},$$

on en déduit

$$y - Y = \frac{4t(t+1)}{t+2} - \frac{8}{3} = (t-1)\cdot\frac{4(3t+4)}{3(t+2)},$$

et l'on voit que pour les valeurs voisines de 1, $y - Y$ a le signe de $t-1$, ce qui permet de placer la courbe par rapport à l'asymptote. De plus, on voit que l'asymptote rencontre la courbe au point $t = -\frac{4}{3}$.

Point double. — La construction de la courbe fait apparaître un point double. Il existe donc deux valeurs différentes de t, pour lesquelles x et y prennent les mêmes valeurs. Soient t et t' ces valeurs, on doit avoir

$$(1) \qquad \frac{t^3}{t^2+t-2} = \frac{t'^3}{t'^2+t'-2},$$

$$(2) \qquad \frac{t^2-2t}{t-1} = \frac{t'^2-2t'}{t'-1}.$$

L'équation (1) s'écrit successivement

$$t^3(t'^2+t'-2) - t'^3(t^2+t-2) = 0,$$

ou, en rapprochant les termes analogues de façon à mettre en évidence la différence $t - t'$,

$$t^2t'^2(t-t') + tt'(t^2-t'^2) - 2(t^3-t'^3) = 0,$$

ou, encore, en divisant par $t - t'$,

$$(3) \qquad t^2t'^2 + tt'(t+t') - 2(t^2+t'^2+tt') = 0.$$

L'équation (2) devient par un calcul analogue

$$(4) \qquad tt' - (t+t') + 2 = 0.$$

Si nous posons $tt' = p$, $t + t' = s$, ces équations s'écrivent

$$p^2 + ps - 2(s^2 - p) = 0, \qquad p - s + 2 = 0.$$

On en tire aisément $p = -2$, $s = 0$, ce qui montre que t et t' sont racines de l'équation $t^2 - 2 = 0$. On a donc

$$t = \sqrt{2}, \qquad t' = -\sqrt{2}$$

et les coordonnées du point double sont $x = 2$, $y = -2$.

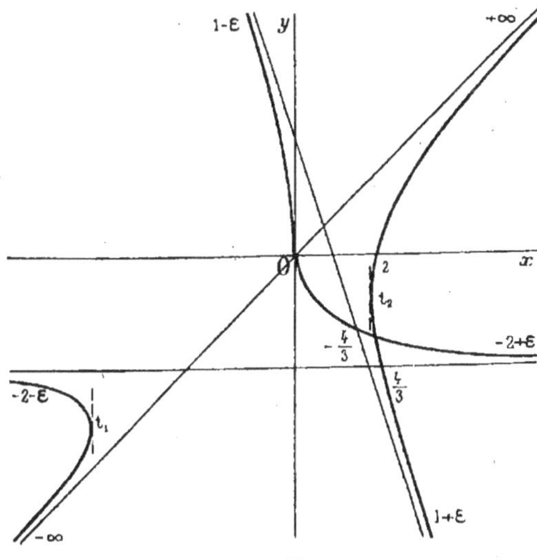

Fig. 23.

170. *Construire la courbe définie par les équations paramétriques*

$$x = \frac{t^2 - 4}{t(t+1)}, \qquad y = \frac{t^3}{t^2 - 1}.$$

Les signes et les valeurs remarquables de x et y sont indiqués dans le tableau suivant :

t	$-\infty$		-2		-1		0		1		2		$+\infty$
x	1	$+$	0	$-$	$-\infty \mid +\infty$	$+$	$+\infty \mid -\infty$	$-$	$-\frac{3}{2}$	$-$	0	$+$	1
y	$-\infty$	$-$	$-\frac{8}{3}$	$-$	$-\infty \mid +\infty$	$+$	0	$-$	$-\infty \mid +\infty$	$+$	$\frac{8}{3}$	$+$	$+\infty$

La courbe est unicursale et du quatrième degré; elle admet quatre asymptotes : l'axe des x, la droite $x=1$ qui rencontre la courbe au point $t=-4$, la droite $x=-\frac{3}{2}$ qui la rencontre au point $t=-\frac{8}{5}$, enfin la droite $y=\frac{x}{6}-\frac{25}{12}$ qui rencontre la courbe en deux points correspondant aux valeurs de t racines de l'équation $12t^2-t-8=0$.

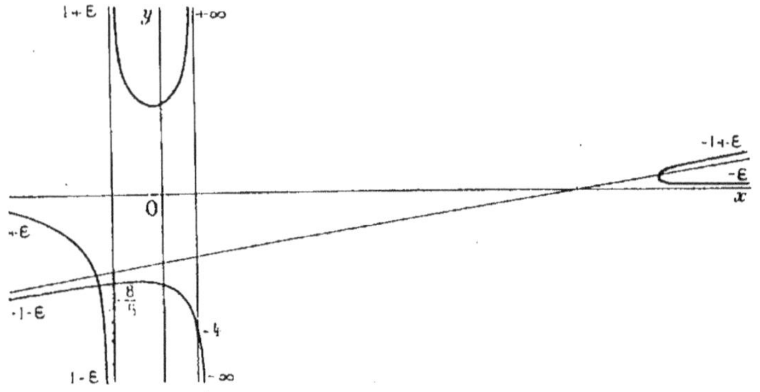

Fig. 24.

Pour la détermination du point double, on est conduit aux deux équations

$$p+4s+4=0, \qquad p^2+p-s^2=0,$$

avec les mêmes notations que dans l'exercice précédent.

On obtient deux ensembles de solutions :

$$1^\circ \qquad s=-\frac{2}{3}, \qquad p=-\frac{4}{3},$$

t et t' sont racines de l'équation $3t^2+2t-4=0$, et les coordonnées du point double sont $x=-2$, $y=-\frac{8}{3}$.

2° $s=-\frac{6}{5}$, $p=\frac{4}{5}$; à ces valeurs correspond l'équation $5t^2+6t+4=0$, qui n'a pas de racines réelles.

Cependant si l'on porte les racines imaginaires de cette équation dans les expressions de x et y, on obtient pour x et y des valeurs réelles $x = 6$, $y = -\frac{8}{15}\cdot$ Ce point est appelé un point double isolé. C'est un point réel par lequel passent deux branches de courbe imaginaires.

171. *Construire la courbe*

$$x = \frac{t^2 - 1}{t}, \qquad y = \frac{t + 1}{t(t - 1)}.$$

L'asymptote non parallèle aux axes a pour équation $y = x - 2$, et le point double a pour coordonnées $x = 2$, $y = 1$.

172. *Construire la courbe*

$$x = \frac{t^2 + 1}{2t}, \qquad y = \frac{2t - 1}{t^2}.$$

On a

$$\frac{dx}{dt} = \frac{t^2 - 1}{2t^2}, \qquad \frac{dy}{dt} = \frac{-2(t - 1)}{t^3}.$$

Pour $t = 1$, ces deux dérivées s'annulent : le point correspondant $x = 1$, $y = 1$ est un point de rebroussement ; la tangente a pour coefficient angulaire -2.

173. *Construire la courbe*

$$x = \frac{t(3t^2 - 2)}{4(1 - t^2)}, \qquad y = \frac{t^4}{4(1 - t^2)}.$$

On trouve

$$\frac{dx}{dt} = \frac{(2 - t^2)(3t^2 - 1)}{4(1 - t^2)^2}, \qquad \frac{dy}{dt} = \frac{t^3(2 - t^2)}{2(1 - t^2)^2}.$$

Si l'on change t en $-t$, x change de signe et y ne change pas; donc la courbe est symétrique par rapport à Oy. Il suffit de donner à t des valeurs positives, et d'achever par symétrie.

La courbe présente deux points de rebroussement correspondant aux valeurs de t égales à $\pm\sqrt{2}$.

174. *Construire la courbe*

$$x = \frac{2t^3}{(t-3)^2(t-1)}, \qquad y = \frac{t^2}{t-1}.$$

175. *Construire la courbe*

$$x = t(t-3)^2, \qquad y = (t-2)(t+1)^2.$$

Montrer qu'elle est symétrique par rapport à la première bissectrice des axes de coordonnées.

176. *Construire la courbe définie par les équations paramétriques*

$$(1) \quad x = \cos\varphi(\sqrt{2}\cos\varphi + 1), \qquad y = \sin\varphi(\sqrt{2}\cos\varphi - 1).$$

Si nous remplaçons $\cos\varphi$ et $\sin\varphi$ en fonction de $\operatorname{tg}\frac{\varphi}{2}$, on voit que le lieu est une courbe unicursale du quatrième degré; mais, pour la construire, il sera plus simple de conserver la variable φ.

Si nous changeons φ en $\varphi + 2\pi$, x et y conservent les mêmes valeurs; nous obtiendrons donc toute la courbe en faisant varier φ dans un intervalle quelconque d'étendue égale à 2π, par exemple de $-\pi$ à $+\pi$. Mais en changeant φ en $-\varphi$, x ne change pas et y change de signe; donc à deux valeurs opposées de φ correspondent deux points de la courbe symétriques par rapport à Ox. Il suffira donc de faire varier φ dans l'intervalle $(0, \pi)$, de construire la branche de courbe correspondante, puis de tracer la branche symétrique par rapport à Ox.

Calculons les dérivées x' et y' de x et y par rapport à φ; nous avons

$$x' = -\sin\varphi(2\sqrt{2}\cos\varphi + 1), \qquad y' = 2\sqrt{2}\cos^2\varphi - \cos\varphi - \sqrt{2}.$$

Remarquons d'abord que x s'annule pour $\varphi = \frac{\pi}{2}$ et $\varphi = \frac{3\pi}{4}$, et que y s'annule pour $\varphi = 0$, $\varphi = \pi$ et $\varphi = \frac{\pi}{4}$.

D'autre part, x' s'annule pour un angle obtus α dont le cosinus est $-\frac{1}{2\sqrt{2}}$; cet angle est compris entre $\frac{\pi}{2}$ et $\frac{3\pi}{4}$. Enfin, y' s'annule pour les racines du trinome

$$2\sqrt{2}\cos^2\varphi - \cos\varphi - \sqrt{2}.$$

Si nous y substituons successivement

$$-1, \qquad -\frac{1}{\sqrt{2}}, \qquad -\frac{1}{2\sqrt{2}}, \qquad 0, \qquad \frac{1}{\sqrt{2}}, \qquad 1,$$

nous obtenons les signes

$$+ \qquad + \qquad - \qquad - \qquad - \qquad +;$$

par suite le trinome admet une racine comprise entre $-\frac{1}{\sqrt{2}}$ et $-\frac{1}{2\sqrt{2}}$ et une autre comprise entre $\frac{1}{\sqrt{2}}$ et 1. La première est le cosinus d'un angle β, obtus, compris entre α et $\frac{3\pi}{4}$, et la deuxième est le cosinus d'un angle γ, aigu, inférieur à $\frac{\pi}{4}$.

Nous en déduisons aisément les variations de x et y:

φ	0	γ	$\frac{\pi}{4}$	$\frac{\pi}{2}$	α	β	$\frac{3\pi}{4}$	π
x	$1+\sqrt{2}$	↘	$\sqrt{2}$ ↘	0 ↘	$\frac{-1}{4\sqrt{2}}$ (*min.*)	↗	0 ↗	$\sqrt{2}-1$
y	0 ↗	(*max.*) ↘	0 ↘	-1	↘	(*min.*) ↗	$-\sqrt{2}$ ↗	0

Le coefficient angulaire de la tangente en chaque point est $\frac{y'}{x'}$. On en déduit la forme de la courbe tracée en trait plein.

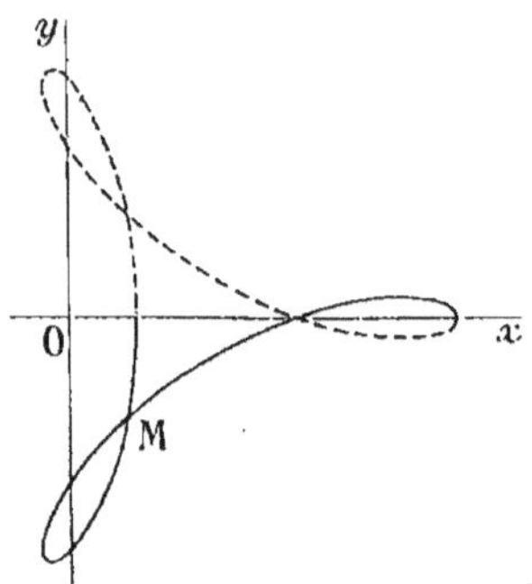

Fig. 25.

Cette courbe présente un point double M, dont il est facile de calculer les coordonnées. Pour cela nous cherchons deux angles différents φ, φ' compris entre 0 et π, tels que l'on ait

$$(2)\qquad \begin{cases} \cos\varphi(\sqrt{2}\cos\varphi+1)=\cos\varphi'(\sqrt{2}\cos\varphi'+1), \\ \sin\varphi(\sqrt{2}\cos\varphi-1)=\sin\varphi'(\sqrt{2}\cos\varphi'-1). \end{cases}$$

La première s'écrit

$$\sqrt{2}\,(\cos^2\varphi-\cos^2\varphi')+\cos\varphi-\cos\varphi'=0,$$

et, comme $\cos\varphi-\cos\varphi'$ doit être différent de zéro,

$$\sqrt{2}\,(\cos\varphi+\cos\varphi')+1=0,$$

ou

$$(3)\qquad 2\sqrt{2}\cos\frac{\varphi+\varphi'}{2}\cos\frac{\varphi-\varphi'}{2}+1=0.$$

La deuxième équation du système (2) nous donne

$$\frac{\sqrt{2}}{2}(\sin 2\varphi-\sin 2\varphi')-(\sin\varphi-\sin\varphi')=0,$$

ou

$$\sqrt{2}\sin(\varphi-\varphi')\cos(\varphi+\varphi')-2\sin\frac{\varphi-\varphi'}{2}\cos\frac{\varphi+\varphi'}{2}=0,$$

ou encore, en divisant par $2\sin\frac{\varphi-\varphi'}{2}$ qui ne peut être nul,

$$(4)\qquad \sqrt{2}\cos\frac{\varphi-\varphi'}{2}\cos(\varphi+\varphi')-\cos\frac{\varphi+\varphi'}{2}=0.$$

Le système (2) est équivalent au système (3), (4).

De l'équation (3) nous tirons $\cos\frac{\varphi-\varphi'}{2}=-\frac{1}{2\sqrt{2}\cos\frac{\varphi+\varphi'}{2}}$,

et, en portant cette valeur dans (4), nous obtenons

$$\cos(\varphi+\varphi')+2\cos^2\frac{\varphi+\varphi'}{2}=0,$$

ou

$$4\cos^2\frac{\varphi+\varphi'}{2}-1=0, \qquad \cos\frac{\varphi+\varphi'}{2}=\pm\frac{1}{2}.$$

On peut supposer $\varphi>\varphi'$; par hypothèse $\varphi-\varphi'$ étant plus petit que π, on a $\frac{\varphi-\varphi'}{2}<\frac{\pi}{2}$ et $\cos\frac{\varphi-\varphi'}{2}>0$; donc $\cos\frac{\varphi+\varphi'}{2}$ doit être négatif d'après (3) et l'on a

$$\cos\frac{\varphi+\varphi'}{2}=-\frac{1}{2}, \qquad \cos\frac{\varphi-\varphi'}{2}=\frac{1}{\sqrt{2}}.$$

On en déduit, puisque φ et φ' sont compris entre 0 et π,

$$\frac{\varphi+\varphi'}{2}=\frac{2\pi}{3}, \qquad \frac{\varphi-\varphi'}{2}=\frac{\pi}{4},$$

et

$$\varphi=\frac{11\pi}{12}, \qquad \varphi'=\frac{5\pi}{12}.$$

On en déduit les coordonnées du point double M :

$$x=\frac{1}{2\sqrt{2}}, \qquad y=-\frac{\sqrt{3}}{2\sqrt{2}}.$$

Il n'y a plus qu'à achever par symétrie par rapport à Ox pour avoir toute la courbe.

On peut établir qu'outre l'axe des x la courbe admet comme axes de symétrie les deux droites $y=\pm\sqrt{3}\left(x-\frac{1}{\sqrt{2}}\right)$.

177. *Construire la courbe définie par les équations paramétriques*

$$x = \frac{(1-2\cos 2\varphi)\cos\varphi}{\cos 2\varphi}, \qquad y = \frac{(1-2\cos 2\varphi)\sin\varphi}{\cos 2\varphi}.$$

Pour avoir toute la courbe il suffit de faire varier φ de 0 à $\frac{\pi}{2}$, et de prendre les symétriques des branches obtenues par rapport aux deux axes.

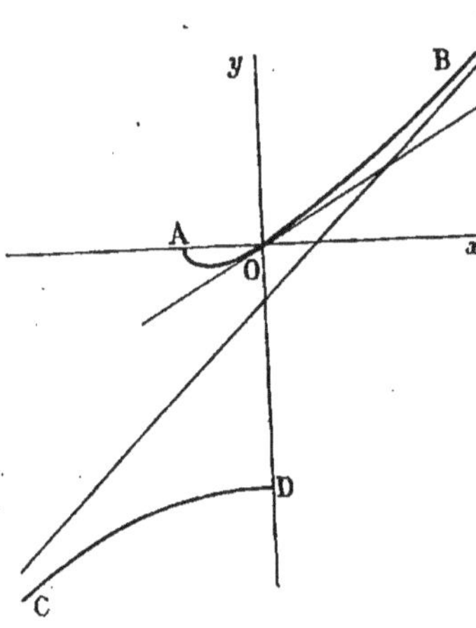

Fig. 26.

En faisant varier φ de 0 à $\frac{\pi}{2}$, on obtient les branches AOB et CD; on a $\overline{OA} = -1$, $\overline{OD} = -3$, la tangente à l'origine fait l'angle $\frac{\pi}{6}$ avec Ox, et l'asymptote a pour équation

$$y = x - \frac{1}{\sqrt{2}}.$$

178. *Construire la courbe définie par l'équation*

$$2 \text{ arc} \sin x = 3 \text{ arc} \sin y.$$

Posons $2 \text{ arc} \sin x = 3 \text{ arc} \sin y = 6t$, nous en tirons

$$\text{arc} \sin x = 3t, \qquad \text{arc} \sin y = 2t$$

et

$$x = \sin 3t, \qquad y = \sin 2t.$$

Ce sont les équations paramétriques de la courbe.

179. *On donne deux axes rectangulaires* Ox, Oy *et un* *cercle tangent à l'origine à Oy. La tangente en un point A variable sur ce cercle rencontre Oy au point B. Trouver le lieu des centres des cercles inscrit et exinscrits dans le triangle* AOB.

Nous déterminerons les centres $\omega, \omega_1, \omega_2, \omega_3$ des cercles inscrit et exinscrits dans le triangle OAB en prenant les points communs aux bissectrices de l'angle BOA et à celles de l'angle OBA.

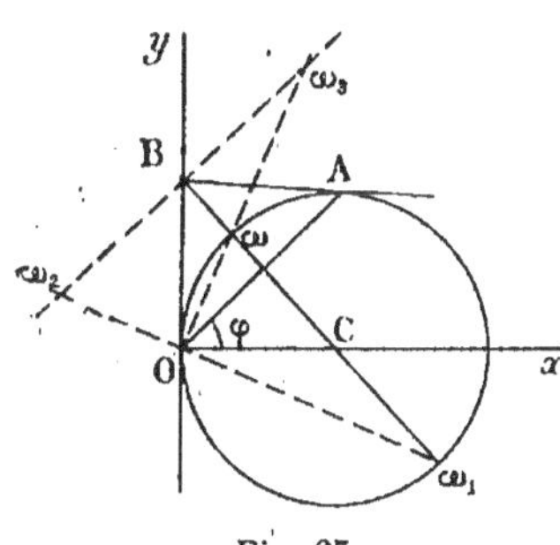

Fig. 27.

Soit φ l'angle de OA avec Ox, l'équation de OA est

$$x \sin \varphi - y \cos \varphi = 0,$$

et l'ensemble des bissectrices de l'angle BOA a pour équation $x^2 = (x \sin \varphi - y \cos \varphi)^2$, ou

$$(1) \qquad x^2 - y^2 + 2xy \operatorname{tg} \varphi = 0.$$

Soit R l'abscisse du centre C du cercle. L'une des bissectrices de l'angle OBA est la droite BC qui a pour équation

$$(2) \qquad y = -\frac{x - R}{\operatorname{tg} \varphi}.$$

Nous aurons donc le lieu des points ω et ω_1 en éliminant $\operatorname{tg} \varphi$ entre les équations (1) et (2). Cette élimination est fort simple ; elle nous donne pour équation du lieu

$$x^2 + y^2 - 2Rx = 0,$$

qui est précisément l'équation du cercle donné.

Donc le lieu des points ω et ω_1 est le cercle donné, ce qui est facile à apercevoir géométriquement.

L'autre bissectrice de l'angle OBA passe par le point B, qui a pour ordonnée $\frac{R}{\operatorname{tg} \varphi}$, et est parallèle à OA. Son équation est donc $y - \frac{R}{\operatorname{tg}\varphi} = x \operatorname{tg}\varphi$, ou

$$x \operatorname{tg}^2\varphi - y \operatorname{tg}\varphi + R = 0.$$

Le lieu des points ω_2 et ω_3 s'obtiendra en remplaçant dans cette équation $\operatorname{tg}\varphi$ par la valeur $\frac{y^2 - x^2}{2xy}$, tirée de l'équation (1).

Nous obtenons ainsi l'équation

$$(3) \qquad y^4 - x^4 - 4Rxy^2 = 0,$$

qui représente une courbe du quatrième degré, ayant un point triple à l'origine. Elle est donc unicursale, et pour la construire nous la couperons par la droite $y = tx$. Nous obtenons les coordonnées d'un point de la courbe en fonction rationnelle de t,

$$x = \frac{4Rt^2}{t^4 - 1}, \qquad y = \frac{4Rt^3}{t^4 - 1}.$$

A des valeurs de t égales et de signes contraires correspondent des points de la courbe symétriques par rapport à Ox. La courbe est donc symétrique par rapport à Ox ; cette symétrie est d'ailleurs visible sur l'équation (3), puisque cette équation ne renferme que les puissances paires de y. Il suffira de faire varier t de 0 à $+\infty$.

Le tableau suivant donne les signes et les valeurs remarquables de x et y :

t	0			1		$+\infty$
x	0	$-$	$-\infty$	$+\infty$	$+$	0
y	0	$-$	$-\infty$	$+\infty$	$+$	0

Nous obtenons ainsi la branche OL et la branche OL′ ; la première est tangente à Ox au point O, et la deuxième à Oy.

La direction asymptotique a pour coefficient angulaire 1 ; pour avoir l'asymptote, nous cherchons la limite de $y - x$, ou de $tx - x$, ou $(t-1)x$.

Nous avons

$$y - x = x(t-1) = \frac{4Rt^2(t-1)}{t^4-1} = \frac{4Rt^2}{t^3+t^2+t+1},$$

dont la limite est R pour $t=1$.

L'équation de l'asymptote est donc

$$Y - x = R,$$

et la différence $y - Y$ entre l'ordonnée d'un point de la courbe et du point de l'asymptote qui a même abscisse est

$$y - Y = \frac{4Rt^2}{t^3+t^2+t+1} - R = \frac{-R(t-1)(t^2-2t-1)}{t^3+t^2+t+1}.$$

Pour les valeurs de t voisines de 1, $y - Y$ a même signe que $t-1$; donc pour $t = 1 - \varepsilon$, $y - Y < 0$, et pour $t = 1 + \varepsilon$, $y - Y > 0$. La branche OL est au-dessous de l'asymptote et la branche OL′ au-dessus.

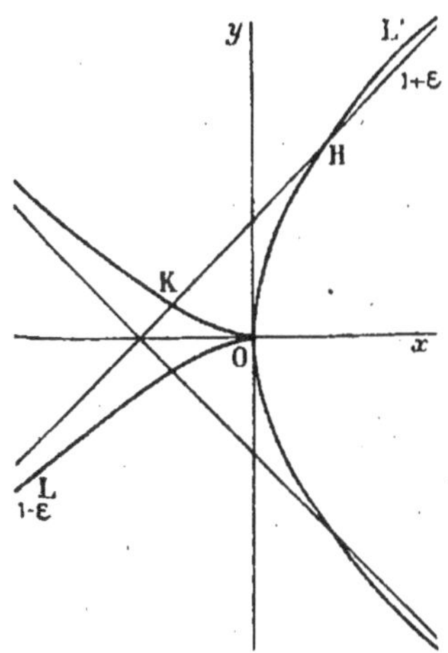

Fig. 28.

De plus l'asymptote rencontre la courbe en deux points, dont les t sont racines de l'équation

$$t^2 - 2t - 1 = 0, \quad t = 1 \pm \sqrt{2}.$$

A la valeur $t = 1 + \sqrt{2}$ correspond le point H sur OL′, et à $1 - \sqrt{2}$ correspond le point K situé sur la branche symétrique de OL par rapport à Ox.

En achevant par symétrie, on obtient la figure 28.

Remarque. — Il est bon de remarquer dans la construction de cette courbe que t est le coefficient angulaire de la droite qui joint l'origine au point (x, y). Quand t croît de $-\infty$ à

$+\infty$, cette droite tourne autour de l'origine, et il est utile de considérer son mouvement en construisant la courbe.

Supposons que pour $t = t_0$, x et y s'annulent ; quand t croît de $t_0 - \varepsilon$ à $t_0 + \varepsilon$, le point (x, y) décrit une branche de courbe passant par l'origine et tangente en ce point à la droite $y = t_0 x$ $\left(\text{puisque } \frac{y}{x} \text{ a pour limite } t_0\right)$; la position de la courbe par rapport à cette tangente résulte à la fois du signe de x et du mouvement de la droite $y = tx$.

De même, si pour $t = t_0$ x et y sont infinis, la direction asymptotique correspondante a pour pente t_0, puisque $\frac{y}{x}$ a pour limite t_0.

180. *On donne deux axes rectangulaires* Ox, Oy *et un point* A *dans leur plan. Par les points* O *et* A *on fait passer un cercle variable qui rencontre* Ox *en* M *et* Oy *en* N. *Trouver le lieu de la projection du point* O *sur* MN.

Si on désigne par a, b les coordonnées du point A, on trouve sans difficulté que le lieu a pour équation

$$(x^2 + y^2)(bx + ay) - (a^2 + b^2)xy = 0.$$

Cette équation représente une strophoïde dont le point double est à l'origine, les tangentes en ce point étant les axes, et dont la direction asymptotique réelle, $bx + ay = 0$, est parallèle à la droite BC qui joint les projections de A sur les deux axes.

On peut toujours supposer a et b positifs ; cela revient à choisir convenablement les sens positifs des axes.

Pour construire la courbe posons $y = tx$, nous avons

$$x = \frac{(a^2 + b^2)t}{(1 + t^2)(b + at)}, \qquad y = \frac{(a^2 + b^2)t^2}{(1 + t^2)(b + at)},$$

et nous en déduisons les signes et les valeurs remarquables de x, y :

t	$-\infty$		$-\frac{b}{a}$			0		$+\infty$
x	0	$+$	$+\infty$	$-\infty$	$-$	0	$+$	0
y	0	$-$	$-\infty$	$+\infty$	$+$	0	$+$	0

puis la forme générale de la courbe.

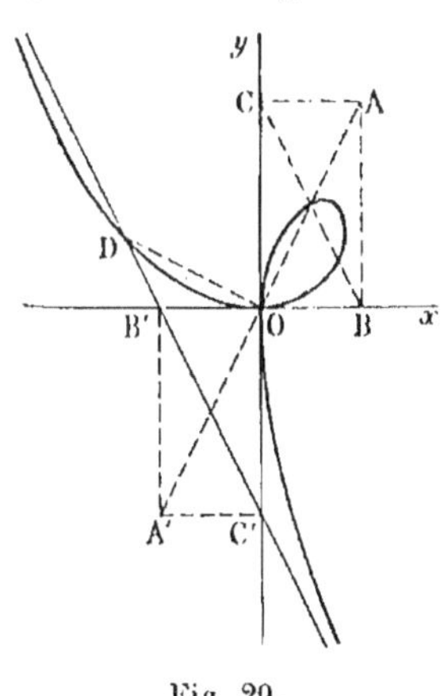

Fig. 29.

L'asymptote a pour coefficient angulaire $-\frac{b}{a}$; pour la déterminer, cherchons la limite de $y+\frac{b}{a}x$ pour $t=-\frac{b}{a}$.

Nous avons

$$y+\frac{b}{a}x=x\left(t+\frac{b}{a}\right)=\frac{(a^2+b^2)t}{a(1+t^2)},$$

donc

$$\lim.\left(y+\frac{bx}{a}\right)=-b.$$

L'équation de l'asymptote est donc

$$Y+\frac{b}{a}x=-b;$$

c'est la droite B'C' symétrique de BC par rapport au point O; puis, nous avons

$$y-Y=\frac{(a^2+b^2)t}{a(1+t^2)}+b=\frac{(at+b)(bt+a)}{a(1+t^2)},$$

ce qui détermine la position de la courbe par rapport à l'asymptote. De plus, nous voyons que l'asymptote rencontre la courbe au point D, situé sur la perpendiculaire OD à OA.

Dans le cas particulier où $a=b$, la strophoïde est droite et a pour axe de symétrie la bissectrice de l'angle xOy.

181. *Soient F et F' deux points symétriques par rapport* *à une droite* Δ. *On joint le point* F *à un point* C *variable sur* Δ, *et l'on mène par* C *une perpendiculaire* CD *à* CF ; *on demande le lieu de la projection du point* F′ *sur* CD.

Ce lieu est une strophoïde droite ayant pour point double le point F′ et pour sommet le milieu de FF′.

182. *Un cercle de rayon invariable* R *roule sur une droite ; d'un point fixe* O *de la droite on mène une tangente à ce cercle. Lieu du point de contact.*

Prenons la droite donnée comme axe des x et une perpendiculaire à cette droite par le point O pour axe des y.

Si on désigne par λ l'abscisse du point de contact du cercle avec Ox, l'équation du cercle est

$$(1) \qquad f(x, y) \equiv x^2 + y^2 - 2\lambda x - 2Ry + \lambda^2 = 0 ;$$

les points de contact des tangentes menées par l'origine sont les points de rencontre de la courbe et de la polaire de l'origine, qui a pour équation

$$(2) \qquad \frac{1}{2} f'_z \equiv -\lambda x - Ry + \lambda^2 = 0.$$

On aura l'équation du lieu en éliminant λ entre ces deux équations.

En les retranchant, on obtient une équation du premier degré en λ, d'où l'on tire

$$\lambda = \frac{x^2 + y^2 - Ry}{x},$$

et en portant cette valeur dans l'équation (2) on forme l'équation du lieu.

Le lieu se compose de l'axe des x, ce qui était à prévoir puisque les points de contact du cercle avec Ox sont des points du lieu, et d'une courbe du troisième degré ayant pour équation

$$(x^2 + y^2)y - 2R(x^2 + y^2) + R^2 y = 0.$$

Si l'on transporte l'origine au point $A(x=0,\ y=R)$, on reconnaît que le lieu est une strophoïde droite, ayant le point O pour sommet et le point A pour point double.

183. *On donne un cercle de centre* C *et un point fixe* O *de ce cercle. Par le point* O *on mène une corde variable* OP, *et on mène par le point* C *une perpendiculaire à* CP *qui rencontre* OP *au point* M. *Le lieu du point* M *est une strophoïde droite dont le point double est en* O.

184. *On donne un cercle, un point* O *de ce cercle et un point* A *situé sur la tangente au point* O. *On joint le point* A *à un point* P *variable du cercle, et on prend le point* M *commun à la droite* AP *et à la perpendiculaire à* OP *menée par le point* O. *Trouver le lieu du point* M.

Prenons comme origine le point O, comme axe des x la droite OA et comme axe des y le diamètre du cercle qui passe par le point O; soit a l'abscisse du point A et soit

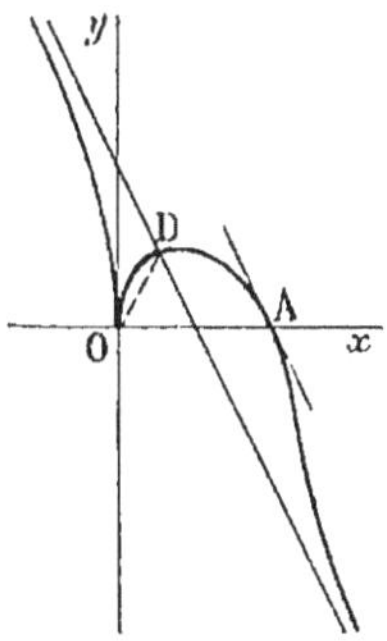

$$x^2 + y^2 - 2Ry = 0$$

l'équation du cercle.

On pourra prendre comme paramètres variables les coordonnées du point P, et on obtiendra comme équation du lieu

$$(ay + 2Rx)(x^2 + y^2) - 2aRx^2 = 0,$$

Fig. 30.

qui représente une cissoïde qu'on construira aisément en posant $y = tx$ (fig. 30).

L'asymptote a pour équation

$$ay + 2Rx = \frac{2a^3R}{a^2 + 4R^2};$$

elle rencontre la courbe au point D situé sur la droite

$$y = +\frac{2R}{a}x.$$

La courbe passe par le point A et la tangente en ce point est parallèle à l'asymptote.

185. *On donne un cercle ayant pour centre le point* C *et deux points* O, A *de ce cercle diamétralement opposés. Par le point* O *on mène une corde variable* OP, *et une autre* OQ *perpendiculaire à* OP. *Par le point* Q *on abaisse une perpendiculaire sur* OA *qui rencontre* OP *au point* M ; *du point* P *on mène une perpendiculaire sur* OA *qui rencontre en* N *la perpendiculaire menée du centre* C *à la corde* OP. *Enfin, on désigne par* R, R' *les points de rencontre de la corde* AP *et des bissectrices de l'angle* AOP.

1° *Le lieu du point* M *est une cissoïde droite ;*

2° *Le lieu du point* N *est une strophoïde droite ;*

3° *Le lieu des points* R, R' *est une strophoïde droite.*

186. *On donne un cercle* (C) *et un point* A *sur ce cercle. On construit un cercle variable* (C') *tangent extérieurement au cercle* (C) *au point* A ; *on mène une tangente commune extérieure à ces deux cercles, et on demande le lieu du point de contact de cette tangente et du cercle* (C').

Ce lieu est une cissoïde droite ayant le point A pour point de rebroussement.

187. *On donne deux cercles qui se coupent en deux points* A *et* A'. *Par le point* A *on mène une sécante variable qui rencontre les cercles aux points* B *et* C. *On demande le lieu du conjugué harmonique de* A *par rapport aux points* B *et* C.

Le lieu est une cubique circulaire qui admet le point A comme point double, les tangentes en ce point coïncidant avec les tangentes en A aux deux cercles. La cubique sera donc une strophoïde si les cercles sont orthogonaux, une cissoïde s'ils sont tangents.

188. *Les extrémités* A *et* B *d'un côté d'un rectangle variable sont l'une,* A, *fixe, l'autre,* B, *mobile sur une droite fixe; en outre, le côté opposé passe par un point fixe* O *de cette droite. On demande le lieu du sommet opposé à* A.

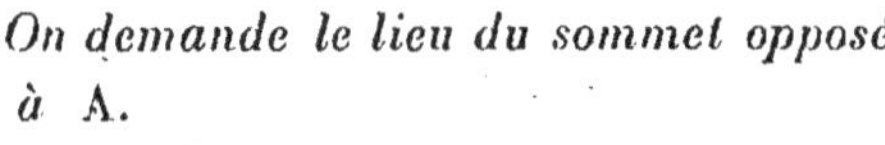

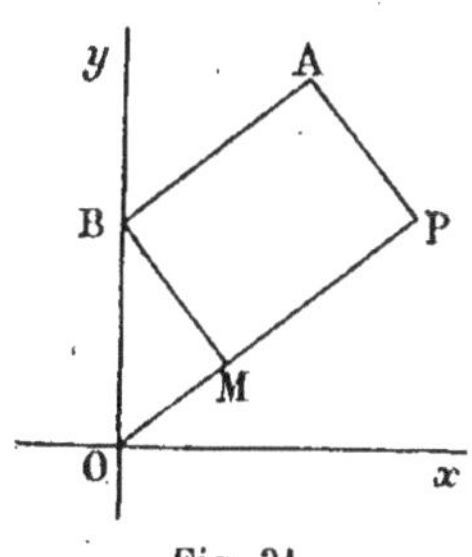

Fig. 31.

On prend comme origine le point O, comme axe des y la droite fixe, et comme axe des x une perpendiculaire. Si on désigne par x_0, y_0 les coordonnées du point fixe A, on trouve pour équation du lieu

$$x(x^2+y^2)+y(yx_0-xy_0)=0.$$

La courbe présente un point double à l'origine, les tangentes étant Ox et OA.

189. *On donne deux axes rectangulaires* Ox, Oy *et une droite* D *ayant pour équation* $x-a=0$. *Deux points variables* A *et* B *se déplacent sur la droite* D *de façon que le vecteur* $\overline{AB}$ *(sens positif* Oy*) ait une valeur constante* b. *On demande le lieu de la projection du point* B *sur la droite* OA.

On trouve pour équation du lieu

$$x(x^2+y^2)-a(x^2+y^2)-bxy=0.$$

On discutera la forme de la courbe suivant les valeurs du rapport $\frac{a}{b}$.

190. *Par les extrémités* O *et* A *d'un rayon fixe d'un cercle, on fait passer un cercle mobile qui coupe le cercle fixe en un nouveau point* B; *par le point* B *on mène dans le cercle mobile une corde* BM *parallèle à une direction fixe. Trouver le lieu du point* M.

Prenons pour axe des x le rayon OA du cercle donné et pour axe des y le rayon perpendiculaire; l'équation du cercle fixe est

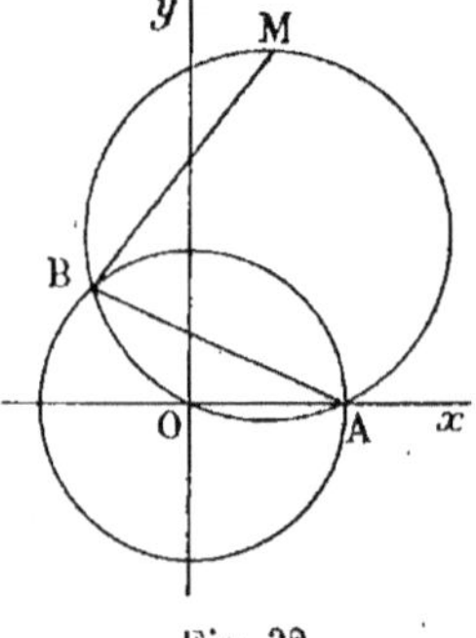

Fig. 32.

$$x^2 + y^2 - a^2 = 0,$$

et celle d'un cercle quelconque passant par les points O et A est

$$(1) \qquad x^2 + y^2 - ax - \lambda y = 0.$$

L'axe radical de ces deux cercles,

$$ax + \lambda y - a^2 = 0,$$

les rencontre d'une part au point A, et d'autre part en un point B, dont on a aisément les coordonnées

$$x = \frac{a(a^2 - \lambda^2)}{a^2 + \lambda^2}, \qquad y = \frac{2a^2\lambda}{a^2 + \lambda^2}.$$

Si l'on désigne par m le coefficient angulaire de la direction fixe, l'équation de la corde BM est

$$(2) \qquad y - \frac{2a^2\lambda}{a^2 + \lambda^2} = m\left(x - \frac{a(a^2 - \lambda^2)}{a^2 + \lambda^2}\right).$$

En éliminant λ entre cette équation et l'équation (1), on aurait le lieu du point M, *mais on aurait aussi le lieu du point* B, c'est-à-dire le cercle $x^2 + y^2 - a^2 = 0$.

Pour éviter ce dernier lieu, on peut chercher l'équation de la droite OM.

Formons l'équation de l'ensemble des droites OB et OM en

éliminant la variable d'homogénéité entre les équations (1) et (2), nous obtenons

$$(x^2+y^2)\left[2a^2\lambda - ma(a^2-\lambda^2)\right] \\ -(a^2+\lambda^2)(ax+\lambda y)(y-mx)=0.$$

On en conclut que le produit des coefficients angulaires de ces deux droites est $\dfrac{2a\lambda(a+m\lambda)}{(a^2-\lambda^2)(\lambda-ma)}$, et comme celui de OB est $\dfrac{2a\lambda}{a^2-\lambda^2}$, celui de OM est $\dfrac{a+m\lambda}{\lambda-ma}$.

Le point M est alors déterminé par les équations

$$x^2+y^2-ax-\lambda y=0,$$

$$\frac{y}{x}=\frac{a+m\lambda}{\lambda-ma},$$

et en éliminant λ entre ces deux équations on obtient l'équation du lieu

$$(x^2+y^2)(y-mx)+a\left[m(x^2-y^2)-2xy\right]=0,$$

qui représente une strophoïde.

191. *On donne deux axes rectangulaires* Ox, Oy *et un cercle fixe* (C) *dont le centre est sur* Oy. *On considère un cercle variable* (γ) *tangent à l'origine à* Ox*; on mène à ces deux cercles une tangente commune, et on demande le lieu géométrique du point où cette tangente touche le cercle variable.*

Le lieu se compose de deux cubiques circulaires.

192. *On donne un cercle ayant pour centre le point* O *et un point* P *dans son plan. Par le point* P *on mène une sécante variable rencontrant le cercle aux points* A *et* B. *Trouver le lieu du point de concours des hauteurs du triangle* OAB.

Montrer que ce lieu est une cubique circulaire qui a le point

O *pour point double ; cette cubique peut-elle être une strophoïde ou une cissoïde ?*

Prenons pour axes deux diamètres rectangulaires du cercle, l'axe Ox passant au point P, et désignons par a l'abscisse de ce point.

Les équations du cercle et de la sécante PAB sont alors

$$(1) \qquad x^2+y^2-R^2=0, \qquad y-m(x-a)=0.$$

Ces deux équations définissent les coordonnées (x', y') et (x'', y'') des points A et B.

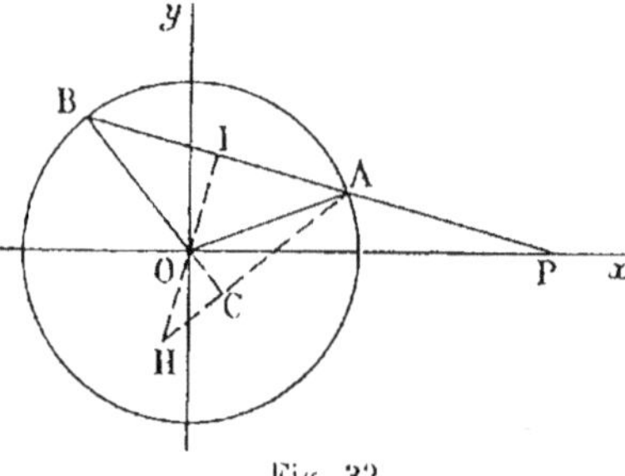

Fig. 33.

Nous définirons le point de concours H des hauteurs du triangle OAB par l'intersection des hauteurs OI et AC. La droite OI, perpendiculaire à PAB, a pour équation $x+my=0$, et la droite AC, passant par le point A et perpendiculaire à OB, est définie par l'équation

$$\frac{y-y'}{x-x'}=-\frac{x''}{y''}, \qquad \text{ou} \qquad xx''+yy''-x'x''-y'y''=0.$$

On voit donc que les coordonnées du point H sont déterminées par les équations

$$x+my=0, \qquad xx''+yy''-x'x''-y'y''=0,$$

ou, en remplaçant dans la seconde x par $-my$,

$$(2) \qquad x+my=0, \qquad y(y''-mx'')-x'x''-y'y''=0.$$

Comme les points A et B sont sur la sécante PAB, nous avons $y'=m(x'-a)$, $y''=m(x''-a)$; par suite la deuxième équation du système (2) peut s'écrire

$$-amy-x'x''-m^2(x'-a)(x''-a)=0,$$

ou

$$(3) \qquad amy + x'x''(1+m^2) - am^2(x'+x'') + a^2m^2 = 0.$$

Or, x' et x'' sont racines de l'équation obtenue en éliminant y entre les équations (1), c'est-à-dire de l'équation

$$x^2 + m^2(x-a)^2 - R^2 = 0,$$

ou

$$x^2(1+m^2) - 2am^2x + a^2m^2 - R^2 = 0.$$

On a donc

$$x'x'' = \frac{a^2m^2 - R^2}{1+m^2}, \qquad x'+x'' = \frac{2am^2}{1+m^2};$$

portons ces valeurs dans la relation (3), nous obtenons

$$(4) \qquad am(1+m^2)y + (2a^2 - R^2)m^2 - R^2 = 0.$$

Par suite, les coordonnées du point H sont définies par l'équation (4) et l'équation $x + my = 0$.

On aura le lieu de ce point en éliminant m entre ces deux équations, c'est-à-dire en remplaçant dans l'équation (4) m par $-\frac{x}{y}$. Nous obtenons ainsi

$$ax(x^2+y^2) + R^2y^2 - (2a^2 - R^2)x^2 = 0.$$

C'est l'équation d'une cubique circulaire symétrique par rapport à l'axe des x, et ayant un point double à l'origine.

Pour que cette cubique soit une strophoïde, il faut que les tangentes à l'origine $R^2y^2 - (2a^2 - R^2)x^2 = 0$ soient perpendiculaires. On doit donc avoir $2a^2 - R^2 = R^2$, ou $a = R$.

Pour que la cubique soit une cissoïde, il faut que les tangentes soient confondues, et pour cela il faut qu'on ait $2a^2 - R^2 = 0$, ou $a = \frac{R}{\sqrt{2}}$.

193. *On donne une circonférence de rayon a, rapportée à deux diamètres rectangulaires Ox, Oy. Par un point M variable sur Ox, on mène une tangente MP à la circonférence, et on prend sur cette droite un point X tel que le rapport $\frac{MX}{MP}$ soit égal à un nombre constant m. Trouver le lieu du point X.*

On trouve aisément pour équation du lieu

$$x^2(m^2a^2 - y^2) - (ma^2 - y^2)^2 = 0\,;$$

et pour construire la courbe on peut résoudre l'équation par rapport à x.

On écrira
$$x = \pm \frac{ma^2 - y^2}{\sqrt{m^2a^2 - y^2}},$$

puis
$$\frac{dx}{dy} = \pm \frac{y\left[y^2 - m(2m-1)a^2\right]}{(m^2a^2 - y^2)^{\frac{3}{2}}}.$$

On aura trois formes de courbe suivant la position du nombre m par rapport aux nombres $\frac{1}{2}$ et 1.

194. *Un triangle ABC de grandeur donnée, rectangle en C, se meut de façon que le sommet C glisse sur une droite Δ, pendant que le côté BC passe par un point fixe P.*

Trouver et construire les lieux des points A et B.

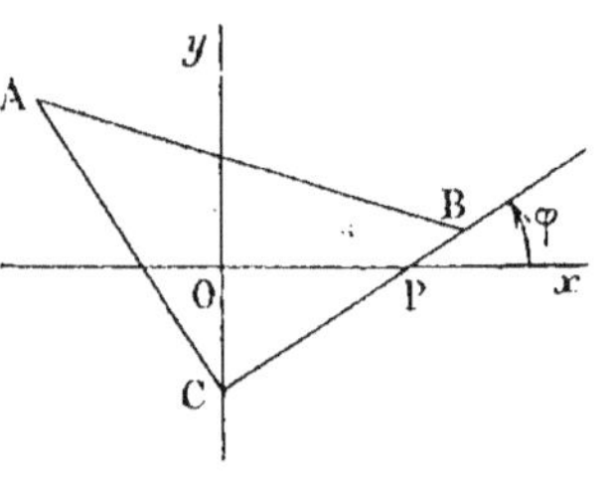

Fig. 34.

Abaissons PO perpendiculaire sur Δ, et prenons pour direction positive de Ox la direction OP; l'abscisse du point P est alors positive, nous la désignerons par p. La droite Δ sera prise pour axe des y, la direction positive étant choisie de telle façon que l'angle (Ox, Oy) soit égal à l'angle (CB, CA), et nous supposerons le plan orienté de façon que ces deux angles soient égaux à $+\frac{\pi}{2}$.

Soient alors a et b les longueurs des côtés CB, CA ; si nous désignons par φ l'angle de CB avec Ox, l'angle de CA avec Ox est $\varphi+\frac{\pi}{2}$. Les cosinus directeurs de CB sont $\cos\varphi$, $\sin\varphi$, ceux de CA, $\cos\left(\varphi+\frac{\pi}{2}\right)$ et $\sin\left(\varphi+\frac{\pi}{2}\right)$, ou $-\sin\varphi$ et $\cos\varphi$.

D'autre part, l'équation de CB étant $y=(x-p)\operatorname{tg}\varphi$, l'ordonnée du point C est $-p\operatorname{tg}\varphi$. Il en résulte que les coordonnées du point A sont

$$(1) \qquad x=-b\sin\varphi, \qquad y=-p\operatorname{tg}\varphi+b\cos\varphi,$$

et celles du point B,

$$(2) \qquad x=a\cos\varphi, \qquad y=-p\operatorname{tg}\varphi+a\sin\varphi.$$

En éliminant φ successivement entre les équations (1) et (2), on obtient les équations des lieux demandés.

Lieu de A : $$y=\frac{x^2-px-b^2}{\pm\sqrt{b^2-x^2}};$$

Lieu de B : $$y=\pm\frac{(x-p)\sqrt{a^2-x^2}}{x}.$$

On peut aussi envisager les équations (1) comme les équations paramétriques du lieu de A, et les équations (2) comme les équations paramétriques du lieu de B.

195. *On donne deux axes rectangulaires Ox, Oy et un cercle de rayon a ayant pour centre le point O. Une droite AB de longueur constante b se déplace de façon que le point A décrive le cercle et le point B l'axe Oy. Trouver le lieu du milieu de AB.*

L'équation du lieu peut se mettre sous la forme

$$y = \pm \frac{1}{2}\sqrt{b^2 - 4x^2} \pm \sqrt{a^2 - 4x^2}.$$

196. *On considère la cissoïde droite $(x^2 + y^2)x - ay^2 = 0$ rapportée à deux axes rectangulaires Ox, Oy et le cercle générateur $x^2 + y^2 - ax = 0$. On prend un point variable M sur la cissoïde et la polaire Δ de ce point par rapport au cercle.*

1° Lieu du point de rencontre de la droite OM et de la droite Δ quand le point M décrit la cissoïde.

2° Par un point P quelconque du plan passent trois droites Δ correspondant à trois points M_1, M_2, M_3 de la cissoïde. Démontrer que ces trois points sont en ligne droite, et construire la courbe que doit décrire le point P pour que des trois droites OM_1, OM_2, OM_3, l'une soit bissectrice de l'angle des deux autres.

Le premier lieu a pour équation

$$(x^2 + y^2)(2y^2 - x^2) - axy^2 = 0\,;$$

on construit aisément cette courbe en posant $y = tx$.

Le deuxième lieu est représenté par l'équation

$$y = \pm \frac{2x + a}{6}\sqrt{\frac{5x - 2a}{3x}}.$$

197. *On donne un cercle, un point O sur ce cercle, et on considère le diamètre AB perpendiculaire au diamètre passant par le point O.*

Par le point O on mène une sécante variable qui rencontre le diamètre AB au point P, le cercle au point Q et l'on prend sur la sécante le point M tel que l'on ait $OM = \overline{PQ}$.

1° Démontrer que le lieu du point M est une strophoïde droite ayant pour point double le point O.

2° *Trouver le lieu du point de rencontre de la droite* OM *et de la polaire du point* M *par rapport au cercle.*

Si on prend comme origine le point O, pour axe des x le diamètre du cercle passant par ce point et pour axe des y la tangente au point O, l'équation du cercle a la forme

$$x^2 + y^2 - 2ax = 0.$$

Le lieu de M a pour équation

$$x(x^2 + y^2) - a(x^2 - y^2) = 0,$$

et le lieu demandé dans la deuxième partie est défini par

$$(x^2 + y^2)y^2 + ax(y^2 - x^2) = 0.$$

198. *On considère la strophoïde oblique* (S) *dont l'équation rapportée à des axes rectangulaires est*

$$(x^2 + y^2)(y - mx) - a(x^2 - y^2) = 0,$$

m *étant un paramètre variable.*

1° *Le lieu du point de rencontre de la courbe avec son asymptote est une strophoïde droite.*

2° *Trouver le lieu de la projection du point double de* (S) *sur l'asymptote.*

On trouve :

1° $$2y(x^2 + y^2) - a(x^2 - y^2) = 0;$$

2° $$(x^2 + y^2)^2 - ay(y^2 - x^2) = 0.$$

Cette dernière courbe peut se construire en posant $y = tx$, ou en passant en coordonnées polaires.

199. *On considère la courbe* (C) *dont l'équation en coor-*

données rectangulaires est

$$y = \frac{1}{1 + x^2}.$$

1° *Soit A celui des points d'inflexion de cette courbe dont l'abscisse est négative. Entre quelles limites le coefficient angulaire m d'une sécante menée par le point A doit-il être compris pour que cette sécante rencontre la courbe (C) en deux points réels A', A'' autres que le point A ? Comment sont placées, par rapport à la courbe (C), les droites limites entre lesquelles la sécante doit être comprise ?*

2° *Quel est le lieu (D) du milieu des points A', A'' quand la sécante tourne autour du point A ? On ne figurera que la partie du lieu qui correspond à des points d'intersection réels, et on déterminera les coordonnées des points communs aux courbes (C) et (D).*

1° On trouve la condition

$$\frac{-\sqrt{3}}{8} < m < \frac{3\sqrt{3}}{8}.$$

La seconde valeur correspond à la tangente d'inflexion en A, et la première à l'autre tangente issue de A, qui touche la courbe au point B.

2° La courbe (D) est l'hyperbole équilatère

$$(8y - 3)x + \sqrt{3} = 0\,;$$

elle passe aux deux points A, B et touche la courbe (C) en A.

La partie de cette hyperbole qui correspond à des points A', A'' réels est la partie non comprise entre les parallèles à Oy menées par A et B.

200. 1° *Construire la courbe définie par l'équation*

$$y^2 = \frac{x^3}{x - a}.$$

2° *Par l'origine on mène deux droites perpendiculaires qui rencontrent la courbe aux points* M *et* N. *Trouver le lieu du milieu de* MN *et l'enveloppe de la droite* MN.

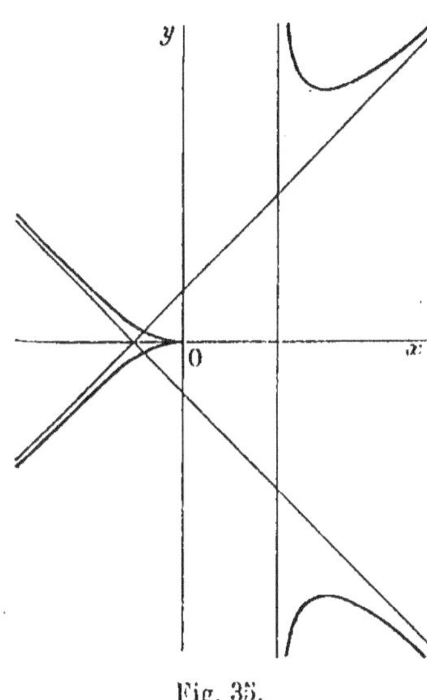

Fig. 35.

La courbe est symétrique par rapport à Ox; elle admet un point de rebroussement à l'origine, et la tangente en ce point est l'axe des x; elle admet trois asymptotes, les droites $x = a$, et

$$x \pm y = -\frac{a}{2}.$$

Soient t et $-\frac{1}{t}$ les coefficients angulaires des droites OM et ON; les coordonnées du point M sont

$$x = \frac{at^2}{t^2 - 1}, \qquad y = \frac{at^3}{t^2 - 1},$$

et celles du point N,

$$x = \frac{-a}{t^2 - 1}, \qquad y = \frac{a}{t(t^2 - 1)}.$$

On voit alors que le milieu de MN se déplace sur la droite $x = \frac{a}{2}$, et que la droite MN a pour équation

$$x(t^2 - 1)^2 - yt(t^2 - 1) + at^2 = 0,$$

ou, en divisant par t^2 et en posant $t - \frac{1}{t} = \lambda$,

$$\lambda^2 x - \lambda y + a = 0.$$

L'enveloppe de cette droite est la parabole $y^2 - 4ax = 0$.

201. *On donne deux axes rectangulaires* Ox, Oy, *un point* A *sur* Ox, *un point* B *sur* Oy. *En* A *et* B *on élève des perpendiculaires à* AB *qui rencontrent respectivement* Oy *et* Ox *en* B′ *et* A′ ; *soient* H *la projection de* O *sur* AB, I, K, L *les milieux de* OH, AB′ *et* BA′.

On suppose que A *et* B *se déplacent de façon que l'on ait l'une des relations suivantes :*

$$\text{(I)}\quad \mathrm{OA}\cdot\mathrm{OB}=a^2,\qquad \text{(II)}\quad \overline{\mathrm{OA}}+\mathrm{OB}=a,$$

$$\text{(III)}\quad \overline{\mathrm{OA}}^2+\overline{\mathrm{OB}}^2=a^2,\qquad \text{(IV)}\quad \mathrm{OA}^2-\overline{\mathrm{OB}}^2=a^2,$$

et on demande dans chacune de ces hypothèses :

1° *Les lieux des points* I, K, L ;

2° *Les enveloppes des droites* A′B′, AB′, BA′ ;

3° *Le lieu du point de rencontre des droites* AB *et* A′B′.

Voici les résultats :

LIEUX DE I

(I) $4(x^2+y^2)^2-a^2xy=0$, (lemniscate)

(II) $2(x^2+y^2)(x+y)-axy=0$, (strophoïde)

(III) $4(x^2+y^2)^3-a^2x^2y^2=0$, (rosace à quatre branches)

(IV) $4(x^2+y^2)^2(y^2-x^2)-a^2x^2y^2=0$.

On pourra construire ces courbes soit en posant $y=tx$, soit en passant aux coordonnées polaires.

LIEUX DE K

(I) $4x^3+a^2y=0$, (II) $2x(y-x)-ay=0$, (hyperbole)

(III) $4x^2(x^2+y^2)-a^2y^2=0$, (IV) $4x^2(y^2-x^2)-a^2y^2=0$.

Résultats analogues pour les lieux du point L.

ENVELOPPES DE A′B′

(I) $xy=\dfrac{a^2}{4}\cdot$ (hyperbole)

(II) L'enveloppe est définie par les équations paramétriques

$$x = \frac{(\alpha - a)^2(\alpha - 2a)}{3a\alpha}, \qquad y = \frac{(\alpha + a)\alpha^2}{3a(\alpha - a)},$$

où $\alpha = \overline{OA}$.

(III) $x = -\dfrac{a\cos^2\varphi(\cos^2\varphi + 1)}{3\sin\varphi}, \qquad y = -\dfrac{a\sin^2\varphi(\sin^2\varphi + 1)}{3\cos\varphi},$

en posant $\overline{OA} = a\cos\varphi, \qquad \overline{OB} = a\sin\varphi.$

(IV) $x = \dfrac{a\sin^2\theta(2\sin^2\theta - 1)}{3\cos^3\theta}, \qquad y = \dfrac{a(\sin^2\theta - 2)}{3\sin\theta\cos^3\theta},$

en posant $\overline{OA} = \dfrac{a}{\cos\theta}, \quad \overline{OB} = a\,\mathrm{tg}\,\theta.$

ENVELOPPES DE AB'

(I) $4x^3 - 27a^2y = 0$, (II) $(x+y)^2 - 4ay = 0$, (parabole)

(III) $x = a\cos\varphi(1 + \sin^2\varphi), \qquad y = a\cos^2\varphi\sin\varphi,$

(IV) $x = \dfrac{a(1 - 2\sin^2\theta)}{\cos^3\theta}, \qquad y = \dfrac{a\sin\theta}{\cos^3\theta},$

φ et θ ayant les mêmes significations que plus haut.

Résultats analogues pour les enveloppes de BA'.

LIEUX DU POINT DE RENCONTRE DE AB ET A'B'

(I) $(x^2 - y^2)^2 + a^2xy = 0,$

(II) $(x-y)^2(x+y) + axy = 0,$

(III) $(x^2 - y^2)^2(x^2 + y^2) - a^2x^2y^2 = 0,$

(IV) $(x^2 - y^2)^3 + a^2x^2y^2 = 0.$

202. *On donne deux axes rectangulaires* Ox, Oy, *et deux points*, A *et* A', *pris respectivement sur ces axes et tels que* $\overline{OA} = \overline{OA'} = a$. *On considère en outre deux cercles variables*

(Γ) et (Γ'), de centres C et C', tangents respectivement aux axes en A et A' et tangents entre eux en T.

1° *Enveloppe de CC' et lieu de son milieu.*

2° *La droite CC' coupe les deux cercles (Γ) et (Γ') en deux autres points D et D'. Lieux de ces points.*

3° *Les parallèles aux axes menées par T coupent AD et A'D' en des points M, N, M', N'. Lieux de ces points. Lieux des points I, H, I', H' où ces mêmes parallèles coupent OC et OC'.*

4° *La droite AT coupe (Γ') en E' et la droite A' T coupe (Γ) en E. Enveloppe de la droite EE'.*

5° *Lieu du point de concours des droites AC' et A'C.*

6° *Lieu du milieu de DD'. Construire ce lieu.*

Soit λ l'ordonnée du point C, μ l'abscisse du point C'; les rayons des cercles (Γ) et (Γ') sont respectivement égaux aux valeurs absolues de λ et de μ, et pour que ces deux cercles soient tangents, il faut que la distance des centres soit égale à la somme ou à la différence des rayons. On doit donc avoir

$$(\lambda - a)^2 + (\mu - a)^2 = (\lambda \pm \mu)^2,$$

ou

$$a^2 - a(\lambda + \mu) = \pm \lambda\mu.$$

Si λ et μ sont de même signe, le signe $+$ dans le second membre correspond à un contact extérieur, et le signe $-$ à un contact intérieur. C'est l'inverse si λ et μ sont de signes contraires.

Si l'on prend le signe $-$, la relation précédente s'écrit $(\lambda - a)(\mu - a) = 0$; elle est vérifiée pour $\lambda = a$, μ étant arbitraire, ou pour $\mu = a$, λ étant arbitraire. Dans le premier cas, les deux cercles sont tangents au point A', le cercle (Γ) est fixe, et dans le deuxième, le point de contact des deux cercles est A, c'est le cercle (Γ') qui est fixe.

Ces deux hypothèses ne présentent aucun intérêt; nous pouvons nous borner à envisager seulement la relation

$$a^2 - a(\lambda + \mu) = + \lambda\mu,$$

qui détermine μ en fonction de λ,

$$\mu = \frac{a(a-\lambda)}{a+\lambda}.$$

Nous ferons varier λ de $-\infty$ à $+\infty$. Si λ est plus petit que $-a$ ou compris entre 0 et a, λ et μ sont de même signe, les cercles sont tangents extérieurement; si λ est compris entre $-a$ et 0 ou supérieur à a, les cercles sont tangents intérieurement.

D'ailleurs, λ étant donné, le cercle (Γ) est bien déterminé. Pour construire le cercle (Γ') correspondant, on mènera du point O la tangente OT à (Γ), et le cercle (Γ') sera tangent à Oy en A′ et à OT au point T.

1° Enveloppe de CC′: $x^2 + y^2 - a^2 = 0$;

Lieu du milieu de CC′: $xy = \frac{a^2}{2}$.

2° Lieu de D: $y^2 = \frac{(x-a)^3}{3a-x}$ (cissoïde droite ayant son rebroussement au point A).

Le lieu de D′ est symétrique du lieu de D par rapport à la droite $y - x = 0$.

3° Lieu de M: $(x-2a)^2 + y^2 = a^2$;

Lieu de N: $(x-a)\left[(x-a)^2 + y^2\right] + 2ay^2 = 0$ (cissoïde droite ayant son rebroussement au point A);

Lieu de I: $x^2 + y^2 - 2ax = 0$;

Lieu de H: $(x^2 + y^2)x - a(x^2 - y^2) = 0$ (strophoïde droite).

4° L'enveloppe de EE′ est l'ellipse

$$9x^2 - 14xy + 9y^2 + 2a(x+y) - 7a^2 = 0,$$

qui est symétrique par rapport à la droite $y - x = 0$.

5° Le lieu est encore une ellipse

$$2x^2 + 3xy + 2y^2 - 3a(x+y) + a^2 = 0.$$

6° Le lieu du milieu de DD′ est une courbe unicursale du

quatrième degré définie par les équations paramétriques

$$x = \frac{2a^2\lambda(\lambda - a)}{(\lambda + a)(\lambda^2 + a^2)}, \qquad y = \frac{\lambda(\lambda^2 - a^2)}{\lambda^2 + a^2}.$$

203. *Soient* AB *un diamètre fixe d'un cercle* O, M *un point variable sur la circonférence.*

1° *Le lieu des centres de similitude du cercle* O *et du cercle de diamètre* AM *est une strophoïde droite symétrique par rapport à* AB, *ayant pour point double le point* A.

2° *Le lieu des centres de similitude des cercles qui ont pour diamètres* AM *et* BM *se compose de deux courbes* (C) *du troisième degré symétriques par rapport à* Ox.

En prenant comme axes AB et le diamètre perpendiculaire, l'équation de l'une des courbes (C) est

$$2y(x^2 + y^2) - R(x^2 + 3y^2) + R^2 = 0;$$

on peut construire cette courbe en résolvant l'équation par rapport à x^2.

204. *On considère deux axes rectangulaires et un point* M *dans leur plan ; on abaisse* MP *perpendiculaire sur* Ox, MQ *perpendiculaire sur* Oy, *puis* PR, QS *perpendiculaires sur* OM.

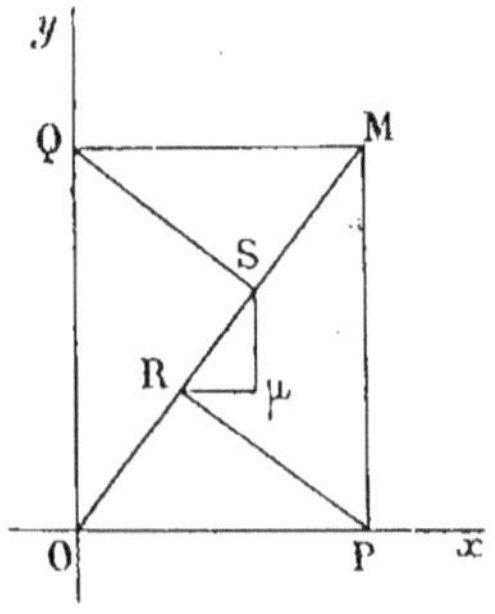

Par le point R *on mène une parallèle à* Ox, *par le point* S *une parallèle à* Oy ; *ces deux droites se coupent en un point* μ.

1° *Calculer les coordonnées du point* μ *en fonction de celles du point* M.

2° *Calculer les coordonnées du point* M *en fonction de celles du point* μ.

3° *Quel lieu décrit le point* μ *quand le point* M *se déplace sur une droite ?*

Fig. 36.

4° *Même question quand le point* M *décrit un cercle passant par l'origine.*

Si on désigne par x, y les coordonnées de M et par X, Y celles de μ, on a

$$X = \frac{xy^2}{x^2+y^2}, \qquad Y = \frac{x^2y}{x^2+y^2},$$

et

$$x = \frac{X^2+Y^2}{X}, \qquad y = \frac{X^2+Y^2}{Y}.$$

205. *On donne deux axes rectangulaires* Ox, Oy *et un point* M' *ayant pour coordonnées* x', y' ; *soient* P *la projection du point* M' *sur* Ox, *et* M *le symétrique de* P *par rapport à* OM'.

1° *Calculer les coordonnées* x, y *du point* M *en fonction de* x', y'. *Montrer qu'à tout point* M' *correspond un point* M, *et qu'à tout point* M *correspondent deux points* M'.

2° *Trouver le lieu du point* M' *quand le point* M *décrit une parallèle à* Ox *ou à* Oy, *un cercle ayant son centre au point* O, *un cercle tangent à* Oy *ou* Ox *au point* O.

3° *Lieu du point* M *quand le point* M' *décrit une parallèle à l'un des axes, ou un cercle ayant pour centre le point* O.

206. 1° *Combien par un point du plan peut-on mener de tangentes réelles à la courbe* (C) *dont l'équation est* $y = x^3$?

On examinera le cas particulier où le point d'où l'on mène les tangentes est situé sur la courbe (C).

2° *Soit* A *un point d'abscisse* a *situé sur la courbe* (C); *par ce point, on mène une sécante, de coefficient angulaire* m, *qui rencontre la courbe en deux points* P, Q *autres que* A. *On mène les tangentes à la courbe aux points* P, Q ; *soit* M *leur point d'intersection. Du point* M, *on peut mener à la courbe* (C) *une tangente autre que les tangentes* MP, MQ ; *soit* R *son point de contact.*

On demande d'exprimer au moyen de a *et de* m *les coordonnées des points* M, R.

3° *Lorsque* m *varie, le point* M *décrit une parabole* (H). *Sur quelle partie de cette parabole le point* M *se trouve-t-il lorsque les points* P, Q *sont réels? lorsque le point* A *est entre* P *et* Q?

Quelles sont les abscisses des points communs à la courbe (C) *et à la parabole* (H)?

4° *Quels sont les lieux décrits, lorsque* a *varie, par les points d'intersection de la parabole* (H) *et des droites qui joignent le point* A *aux points communs à cette parabole et à la courbe* (C)?

207. 1° *Construire la courbe définie par l'équation*

$$y = \frac{x(x^2 - 9)}{x^2 - 1}.$$

2° *Combien peut-on lui mener de tangentes réelles, parallèles à une droite donnée?*

3° *On se donne sur la courbe un point* A, *d'abscisse égale à* a. *Quelles sont les abscisses des autres points* A′, A″ *de la courbe situés sur la parallèle à l'axe des* x *menée par le point* A? *Comment distinguer sur la figure les points* A′, A″ *qui correspondent respectivement aux expressions trouvées?*

4° *Déterminer les abscisses des points de contact des tangentes à la courbe issues du point* A *et autres que la tangente en* A. *Former l'équation de la droite qui joint ces points de contact. Enveloppe de cette droite quand le point* A *décrit la courbe.*

5° *Quel est le lieu des points d'intersection des tangentes à la courbe en deux points tels que le produit de leurs abscisses soit égal à* 1?

6° *Comment varie la distance de deux points de la courbe qui ont même ordonnée quand cette ordonnée croît de zéro à l'infini?*

2° Soit m le coefficient angulaire de la droite donnée. Si m

est compris entre $-\infty$ et 1, pas de solutions réelles ; si m est compris entre 1 et 9, deux solutions réelles ; si m est plus grand que 9, quatre solutions réelles.

3° $$a' = \frac{a-3}{a+1}, \qquad a'' = -\frac{a+3}{a-1}.$$

4° Ces abscisses sont racines de l'équation $ax^2 + 2x + a = 0$. La droite cherchée a pour équation

$$(5a^2 - 1)x + (1 - a^2)y + 4a = 0.$$

5° Le lieu est la courbe elle-même.

208. *Par un point* A *pris sur la courbe* (C),

$$y = \frac{x^3}{x^2 - 1},$$

on mène les tangentes autres que celle qui touche la courbe en A, *et on désigne par* B *et* D *leurs points de contact.*

La droite BD *rencontre la courbe* (C) *en un troisième point* E. *Cela posé, on demande, lorsque* A *varie :*

1° *De trouver le lieu du milieu du segment* BD, *et le lieu du point de rencontre des tangentes en* A *et en* E ;

2° *De démontrer que le point de contact de* BD *avec son enveloppe est le conjugué harmonique du point* E *par rapport aux points* B *et* D ;

3° *De trouver le lieu du centre de gravité du triangle* ABD *et de construire ce lieu.*

On établira d'abord que pour que trois points de la courbe soient en ligne droite, il faut et il suffit que leurs abscisses x_1, x_2, x_3 vérifient la relation

$$x_1 + x_2 + x_3 + x_1x_2x_3 = 0.$$

On en déduira que si a est l'abscisse de A, les abscisses de

B et D sont racines de l'équation

$$ax^2 + 2x + a = 0.$$

L'abscisse de E est $\frac{1}{a}$.

Le milieu de BD décrit la droite $y = x$; les tangentes en A et E se coupent sur la courbe.

Enfin les coordonnées du centre de gravité du triangle ABD sont

$$x = \frac{a^2 - 2}{3a}, \qquad y = \frac{a^4 - 2a^2 + 2}{3a(a^2 - 1)}.$$

Ce point décrit, quand a varie, une courbe unicursale du quatrième degré, qu'on construira aisément.

209. 1° *Construire la courbe*

$$y = \frac{(x^2 - x + 1)^3}{x^2(x - 1)^2}.$$

2° *Si l'on coupe cette courbe par une parallèle à l'axe des* x *et si l'on désigne par* a *l'abscisse de l'un des points d'intersection, les abscisses des cinq autres sont*

$$\frac{1}{a}, \qquad 1 - a, \qquad 1 - \frac{1}{a}, \qquad \frac{1}{1 - a}, \qquad \frac{a}{a - 1}.$$

Distinguer sur la figure les points qui correspondent aux formules précédentes en supposant que a *soit la plus grande des abscisses des points d'intersection.*

3° *On mène les tangentes à la courbe en deux points dont les abscisses sont inverses ; trouver le lieu de la projection du point d'intersection sur la droite qui joint les points.*

CHAPITRE IV

CLASSIFICATION ET CONSTRUCTION DES CONIQUES

Étant donnée l'équation d'une conique

$$Ax^2 + 2Bxy + Cy^2 + 2Dx + 2Ey + F = 0,$$

la nature de cette conique est indiquée par le tableau suivant, où l'on a posé

$$\Delta = \begin{vmatrix} A & B & D \\ B & C & E \\ D & E & F \end{vmatrix} = -AE^2 - CD^2 + 2BDE + F(AC - B^2).$$

Relations entre les coefficients			Nature de la conique	Décomposition en carrés
$AC - B^2 > 0$ Genre Ellipse	$A\Delta < 0$		Ellipse réelle	$P^2 + Q^2 - 1$
	$A\Delta > 0$		Ellipse imaginaire	$P^2 + Q^2 + 1$
	$\Delta = 0$		Deux droites sécantes imaginaires	$P^2 + Q^2$
$AC - B^2 < 0$ Genre Hyperbole	$\Delta \neq 0$		Hyperbole	$P^2 - Q^2 - 1$
	$\Delta = 0$		Deux droites sécantes réelles	$P^2 - Q^2$
$AC - B^2 = 0$ Genre Parabole	$\Delta \neq 0$		Parabole	$P^2 + Q$
	$\Delta = 0$, $A \neq 0$	$AF - D^2 < 0$	Deux droites parallèles réelles	$P^2 - 1$
		$AF - D^2 > 0$	Deux droites parallèles imaginaires	$P^2 + 1$
		$AF - D^2 = 0$	Deux droites confondues	P^2

Si pour les trois derniers cas on a $\Delta = 0$, $C \neq 0$, il faut remplacer $AF - D^2$ par $CF - E^2$.

Si l'équation de la conique est résolue par rapport à y,

$$y = \lambda x + \mu \pm \sqrt{\alpha x^2 + \beta x + \gamma},$$

la nature de la conique est donnée immédiatement par le tableau suivant :

Relations entre les coefficients.			Nature de la conique.
$\alpha < 0$ Genre Ellipse	$\beta^2 - 4\alpha\gamma > 0$		Ellipse réelle.
	$\beta^2 - 4\alpha\gamma < 0$		Ellipse imaginaire.
	$\beta^2 - 4\alpha\gamma = 0$		Deux droites sécantes imaginaires.
$\alpha > 0$ Genre Hyperbole	$\beta^2 - 4\alpha\gamma \neq 0$		Hyperbole.
	$\beta^2 - 4\alpha\gamma = 0$		Deux droites sécantes réelles.
$\alpha = 0$ Genre Parabole	$\beta \neq 0$		Parabole.
	$\beta = 0$	$\gamma > 0$	Deux droites parallèles réelles.
		$\gamma < 0$	Deux droites parallèles imaginaires.
		$\gamma = 0$	Deux droites confondues.

Lorsque l'équation d'une conique est mise sous la forme

$$(x - \alpha)^2 + (y - \beta)^2 = k\,(lx + my + h)^2,$$

les axes de coordonnées étant rectangulaires, le point (α, β) est foyer, la directrice correspondante a pour équation $lx + my + h = 0$, et le carré de l'excentricité est égal à $k\,(l^2 + m^2)$. L'équation de la conique peut en effet s'écrire

$$\frac{(x - \alpha)^2 + (y - \beta)^2}{\dfrac{(lx + my + h)^2}{l^2 + m^2}} = k\,(l^2 + m^2),$$

et elle exprime que le rapport des distances d'un point de la courbe au point (α, β) et à la droite $lx + my + h = 0$ est constant et égal à $\sqrt{k(l^2 + m^2)}$.

210. *Discuter la nature de la conique représentée par l'équation*

$$\lambda x^2 - 2xy + \lambda y^2 - 2x + 2y + 3 = 0,$$

suivant les valeurs du paramètre λ.

Nous avons

$$AC - B^2 = \lambda^2 - 1,$$
$$\Delta = 3\lambda^2 - 2\lambda - 1 = (3\lambda + 1)(\lambda - 1),$$
$$A\Delta = \lambda(3\lambda + 1)(\lambda - 1).$$

$AC - B^2$ et $A\Delta$ sont des fonctions de λ dont le signe dépend de la position de λ par rapport aux valeurs remarquables qui annulent ces fonctions : -1 et $+1$ pour $AC - B^2$, $-\frac{1}{3}$, 0, 1 pour $A\Delta$. Rangeons ces valeurs par ordre de grandeur, faisons varier λ dans les intervalles obtenus, nous en déduisons aisément les signes de $AC - B^2$ et de $A\Delta$.

λ	$AC - B^2$	$A\Delta$	Nature de la conique
$-\infty$			
	+	−	Ellipse réelle
-1			→ Parabole
	−	−	Hyperbole
$-\frac{1}{3}$			→ Deux droites sécantes réelles
	−	+	
0			Hyperbole
	−	−	
$+1$			→ Deux droites parallèles imaginaires
	+	+	Ellipse imaginaire
$+\infty$			

Examinons maintenant les cas limites.

Pour $\lambda = -1$, $AC - B^2 = 0$, $\Delta \neq 0$, la conique est une parabole ; pour $\lambda = -\frac{1}{3}$, $AC - B^2 < 0$, $\Delta = 0$, on a deux droites sécantes réelles ; pour $\lambda = 1$, $AC - B^2 = 0$, $\Delta = 0$, la conique se compose de deux droites parallèles. L'équation s'écrit

$$(x - y)^2 - 2(x - y) + 3 = 0,$$

le premier membre est un trinome du second degré en $x - y$ dont les racines sont imaginaires. Donc l'équation représente deux droites parallèles imaginaires.

211. *Discuter la nature de la conique représentée par l'équation*

$$x^2 + 2\lambda xy + \lambda y^2 + 2\lambda x + 2y + \lambda + 1 = 0,$$

suivant les valeurs du paramètre λ.

$$AC - B^2 = \lambda(1 - \lambda), \qquad A\Delta = -(2\lambda^2 - 1)(\lambda - 1).$$

λ	$AC - B^2$	$A\Delta$	Nature de la conique
$-\infty$			
	$-$	$+$	Hyperbole
$-\frac{1}{\sqrt{2}}$			→ Deux droites sécantes réelles
	$-$	$-$	Hyperbole
0			→ Parabole
	$+$	$-$	Ellipse réelle
$\frac{1}{\sqrt{2}}$			→ Deux droites sécantes imaginaires
	$+$	$+$	Ellipse imaginaire
1			→ Deux droites parallèles imaginaires
	$-$	$-$	Hyperbole
$+\infty$			

212. *Discuter la nature des coniques définies par les équations*

$$x^2 + 2\lambda xy + y^2 - 2\lambda x + 2y + 2 = 0,$$
$$\lambda x^2 - 2xy + \lambda y^2 - 2(\lambda + 1)x + 2y + 2 = 0,$$
$$x^2 - 2\lambda xy + (\lambda + 2)y^2 - 2x - 2\lambda y - 3 = 0,$$
$$x^2 + 2\lambda xy + y^2 - 2x + 2y - \lambda = 0,$$
$$\lambda x^2 + 2\lambda xy + y^2 - 2x - 2\lambda y + \lambda = 0.$$

213. *Discuter la nature de la conique définie par l'équation*

$$\alpha x^2 + 2\beta xy - (\alpha - 2)y^2 + 2x + 2y + 2 = 0,$$

α *et* β *désignant les coordonnées d'un point* M *variable dans le plan.*

Nous avons

$$AC - B^2 = -(\alpha^2 + \beta^2 - 2\alpha).$$

Le signe de $AC - B^2$ dépend de la position du point M par rapport à la courbe qui a pour équation

$$-(x^2 + y^2 - 2x) = 0.$$

Cette équation représente un cercle (C) tangent à l'origine à Oy, ayant pour centre le point (1, 0) et pour rayon 1.

Comme la région positive de ce cercle est la région intérieure, on voit que pour tout point M intérieur au cercle $AC - B^2$ est positif, la conique est du genre ellipse ; si le point M est extérieur au cercle, la conique est du genre hyperbole ; enfin, si le point M est sur le cercle (C), la conique est du genre parabole.

Nous avons maintenant

$$\Delta = -2(\alpha^2 + \beta^2 - 2\alpha - \beta + 1).$$

Considérons l'équation

$$-2(x^2 + y^2 - 2x - y + 1) = 0 ;$$

elle représente un cercle (C') ayant pour centre le point $x = 1$, $y = \frac{1}{2}$, et pour rayon $\frac{1}{2}$. Ce cercle touche le cercle (C) au point A et l'axe des x au point C.

Donc, pour que la conique se réduise à deux droites, il faut que le point M soit sur le cercle (C'). Si cela a lieu, la conique est du genre ellipse puisque (C') est intérieur à (C); donc la conique se compose de deux droites sécantes imaginaires. Il y a exception si M est en A, car, $AC - B^2$ étant nul, les deux droites sont parallèles.

D'ailleurs, pour les coordonnées du point A, $\alpha = 1$, $\beta = 1$, l'équation de la conique s'écrit

$$(x + y)^2 + 2(x + y) + 2 = 0;$$

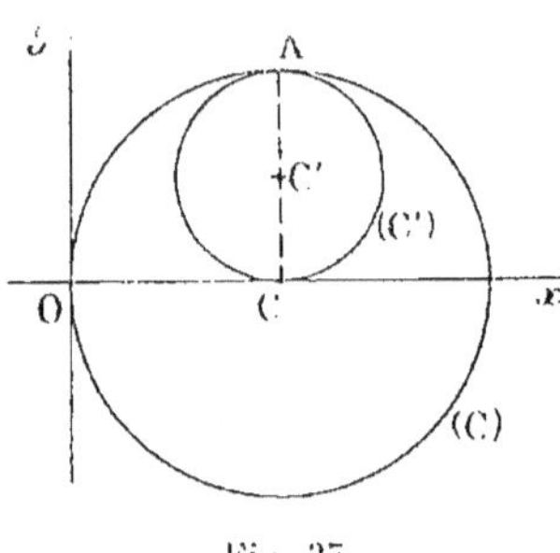

Fig. 37.

le premier membre est un trinome en $x + y$ dont les racines sont imaginaires. Donc l'équation représente deux droites parallèles imaginaires.

Supposons maintenant que le point M ne soit plus sur le cercle (C'), mais soit toujours à l'intérieur de (C); la conique est alors une ellipse, cherchons si cette ellipse est réelle. Il faut pour cela envisager le signe de $A\Delta$; nous avons

$$A\Delta = -2\alpha(\alpha^2 + \beta^2 - 2\alpha - \beta + 1).$$

Si M est à l'intérieur de (C'), α est positif, et

$$\alpha^2 + \beta^2 - 2\alpha - \beta + 1$$

est négatif, donc $A\Delta > 0$, l'ellipse est imaginaire; au contraire, si M est extérieur à (C'), l'ellipse est réelle.

Enfin, si le point M est extérieur au cercle (C), la conique est une hyperbole, et si le point M est sur le cercle (C), sauf au point A, la conique est une parabole.

RÉSUMÉ

Positions de M	Nature de la conique
Intérieur à (C'), ...	Ellipse imaginaire ;
Sur (C'), excepté en A, ...	2 droites sécantes imaginaires ;
Au point A, ...	2 droites parallèles imaginaires ;
Extérieur à (C'), intérieur à (C), .	Ellipse réelle ;
Sur (C), excepté en A, ...	Parabole ;
Extérieur à (C), ...	Hyperbole.

214. *Discuter la nature de la conique définie par l'équation*

$$x^2+2xy-y^2(\beta^2-\alpha-1)-2(\alpha-\beta)y-1=0,$$

α et β désignant les coordonnées d'un point M variable dans le plan.

On a

$$AC-B^2=\alpha-\beta^2,$$
$$\Delta=\alpha(2\beta-\alpha-1).$$

L'équation $x-y^2=0$ représente une parabole (P), ayant pour sommet l'origine et pour axe Ox ; l'équation

$$x(2y-x-1)=0$$

représente deux droites, l'axe des y qui est la tangente au sommet de (P) et la droite

$$2y-x-1=0$$

qui touche aussi la parabole (P) au point A, qui a pour coordonnées $x=1$, $y=1$.

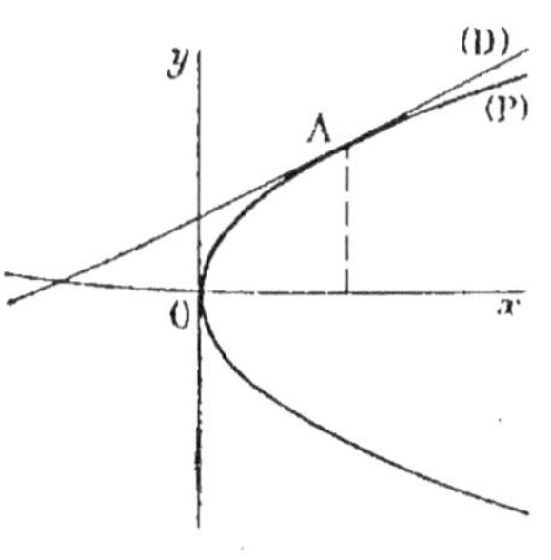

Fig. 38.

Si le point M est à l'intérieur de la parabole, la conique est une ellipse réelle ; si le point M est sur la parabole (sauf aux points O et A), la conique est une parabole ; si le point M est en O ou en A, la conique se compose de deux droites parallèles réelles; si le point M est extérieur à la parabole P, sans être sur les droites Oy et (D), la conique est une hyperbole; enfin, si le point M est sur Oy ou sur (D), excepté aux points O et A, la conique se compose de deux droites sécantes réelles.

Remarque. — Lorsque les coefficients de l'équation de la conique sont fonctions entières de α, β, on démontre que si les courbes $AC - B^2 = 0$, $\Delta = 0$ ont un point commun, ces courbes sont en général tangentes en ce point.

215. *Discuter la nature des coniques définies par les équations*

$$(\alpha - 1)x^2 + 2\beta xy - (\alpha + 1)y^2 + 2\alpha x + 2\beta y - (\alpha + 1) = 0,$$
$$(\alpha - 1)x^2 - 2\beta xy - \alpha y^2 - 2x + 2y - 1 = 0,$$
$$\alpha x^2 + 2xy + \beta y^2 - 2\alpha x + \beta = 0.$$

$$x^2 - 2\alpha xy + y^2 - 2\beta x + 1 = 0,$$
$$\alpha(x^2 + y^2) - 2\beta xy - 2\alpha(x + y) + 1 = 0,$$
$$\beta x^2 - 2\alpha xy + \beta^2 y^2 - 2\alpha x + 1 = 0.$$

216. *On considère la conique définie par l'équation*

$$y = 2x + 1 \pm \sqrt{(\lambda^2 - 1)x^2 - 2x(\lambda + 1) + 2\lambda - 1},$$

et on demande de discuter la nature de cette conique, suivant les valeurs du paramètre λ.

Conformément au second tableau placé au début du chapitre, la nature de la conique dépend du signe des quantités

$$\alpha = \lambda^2 - 1,$$
$$\beta^2 - 4\alpha\gamma = -8\lambda(\lambda + 1)(\lambda - 2).$$

Les résultats sont les suivants :

λ	α	$\beta^2 - 4\alpha\gamma$	
$-\infty$			
	$+$	$+$	Hyperbole
-1			→ Deux droites parallèles imaginaires
	$-$	$-$	Ellipse imaginaire
0			→ Deux droites sécantes imaginaires
	$-$	$+$	Ellipse réelle
1			→ Parabole
	$+$	$+$	Hyperbole
2			→ Deux droites sécantes réelles
	$+$	$-$	Hyperbole
$+\infty$			

217. *Étudier la nature de la conique définie par l'équation*

$$y = mx + p \pm \sqrt{(\alpha - 1)x^2 - 2\beta x - (\alpha + 1)},$$

α, β *désignant les coordonnées d'un point* M *variable dans le plan.*

Considérons le coefficient de x^2 et le discriminant du trinome placé sous le radical

$$\alpha - 1 \qquad \text{et} \qquad \alpha^2 + \beta^2 - 1.$$

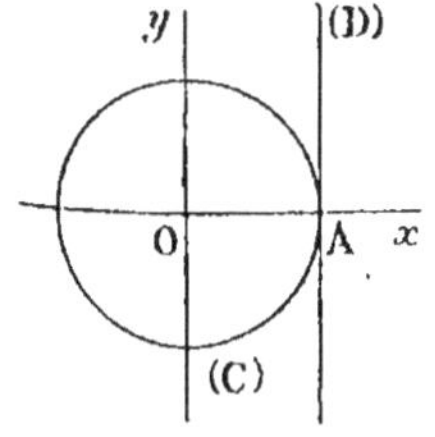

Fig. 39.

Puis construisons les courbes représentées par les équations

$$x - 1 = 0, \qquad x^2 + y^2 - 1 = 0.$$

La première représente une droite (D) et la seconde un cercle (C); la droite (D) touche le cercle au point A(1, 0).

On a alors les conclusions suivantes :

Positions de M	Nature de la conique
A droite de (D), ...	Hyperbole ;
Sur (D), sauf en A, ...	Parabole ;
En A, ...	2 droites parallèles imaginaires ;
A gauche de (D), extérieur à (C), .	Ellipse réelle ;
Sur (C), sauf en A, ...	2 droites sécantes imaginaires ;
Intérieur à C, ...	Ellipse imaginaire.

218. *Discuter la nature des coniques définies par les équations*

$$y = mx + p \pm \sqrt{(\lambda - 1)x^2 + 2(\lambda + 1)x + \lambda},$$

$$y = mx + p \pm \sqrt{(2\lambda - 1)x^2 + 4\lambda x + \lambda + 3},$$

$$y = mx + p \pm \sqrt{(\lambda^2 + \lambda)x^2 - 2\lambda x + 3},$$

λ *étant un paramètre qui peut recevoir toutes les valeurs possibles.*

219. *En désignant par* α, β *les coordonnées d'un point* M *variable dans le plan, discuter la nature des coniques définies par les équations*

$$y = mx + p \pm \sqrt{(\alpha^2 + \beta^2 - 2\alpha)x^2 - 2(\alpha + \beta)x + 1},$$

$$y = mx + p \pm \sqrt{(\alpha^2 + \beta^2 - 1)x^2 - 2\alpha x + 1},$$

$$y = mx + p \pm \sqrt{(\alpha^2 - 1)x^2 + \beta^2 - 1}.$$

220. *Étant donnés deux axes rectangulaires et un point fixe* A *situé sur* Ox *et ayant pour abscisse* a, *trouver l'équation du lieu géométrique des points* M *tels qu'en joignant* MA *et abaissant la perpendiculaire* MB *sur* Oy *on ait la relation*

$$\overline{MA}^2 + k\overline{MB}^2 = a^2,$$

où k *désigne une constante numérique, positive ou négative.*

Discuter; indiquer la nature du lieu suivant les valeurs de k.

221. *On donne un cercle, deux points* A *et* B *sur le cercle et un point* P *non situé sur le cercle. Par le point* P *on mène une droite quelconque rencontrant le cercle aux points* C *et* D; *on joint* AC *et* BD *qui se coupent en* M. *Trouver le lieu géométrique du point* M.

Ce lieu est une conique passant par les points A *et* B. *Discuter la nature de cette conique suivant la position du point* P *dans le plan.*

La conique peut-elle être un cercle?

Prenons comme axes AB et la perpendiculaire au milieu; désignons par a et $-a$ les abscisses des points A et B, et par b l'ordonnée du centre du cercle. L'équation du cercle est alors

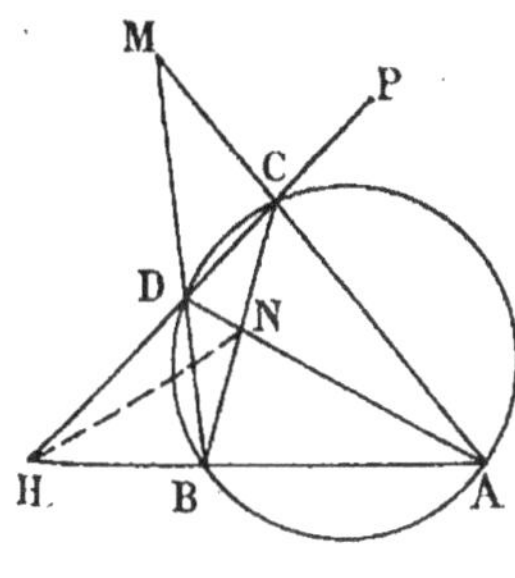

Fig. 40.

$$f(x, y) \equiv x^2 + y^2 - 2by - a^2 = 0.$$

Soient x_0, y_0 les coordonnées du point P et

$$y - y_0 - \lambda(x - x_0) = 0$$

l'équation de la sécante PCD.

On peut envisager le point M comme un point ayant même polaire par rapport au cercle et par rapport à la conique formée par l'ensemble des droites AB et CD, conique qui a pour équation

$$\varphi(x, y) \equiv y\,[y - y_0 - \lambda(x - x_0)] = 0.$$

Cette polaire est en effet la droite NH. Les polaires d'un point (x, y) par rapport aux coniques $f(x, y) = 0$, $\varphi(x, y) = 0$ ont pour équations

$$Xf'_x + Yf'_y + f'_z = 0, \qquad X\varphi'_x + Y\varphi'_y + \varphi'_z = 0;$$

pour qu'elles coïncident, il faut qu'on ait

$$\frac{f'_x}{\varphi'_x} = \frac{f'_y}{\varphi'_y} = \frac{f'_z}{\varphi'_z}.$$

Donc les coordonnées du point M vérifient ces équations. On peut les écrire

$$\frac{x}{-\lambda y} = \frac{y-b}{2y-y_0-\lambda(x-x_0)} = \frac{-by-a^2}{-y(y_0-\lambda x_0)}.$$

En éliminant λ entre ces deux équations, on obtient le lieu du point M,

$$x^2y_0 - 2xyx_0 + y^2(2b-y_0) + 2a^2y - a^2y_0 = 0.$$

C'est l'équation d'une conique passant par les points A et B. Nous avons

$$AC - B^2 = -(x_0^2 + y_0^2 - 2by_0),$$
$$\Delta = a^2y_0(x_0^2 + y_0^2 - 2by_0 - a^2).$$

On en conclut que la conique est une ellipse réelle, si le point P est à l'intérieur du cercle (γ), qui est concentrique au cercle donné et qui est tangent à AB ; c'est une hyperbole si le point P est à l'extérieur de ce cercle, et une parabole si le point P est sur ce cercle.

La conique se réduit à deux droites : 1° si le point P est sur AB (ces deux droites sont la droite AB et la polaire du point P par rapport au cercle donné) ; 2° si le point P est sur le cercle donné (la conique se compose alors des deux droites PA et PB).

Enfin, le lieu est un cercle lorsque le point P est au centre du cercle donné.

222. *On donne une droite* D, *un cercle* C *et un point* A. *La polaire d'un point quelconque* B *de la droite* D *par rapport au cercle* C *rencontre* AB *au point* M. *Lieu du point* M.

Ce lieu est une conique. Étudier la nature de cette conique en faisant varier le point A, *la droite* D *et le cercle* C *restant fixes.*

Prenons comme axe des y la droite D, comme axe des x la perpendiculaire abaissée du centre du cercle sur la droite D ; l'équation du cercle est alors

$$(x - a)^2 + y^2 - R^2 = 0.$$

Si l'on désigne par x_0, y_0 les coordonnées du point A, on voit aisément que le lieu a pour équation

$$ax^2 + x_0 y^2 - y_0 xy - (ax_0 + a^2 - R^2)x + x_0(a^2 - R^2) = 0.$$

On a

$$AC - B^2 = -\frac{1}{4}(y_0^2 - 4ax_0),$$

$$\Delta = -\frac{x_0}{4}\left[(a^2 - R^2)y_0^2 + \left\{ax_0 - (a^2 - R^2)\right\}^2\right].$$

On remarquera que $y^2 - 4ax = 0$ est l'équation d'une parabole (P) ayant pour foyer le centre du cercle, et pour tangente au sommet la droite Oy, et que l'équation

$$(a^2 - R^2)y^2 + \left[ax - (a^2 - R^2)\right]^2 = 0$$

représente deux droites tangentes à la fois au cercle et à la parabole (P), et se coupant au pôle de Oy par rapport au cercle.

Ces deux droites ne sont réelles que si $a < R$, c'est-à-dire si le cercle rencontre Oy.

223. *On donne une droite* D, *un cercle* C *et un point* A. *On prend un point* B *variable sur la droite* D, *et on désigne par* M *le point de rencontre de la droite* AB *et de l'axe radical du cercle donné et du cercle de diamètre* AB. *Trouver le lieu du point* M.

Ce lieu est une conique, dont on discutera la nature suivant les positions du point A.

On pourra prendre les mêmes axes et les mêmes notations que dans l'exercice précédent. On trouve pour équation du lieu

$$x^2(x_0-2a)+2xyy_0-x_0y^2-x\left[x_0^2+y_0^2-2ax_0-(a^2-R^2)\right] -x_0(a^2-R^2)=0;$$

et l'on a

$$AC-B^2=-(x_0^2+y_0^2-2ax_0),$$

$$\Delta=\frac{x_0}{4}(x_0^2+y_0^2-2ax_0+a^2-R^2)^2.$$

224. *Étant donnés une parabole* $y^2-2px=0$ *et un point* $A(\alpha, \beta)$ *dans son plan, on mène par le sommet* O *de la parabole une corde quelconque* OB; *on projette le point* B *en* C *sur* Oy *et l'on joint le point* C *au point* A. *Trouver le lieu du point* M *de rencontre des droites* OB *et* AC.

Discuter ce lieu en faisant varier la position du point A.

Ce lieu est la conique

$$2px^2-\beta xy+\alpha y^2-2p\alpha x=0.$$

225. *On donne deux axes rectangulaires* Ox, Oy, *un point* $A(a, 0)$ *sur* Ox; *deux points* $B(\alpha, \beta)$ *et* $B'(\alpha, -\beta)$ *symétriques par rapport à* Ox *et deux droites* OR *et* OR' *symétriques par rapport à* Ox. *On mène par le point* A *une droite quelconque qui rencontre* OR *en* C *et* OR' *en* C'; *on mène les droites* BC, B'C'; *ces droites se coupent en un point* M. *On demande le lieu décrit par le point* M *quand la sécante* CAC' *tourne autour du point* A. *On discutera le lieu en laissant fixes les droites* OR, OR' *et le point* A *et en déplaçant le point* B *et par suite le point* B'.

Le lieu est la conique

$$\beta(ma-\beta)x^2+\alpha(\alpha-a)y^2+a\beta(\beta-m\alpha)x=0,$$

$\pm m$ désignant les coefficients angulaires de OR et OR'.

226. *On donne deux axes rectangulaires* Ox, Oy, *un cercle* (C) *tangent à l'origine à* Ox, *un point* A *sur* Ox *et une droite* (D) *perpendiculaire à* Ox. *Par le point* O *on mène une droite variable qui rencontre le cercle au point* P *et la droite* (D) *au point* Q, *et on demande le lieu du point de rencontre de la tangente au cercle au point* P *avec la droite* QA.

Ce lieu est une conique qui est tangente au cercle (C) *aux points où ce cercle est coupé par la droite* (D).

Discuter la nature de cette conique quand le point A *se déplace sur* Ox, *le cercle* (C) *et la droite* (D) *restant fixes.*

227. *Un angle droit* APB *tourne autour de son sommet fixe* P, *et ses côtés rencontrent une ellipse aux points* A *et* B. *Trouver le lieu du point de rencontre des tangentes à l'ellipse aux points* A *et* B.

Ce lieu est une conique. Discuter la nature de cette conique quand le point P *se déplace dans le plan.*

Soient $\frac{x^2}{a^2}+\frac{y^2}{b^2}-1=0$ l'équation de l'ellipse rapportée à ses axes, et x_0, y_0 les coordonnées du point P.

Désignons par α, β les coordonnées d'un point M du lieu ; nous écrirons que les droites joignant le point P aux points de rencontre de l'ellipse et de la polaire du point M sont perpendiculaires.

Pour former l'équation de l'ensemble de ces droites, nous transportons l'origine des coordonnées au point P ; les équations de l'ellipse et de la polaire de M sont alors

$$b^2(x+x_0)^2+a^2(y+y_0)^2-a^2b^2=0,$$
$$b^2\alpha(x+x_0)+a^2\beta(y+y_0)-a^2b^2=0.$$

Puis, nous rendons homogènes ces deux équations et nous éliminons la variable d'homogénéité, nous obtenons ainsi

$$(b^2x^2+a^2y^2)(b^2\alpha x_0+a^2\beta y_0-a^2b^2)^2 \\ -2(b^2xx_0+a^2yy_0)(b^2\alpha x+a^2\beta y)(b^2\alpha x_0+a^2\beta y_0-a^2b^2) \\ +(b^2x_0^2+a^2y_0^2-a^2b^2)(b^2\alpha x+a^2\beta y)^2=0;$$

c'est l'équation de l'ensemble des droites considérées. Pour écrire qu'elles sont rectangulaires, nous écrivons que la somme des coefficients de x^2 et y^2 est nulle. Nous avons ainsi

$$(a^2+b^2)(b^2\alpha x_0+a^2\beta y_0-a^2b^2)^2 \\ -2(b^4\alpha x_0+a^4\beta y_0)(b^2\alpha x_0+a^2\beta y_0-a^2b^2) \\ +(b^2x_0^2+a^2y_0^2-a^2b^2)(b^4\alpha^2+a^4\beta^2)=0.$$

Remplaçons alors α et β par x et y, nous obtenons l'équation du lieu

$$b^2(x_0^2+y_0^2-b^2)x^2+a^2(x_0^2+y_0^2-a^2)y^2-2a^2b^2x_0x \\ -2a^2b^2y_0y+a^2b^2(a^2+b^2)=0.$$

C'est l'équation d'une conique qu'on discutera aisément. On a

$$AC-B^2=a^2b^2(x_0^2+y_0^2-a^2)(x_0^2+y_0^2-b^2),$$
$$\Delta=a^4b^4(x_0^2+y_0^2-a^2-b^2)(b^2x_0^2+a^2y_0^2-a^2b^2).$$

228. *Même problème pour l'hyperbole.*

Il suffit de changer b^2 en $-b^2$.

229. *Même problème pour la parabole* $y^2-2px=0$.

On trouve pour équation du lieu

$$px^2-2x_0y^2+2p(x_0+p)x-2py_0y+p(x_0^2+y_0^2)=0,$$

et l'on a

$$AC-B^2=-2px_0,$$
$$\Delta=-p^2(y_0^2-2px_0)(2x_0+p).$$

230. *On donne deux axes rectangulaires* Ox, Oy, *et, sur* Ox *un point* A *ayant pour abscisse* a, *sur* Oy *un point* B *ayant pour ordonnée* b. *On prend sur* Ox *un point variable* P, *et sur* Oy *un point variable* Q, *tels que le produit des segments* $\overline{AP}$, $\overline{BQ}$ *soit égal à une constante donnée* k.

1° *Former l'équation de la droite* PQ *en fonction du seul paramètre* t *égal à l'abscisse* $\overline{OP}$ *du point* P.

2° *Par un point quelconque* M *du plan, il passe deux droites* PQ. *Dans quelles régions du plan doit être situé le point* M *pour que ces droites soient réelles?*

3° *Quel est le lieu géométrique d'un point* M *tel que les deux droites* PQ *qui y passent soient rectangulaires?*

4° *On considère deux droites* PQ *correspondant à deux valeurs* t *et* t' *du paramètre; elles se coupent en un point qui tend vers une certaine position limite* T, *quand* t' *tend vers* t. *Calculer les coordonnées du point* T *en fonction de* t; *construire la courbe lieu du point* T *lorsque* t *varie; montrer que cette courbe est tangente au point* T *à la droite* PQ *correspondante.*

1° Soit t l'abscisse du point P et λ l'ordonnée du point Q. L'équation de a droite PQ est

$$\frac{x}{t}+\frac{y}{\lambda}-1=0;$$

nous allons exprimer λ en fonction de t au moyen de l'égalité

$$\overline{AP}\cdot\overline{BQ}=k.$$

On a

$$\overline{AP}=\overline{AO}+\overline{OP}=\overline{OP}-\overline{OA}=t-a,$$
$$\overline{BQ}=\overline{BO}+\overline{OQ}=\overline{OQ}-\overline{OB}=\lambda-b;$$

λ est donc déterminé par la relation

$$(t-a)(\lambda-b)=k,$$

qui nous donne

$$\lambda = b + \frac{k}{t-a};$$

Par suite, l'équation de la droite PQ en fonction du seul paramètre t est

$$\frac{x}{t} + \frac{y}{b + \frac{k}{t-a}} - 1 = 0,$$

ou

(1) $\quad x(bt - ab + k) + yt(t - a) - t(bt - ab + k) = 0.$

2° Soient x_0, y_0 les coordonnées d'un point M du plan. Écrivons que la droite PQ passe par le point M ; nous avons

(2) $\quad x_0(bt - ab + k) + y_0t(t - a) - t(bt - ab + k) = 0.$

Cette équation détermine deux valeurs de t ; en portant ces valeurs dans l'équation (1), on obtient les équations de deux droites PQ passant par le point M.

Pour que ces droites soient réelles, il faut et il suffit que l'équation (2) ait ses racines réelles. Ordonnons cette équation par rapport à t ; il vient

(2)' $\quad t^2(y_0 - b) + t(bx_0 - ay_0 + ab - k) - x_0(ab - k) = 0.$

Pour que cette équation ait ses racines réelles, il faut qu'on ait

(3) $\quad (bx_0 - ay_0 + ab - k)^2 + 4x_0(y_0 - b)(ab - k) > 0.$

Cette inégalité exprime que le point M doit se trouver dans la région positive de la courbe (C) qui a pour équation

(C) $\quad (bx - ay + ab - k)^2 + 4x(y - b)(ab - k) = 0.$

Cette courbe est du deuxième degré, nous allons la construire. Le coefficient de y^2 n'étant pas nul, nous ordonnons l'équation par rapport à y, ce qui nous donne

(4) $a^2y^2+2y[(ab-2k)x-a(ab-k)]+[bx-(ab-k)]^2=0,$

et en résolvant par rapport à y, nous obtenons :

$$y=-\frac{(ab-2k)x-a(ab-k)}{a^2}$$
$$\pm\frac{1}{a^2}\sqrt{[(ab-2k)x-a(ab-k)]^2-a^2[bx-(ab-k)]^2},$$

ou, en remarquant que la quantité sous le radical est la différence de deux carrés,

$$y=-\frac{(ab-2k)x-a(ab-k)}{a^2}\pm\frac{1}{a^2}\sqrt{-4k(ab-k)x(x-a)}.$$

Pour construire cette courbe, nous construirons d'abord la droite Δ qui a pour équation

$$(\Delta) \qquad y=-\frac{(ab-2k)x-a(ab-k)}{a^2},$$

puis nous augmenterons et nous diminuerons les ordonnées des différents points de cette droite de la quantité

$$\frac{1}{a^2}\sqrt{-4k(ab-k)x(x-a)}.$$

La nature de la conique (C) dépend du signe du produit

$$k(ab-k).$$

Si $k(ab-k)>0$, le radical n'est réel que lorsque x est compris entre 0 et a ; on sait alors que la courbe est une *ellipse*.

Si $k(ab-k)<0$, le radical est réel quand x est extérieur à l'intervalle $(0, a)$; la courbe est une *hyperbole*.

Nous examinerons plus loin le cas où $k(ab-k)=0$.

Il nous faut donc comparer k aux nombres 0 et ab. Nous supposerons a et b positifs.

L'équation de la droite Δ peut s'écrire

$$a(ay + bx - ab) - 2k\left(x - \frac{a}{2}\right) = 0\,;$$

cette droite passe, quel que soit k, par le point commun aux deux droites

$$ay + bx - ab = 0, \qquad x - \frac{a}{2} = 0,$$

c'est-à-dire par le point I, milieu de AB.

Le coefficient angulaire de Δ est $\frac{2k - ab}{a^2}$; il varie dans le même sens que k, comme l'indique le tableau suivant :

k	$-\infty$	croît	0	croît	ab	croît	$+\infty$
$\frac{2k - ab}{a^2}$	$-\infty$	croît	$-\frac{b}{a}$	croît	$\frac{b}{a}$	croît	$+\infty$

Soit C le quatrième du rectangle sommet construit sur OA et OB ; $-\frac{b}{a}$ et $\frac{b}{a}$ sont respectivement les coefficients angulaires des droites AB et OC.

Premier cas. $-\infty < k < 0$.

Le produit $k(ab - k)$ est négatif. La droite Δ est située dans l'angle $\mathrm{BI}y'$, $\mathrm{I}y'$ étant parallèle à Oy.

On ne peut donner à x que des valeurs extérieures à l'intervalle $(0, a)$. La courbe est une hyperbole tangente aux droites AC et OB, les points de contact D et E étant situés sur la droite Δ (fig. 41).

On vérifie facilement que la courbe est tangente à l'axe des x et à la droite BC. Ce résultat était à prévoir, car l'axe des x et le côté BC jouent respectivement le même rôle que l'axe des y et le côté AC. On aura d'ailleurs l'équation de la droite GF qui joint les points de contact de la courbe et des droites OA et

BC en permutant x et y, puis a et b dans l'équation de Δ ; on obtient ainsi

$$b(bx+ay-ab)-2k\left(y-\frac{b}{2}\right)=0,$$

et l'on reconnaît sans peine que les droites DE et FG divisent harmoniquement les diagonales du rectangle OACB.

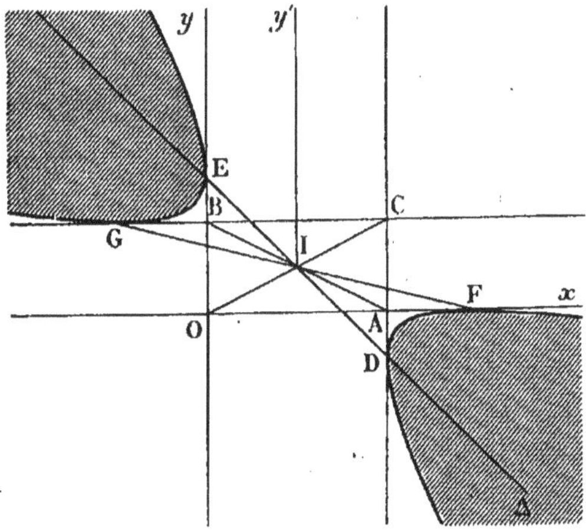

Fig. 41.

Le point I est le centre de l'hyperbole ; ED et FG sont les diamètres conjugués des directions Oy et Ox respectivement.

Les équations des asymptotes sont

$$y=-\frac{(ab-2k)x-a(ab-k)}{a^2}\pm\frac{1}{a^2}\left(x-\frac{a}{2}\right)\sqrt{-4k(ab-k)}.$$

Elles passent par le point I, et elles rencontrent Oy aux points qui ont pour ordonnées

$$\frac{ab-k}{a}\pm\frac{1}{a}\sqrt{-k(ab-k)}.$$

Ces points sont symétriques par rapport au point E, et à une distance de ce point égale à $\frac{1}{a}\sqrt{-k(ab-k)}$.

Cela posé, en nous reportant à l'équation (4) nous voyons que les coordonnées du point O rendent positif le premier membre de l'équation de la courbe. Il en résulte que la région positive est la région qui contient l'origine.

Par conséquent, pour que les droites PQ qui passent par un point M du plan soient réelles, il faut et il suffit que le point M soit dans la région du plan qui n'est pas couverte de hachures.

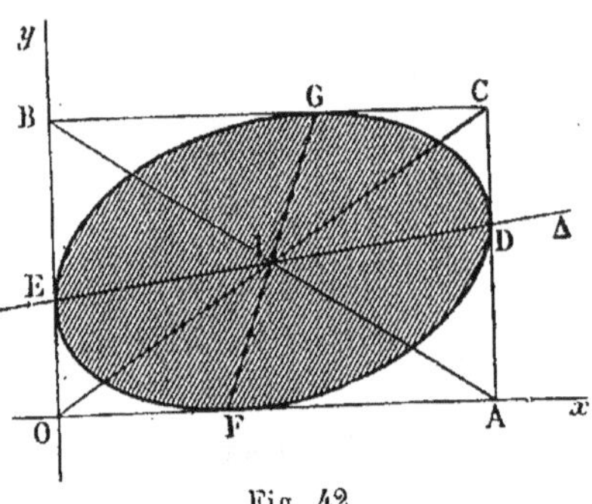

Fig. 42.

Deuxième cas.

$$0 < k < ab.$$

Le produit $k(ab - k)$ est positif. La droite Δ est située dans l'angle CIA. On ne peut donner à x que des valeurs comprises entre 0 et a. La courbe est une ellipse inscrite dans le rectangle OACB, ayant pour centre le point I, et la région positive est la région extérieure (*fig.* 42).

Troisième cas. $ab < k < +\infty$.

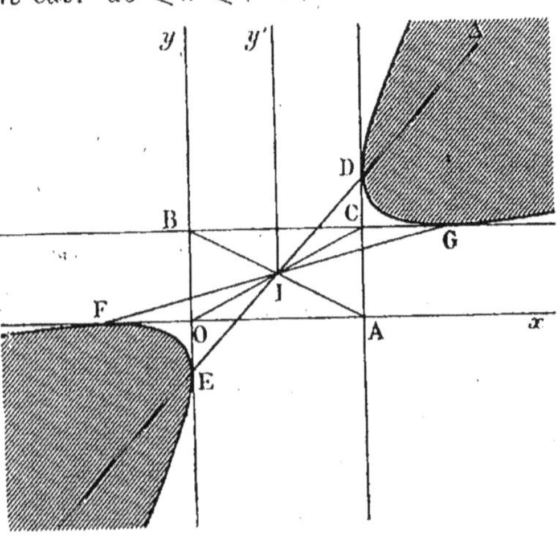

Fig. 43.

Le produit $k(ab-k)$ est négatif. La droite Δ est située dans l'angle $\mathrm{CI}y'$. On ne peut donner à x que des valeurs extérieures à l'intervalle $(0, a)$. La courbe est une hyperbole tangente aux côtés du rectangle OACB, ayant pour centre le point I, et la région positive est celle qui contient le point O (*fig.* 43).

Quatrième cas. $k(ab-k)=0$.

Le premier membre de l'équation (4) est le carré d'une fonction linéaire; il est identique à

$$[a^2y+(ab-2k)x-a(ab-k)]^2.$$

Par suite, l'inégalité (3) est toujours vérifiée.

Seulement, il est aisé de voir que les droites PQ passent par un point fixe. Soit d'abord $k=0$. L'égalité $\overline{\mathrm{AP}}.\overline{\mathrm{BQ}}=k$ montre que l'on a soit $\overline{\mathrm{AP}}=0$, soit $\overline{\mathrm{BQ}}=0$, ou que la droite PQ passe par l'un des points A ou B.

Soit maintenant $k=ab$. L'équation (1) devient

$$t[t(y-b)+bx-ay]=0;$$

la droite PQ passe, quel que soit t, par le point C.

On voit donc que, dans tous les cas, il n'existe qu'une droite PQ passant par un point M du plan. Elle s'obtient en joignant le point M à l'un des points A, B, C, suivant la valeur de k. Elle est toujours réelle.

3° Soient t' et t'' les racines de l'équation (2)'; les deux droites PQ qui passent par le point $\mathrm{M}(x_0, y_0)$ ont pour équations

$$x(bt'-ab+k)+yt'(t'-a)-t'(bt'-ab+k)=0,$$
$$x(bt''-ab+k)+yt''(t''-a)-t''(bt''-ab+k)=0.$$

Pour que ces deux droites soient perpendiculaires, il faut qu'on ait

$$(bt'-ab+k)(bt''-ab+k)+t't''(t'-a)(t''-a)=0,$$

ou

$$b^2t't'' - b(ab-k)(t'+t'') + (ab-k)^2 + t't''\left[t't'' - a(t'+t'') + a^2\right] = 0.$$

Or, t' et t'' étant racines de l'équation $(2)'$, nous avons

$$t'+t'' = -\frac{bx_0 - ay_0 + ab - k}{y_0 - b},$$

$$t't'' = -\frac{x_0(ab-k)}{y_0 - b};$$

en remplaçant $t'+t''$ et $t't''$ par ces valeurs dans l'équation qui précède, nous obtenons, toutes réductions faites,

$$k(ab-k)(x_0^2 + y_0^2 - ax_0 - by_0) = 0.$$

Il en résulte, en supposant $k(ab-k) \neq 0$, que le lieu cherché a pour équation

$$x^2 + y^2 - ax - by = 0;$$

c'est le cercle circonscrit au rectangle OACB.

4° Le point T est par définition le point limite de la droite PQ, correspondant à la valeur t du paramètre. Le lieu de ce point est donc l'enveloppe de la droite PQ. Pour avoir cette enveloppe, il suffit d'écrire que l'équation (1) de la droite PQ, considérée comme une équation du deuxième degré par rapport à t, a une racine double. Ceci nous donne précisément la conique (C).

Il en résulte que le lieu du point T est la conique (C), et que la droite PQ touche cette conique au point T.

On en conclut, en particulier, que le lieu du point M, tel que les deux droites PQ qui y passent soient rectangulaires, est le lieu des sommets des angles droits circonscrits à la conique (C). On sait que ce lieu est un cercle, concentrique à la conique, appelé *cercle orthoptique* ou *cercle de Monge*. Ce cercle est évidemment circonscrit au rectangle OACB, puisque les sommets de ce rectangle sont visiblement des points du lieu.

231. *Dans un plan, où l'on a choisi deux axes rectangulaires* Ox, Oy, *on considère un cercle variable* C *dont l'équation est*

$$x^2+y^2-m^2x-2my+1=0,$$

m *désignant un paramètre variable.*

1° *Montrer que la polaire* D, *par rapport au cercle variable* C, *d'un point fixe* A *donné dans le plan, reste, en général, tangente à une conique* S; *discuter la nature de cette conique. Trouver le lieu des positions particulières de* A *pour chacune desquelles la polaire* D *tourne autour d'un point fixe.*

2° *Par un point* P *donné dans le plan, il passe en général deux des circonférences* C; *soient* C_1 *et* C_2 *ces deux circonférences. Discuter leur réalité. Trouver le lieu des positions du point* P *pour lesquelles les cercles* C_1 *et* C_2 *sont orthogonaux. Trouver le lieu que doit décrire le point* P *pour que la droite joignant les centres de* C_1 *et* C_2 *tourne autour d'un point fixe donné.*

1° La droite D passe par un point fixe quand le point A est sur le cercle $x^2+y^2-1=0$. Si le point A n'est pas sur ce cercle, la droite D enveloppe une véritable conique dont la nature dépend de la position du point A par rapport à la parabole $y^2-2x=0$.

2° Les cercles C_1 et C_2 sont réels lorsque le point P est par rapport à la courbe $y^2=-\dfrac{x(x^2+1)}{x+1}$ du côté des x positifs. Cette courbe est d'ailleurs l'enveloppe des cercles C.

Les cercles C_1 et C_2 sont orthogonaux quand le point P est sur l'un des cercles $x^2+y^2+1+x(-2\pm 2\sqrt{2})=0$; et la droite qui joint les centres de ces cercles passe par le point fixe (a, b) quand le point P décrit le cercle

$$x^2+y^2-2ax-2by+1=0.$$

232. *On donne deux axes rectangulaires* Ox, Oy *et un cercle* (C).

1° *Former l'équation générale des droites* (D) *telles que les points de rencontre de l'une de ces droites avec le cercle soient conjugués harmoniques par rapport à ses points de rencontre avec les droites* Ox, Oy.

2° *Par un point* P *du plan passent deux de ces droites : où doit se trouver le point* P *pour que ces droites soient réelles?*

3° *Quel lieu doit décrire le point* P *pour que les deux droites qui y passent soient perpendiculaires?*

En désignant par

$$x^2 + y^2 - 2ax - 2by + c = 0$$

l'équation du cercle, on trouvera pour équation générale des droites D

$$y = mx - \frac{cm}{a - bm}.$$

Ces droites enveloppent une parabole tangente aux axes ; et le lieu demandé dans la troisième partie est la directrice de cette parabole.

233. *Étant donnés deux axes de coordonnées rectangulaires* Ox, Oy *et un point* P *ayant pour coordonnées* a *et* b, *calculer le coefficient angulaire* m *d'une droite* AB, *passant par le point* P, *et telle qu'en appelant* α *l'abscisse du point* A *où elle rencontre* Ox *et* β *l'ordonnée du point* B *où elle rencontre* Oy, *on ait* $\alpha + \beta = k$, k *désignant une longueur donnée.*

1° *Discuter suivant les positions du point* P *le nombre et la nature des droites répondant à la question.*

2° *Déterminer le lieu des points* P *tels que les deux droites passant par chacun de ces points soient rectangulaires.*

3° *Déterminer le lieu des points* P *tels que les deux droites passant par chacun de ces points forment un angle de* 45°.

1° Par le point P passent deux droites AB qui sont réelles

si le point P est extérieur à la parabole qui touche Ox au point $C(k, 0)$ et Oy au point $D(0, k)$. D'ailleurs toutes les droites AB sont tangentes à cette parabole.

2° Le lieu est la directrice de la parabole, $x + y = 0$.

3° Le lieu est une hyperbole équilatère,

$$4xy + 2k(x + y) - k^2 = 0.$$

234. *On donne deux axes rectangulaires* Ox, Oy *et un point* P *dans leur plan. On considère une droite variable* Δ *rencontrant* Ox *en* A, Oy *en* B *et telle que l'angle* APB *soit un angle droit.*

Montrer que toutes les droites Δ *sont tangentes à la parabole qui touche* Ox, Oy *aux points où ces axes sont rencontrés par la perpendiculaire menée par le point* P *à la droite* OP.

En conclure que par tout point M *du plan passent deux droites* Δ, *et trouver quel lieu doit décrire le point* M *pour que ces deux droites soient perpendiculaires.*

235. *On donne l'équation*

$$f(t) \equiv t^2 + at + b = 0,$$

où a *et* b *désignent les coordonnées d'un point* M *du plan. Déterminer l'ordre de grandeur des racines et des nombres* -1, $+1$, *suivant la position du point* M *dans le plan.*

Pour que les racines soient réelles il faut qu'on ait $a^2 - 4b > 0$; ceci exprime que le point M doit être dans la région positive de la courbe $x^2 - 4y = 0$. Cette courbe est une parabole qui a pour sommet l'origine et pour axe Oy; la région positive est la région extérieure.

Donc, pour que les racines soient réelles, il faut que le point P soit à l'extérieur de cette parabole, c'est-à-dire dans la région qui n'est pas couverte de hachures (fig. 44).

Nous avons

$$f(-1) = 1 - a + b, \qquad f(+1) = 1 + a + b;$$

la position des racines par rapport à -1 et $+1$ dépend des signes de $f(-1)$ et $f(+1)$, c'est-à-dire de la position du point M par rapport aux droites

$$(\text{D}) \quad 1 - x + y = 0, \qquad (\text{D}') \quad 1 + x + y = 0.$$

On vérifie aisément que ces droites touchent la parabole aux points $(2, 1)$ et $(-2, 1)$ respectivement.

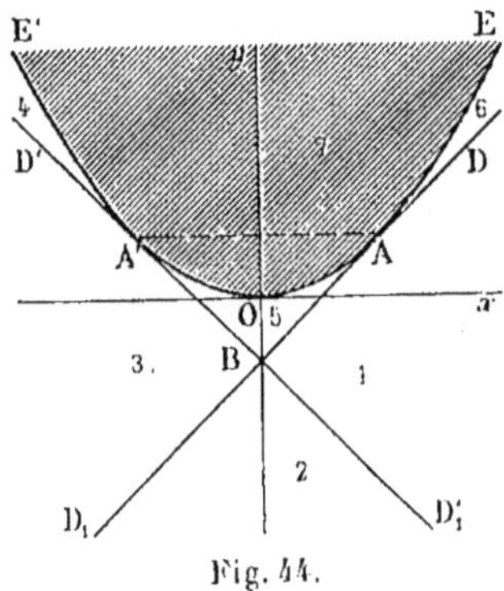

Fig. 44.

Mais cela pouvait se prévoir, car si dans l'équation donnée $f(t) \equiv t^2 + at + b = 0$, on considère a et b comme des coordonnées courantes et t comme un paramètre, cette équation représente une droite variable dont l'enveloppe est précisément la parabole. Le point où chaque droite touche son enveloppe est défini par les deux équations $f(t) = 0$, $f'(t) = 0$, ou

$$t^2 + at + b = 0, \qquad 2t + a = 0,$$

qui donnent $a = -2t$, $b = t^2$.

La parabole et les droites D, D' divisent le plan en sept régions que nous numérotons sur la figure.

Si le point M est dans la région (1), les signes de substitution de $-\infty$, -1, $+1$, $+\infty$ dans $f(t)$ sont respectivement

$$+, \qquad -, \qquad +, \qquad +;$$

l'équation admet une racine t' entre $-\infty$ et -1, et une racine t'' entre -1 et $+1$. On a donc la suite

$$t' < -1 < t'' < +1.$$

Si le point M est dans la région (2), on a les signes

$$+ \qquad - \qquad - \qquad +,$$

et par suite

$$t' < -1 < +1 < t'';$$

dans la région (3),

$$+ \qquad + \qquad - \qquad +$$

et $$-1 < t' < +1 < t''.$$

Supposons maintenant M dans la région (4), les signes de substitution sont

$$+ \qquad + \qquad + \qquad +,$$

et nous n'en pouvons rien conclure. Nous constatons seulement que -1 et $+1$ sont extérieurs aux racines ; nous allons les comparer à la demi-somme $\frac{s}{2} = -\frac{a}{2}$.

Nous avons

$$-1 - \frac{s}{2} = \frac{a-2}{2}, \qquad 1 - \frac{s}{2} = \frac{a+2}{2}.$$

Si le point M est dans la région (4), on a $a + 2 < 0$, $a - 2 < 0$; donc -1 et 1 sont inférieurs à $\frac{s}{2}$ et par suite inférieurs aux racines, et l'on a

$$-1 < +1 < t' < t''.$$

Dans la région (5), -1 et $+1$ sont toujours extérieurs aux racines, mais on a $-2 < a < 2$ et $-1 < \frac{s}{2} < +1$; par suite

$$-1 < t' < t'' < +1.$$

Dans la région (6), $a > 2$, donc $\frac{s}{2} < -1 < +1$, et

$$t' < t'' < -1 < +1.$$

Enfin, lorsque le point M est dans la région (7), les racines sont imaginaires.

Cas particuliers. Si le point M est sur la parabole, l'équation admet la racine double $-\frac{a}{2}$. Cette racine est inférieure à -1 si le point M est sur l'arc EA, égale à -1 au point A, comprise entre -1 et $+1$ sur l'arc AOA′, égale à $+1$ au point A′, supérieure à $+1$ sur l'arc A′E′.

Si le point M est sur la droite D, l'une des racines est -1, l'autre est égale à $-b$; donc, celle-ci est inférieure à -1 quand le point M est sur le segment DA, comprise entre -1 et $+1$ sur AB, égale à $+1$ au point B et supérieure à $+1$ sur BD_1.

Enfin quand le point M est sur la droite D′, l'une des racines est égale à $+1$, l'autre est égale à b; elle est par suite inférieure à -1 sur BD'_1, égale à -1 en B, comprise entre -1 et $+1$ sur BA′, égale à $+1$ en A′, supérieure à $+1$ sur A′D′.

236. *On donne l'équation*

$$f(t) \equiv at^2 - 2t + b = 0,$$

où a et b désignent les coordonnées d'un point M du plan. Déterminer l'ordre de grandeur des racines et des nombres 0 et $+1$, suivant la position du point M dans le plan.

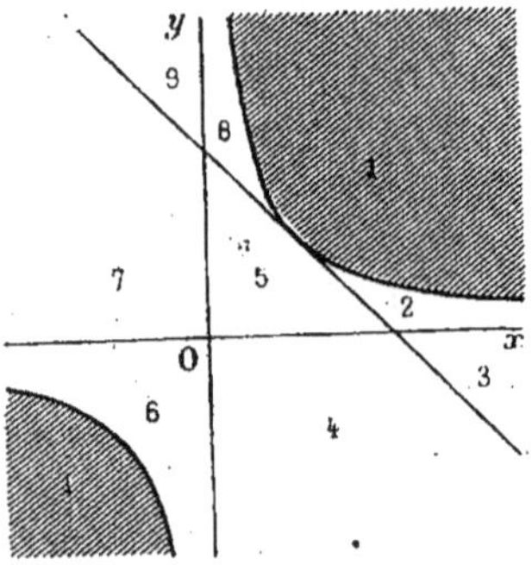

Fig. 45.

Les régions sont séparées par l'hyperbole équilatère

$$xy - 1 = 0,$$

ses asymptotes qui sont les axes de coordonnées et la droite $x + y - 2 = 0$ qui touche l'hyperbole au sommet qui a pour coordonnées $x = 1$, $y = 1$.

On obtient les résultats suivants :

région (1)	pas de racines ;
— (2)	$0 < t' < t'' < 1$;
— (3)	$t' < 0 < t'' < 1$;
— (4)	$t' < 0 < 1 < t''$;
— (5)	$0 < t' < 1 < t''$;
— (6)	$t' < t'' < 0 < 1$;
— (7)	$t' < 0 < t'' < 1$;
— (8)	$0 < 1 < t' < t''$;
— (9)	$t' < 0 < 1 < t''$.

237. *On considère l'équation*

$$t^4 - at^2 + b = 0,$$

bicarrée en t, *dans laquelle les coefficients* a *et* b *désignent les coordonnées d'un point* P *par rapport à deux axes rectangulaires* Ox *et* Oy.

1° *Discuter le nombre et la nature des racines de cette équation suivant les diverses positions du point* P.

2° *Sur quelle ligne* L *doit se trouver le point* P *pour que l'équation admette deux racines doubles ?*

3° *Démontrer que pour que l'équation admette une racine* t' *donnée à l'avance, il faut et il suffit que le point* P *se trouve sur une certaine droite* D ; *comment cette droite est-elle placée par rapport à la ligne* L ?

4° *Sur quelle ligne doit être placé le point* P *pour que l'équation bicarrée admette quatre racines formant une progression arithmétique ? Quel est alors le rapport des deux racines positives de l'équation et quelles sont les expressions des quatre racines en fonction de* a ?

Les axes de coordonnées et la parabole $x^2 - 4y = 0$ divisent le plan en six régions numérotées sur la figure.

Quand le point P est dans l'une des régions 1, 2, 3, l'équation n'a pas de racine réelle. Si le point P est dans l'une des régions 4 ou 5, l'équation admet deux racines réelles, égales et de signes contraires. Enfin si le point P est dans la région 6, l'équation admet quatre racines réelles deux à deux égales et de signes contraires.

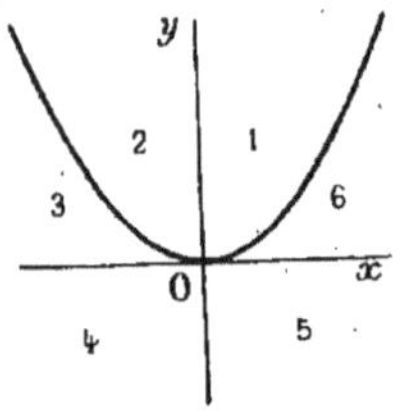

En particulier, si P est sur la parabole, l'équation admet deux racines doubles.

La droite D a pour équation

$$t'^4 - xt'^2 + y = 0,$$

elle est tangente à la parabole.

Fig 46.

Enfin pour que l'équation admette quatre racines formant une progression arithmétique, il faut qu'on ait $b = \frac{9a^2}{100}$, c'est-à-dire que le point P soit sur la parabole $y = \frac{9x^2}{100}$. Le rapport des racines positives est égal à 3 et les quatre racines sont

$$-3\sqrt{\frac{a}{10}}, \quad -\sqrt{\frac{a}{10}}, \quad +\sqrt{\frac{a}{10}}, \quad 3\sqrt{\frac{a}{10}}.$$

238. *On donne l'équation*

$$at^2 - 2(a + b - 1)t + a - b = 0,$$

où a, b *désignent les coordonnées d'un point* M *du plan.*

1° *Où doit être placé le point* M *pour que les racines soient réelles?*

2° *Où doit être placé le point* M *pour que l'équation admette soit une seule racine comprise entre* 0 *et* 1, *soit une seule racine comprise entre* 1 *et* 2?

239. *On donne deux cercles fixes* (C) *et* (C') *ayant pour centres les points* O *et* O', *et on demande le lieu des centres des cercles* (γ) *qui sont tangents au cercle* (C) *et orthogonaux au cercle* (C').

Prenons le point O comme origine de deux axes rectangulaires, l'axe des x étant OO', et soient

$$x^2+y^2-R^2=0, \qquad (x-d)^2+y^2-R'^2=0$$

les équations des cercles (C) et (C').

Désignons par α, β les coordonnées du centre ω du cercle (γ) et par ρ le rayon de ce cercle. Pour que le cercle (γ) soit tangent au cercle (C), il faut qu'on ait $O\omega = R \pm \rho$, ou

$$(1) \qquad \alpha^2+\beta^2=(R+\varepsilon\rho)^2. \qquad (\varepsilon=\pm 1)$$

Pour que (γ) soit orthogonal à (C'), il faut que $\overline{O'\omega}^2 = R'^2+\rho^2$ ou

$$(2) \qquad (\alpha-d)^2+\beta^2=R'^2+\rho^2.$$

On aura le lieu du point (α, β) en éliminant ρ entre ces deux équations. Si on les retranche, on a

$$2d\alpha-d^2=R^2-R'^2+2\varepsilon R\rho,$$

ou

$$\varepsilon\rho=\frac{2d\alpha-d^2-R^2+R'^2}{2R};$$

et, en portant cette valeur dans la relation (1) on obtient

$$\alpha^2+\beta^2=\left(R+\frac{2d\alpha-d^2-R^2+R'^2}{2R}\right)^2,$$

ce qui montre que l'équation du lieu est

$$x^2+y^2=\frac{d^2}{R^2}\left[x+\frac{R^2+R'^2-d^2}{2d}\right]^2.$$

Cette équation représente une conique ayant pour foyer le point O, pour directrice correspondante la droite

$$x+\frac{R^2+R'^2-d^2}{2d}=0,$$

et pour excentricité $\frac{d}{R}$.

Donc, cette conique est une ellipse si $d < R$, une hyperbole si $d > R$, une parabole si $d = R$.

Elle se réduit à deux droites si le point O est sur la directrice, c'est-à-dire si l'on a $d^2 = R^2 + R'^2$; ceci exprime que les cercles (C) et (C′) sont orthogonaux.

240. *On donne deux axes rectangulaires* Ox, Oy *et un cercle* (C) *tangent à* Ox *au point* $A(a, 0)$ *et à* Oy *au point* $B(0, a)$.

1° *Former l'équation générale des cercles* (γ) *qui sont tangents à* Oy *et orthogonaux à* (C). *Lieu des centres des cercles* (γ).

2° *Par chaque point* M *du plan il passe deux cercles* (γ). *Dans quelle région du plan doit être le point* M *pour que ces deux cercles soient réels ?*

3° *On considère deux cercles* (γ) *touchant* Oy *en deux points* D *et* D′ *tels que* $\overline{OD} \cdot \overline{OD'} = a^2$. *Lieu des points de rencontre de ces deux cercles.*

4° *On considère deux cercles* (γ) *orthogonaux. Lieu du point de rencontre des polaires de l'origine par rapport à ces cercles.*

1° L'équation d'un cercle (γ) est de la forme

$$(x - \alpha)^2 + (y - \beta)^2 - \alpha^2 = 0,$$

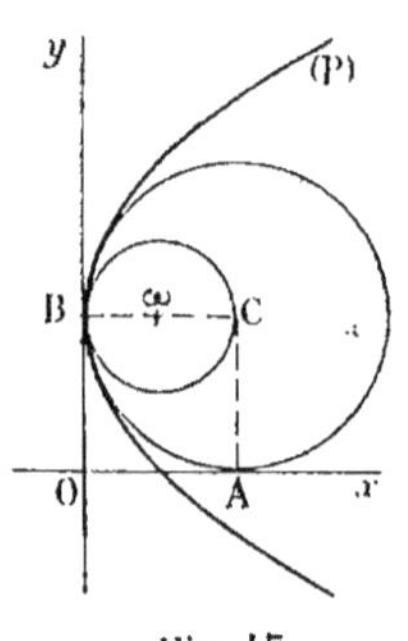

Fig. 47.

avec la condition

$$(\alpha - a)^2 + (\beta - a)^2 = a^2 + \alpha^2,$$

ou

$$(1) \qquad (\beta - a)^2 - 2a\alpha = 0,$$

qui exprime que le cercle (γ) est orthogonal au cercle (C).

On en conclut que le lieu du point (α, β) est la parabole (P)

$$(y - a)^2 - 2ax = 0,$$

qui admet pour axe la droite $y - a = 0$, pour tangente au sommet l'axe des y, et pour foyer le point ω, milieu de BC.

En tenant compte de (1), l'équation du cercle (γ) s'écrit, en fonction du seul paramètre β,

$$(2) \qquad \beta^2(a - x) + 2a\beta(x - y) + a(x^2 + y^2 - ax) = 0.$$

2° Comme cette équation est du deuxième degré en β, il passe deux cercles (γ) par tout point $M(x, y)$ du plan. Ces deux cercles sont réels si l'équation (2) a ses racines réelles en β. On verra que pour qu'il en soit ainsi, il faut que le point M soit à droite de Oy et à l'extérieur du cercle qui a pour diamètre BC.

3° Il faut éliminer β et β' entre les équations

$$(2) \qquad \beta^2(a - x) + 2a\beta(x - y) + a(x^2 + y^2 - ax) = 0,$$
$$\beta'^2(a - x) + 2a\beta'(x - y) + a(x^2 + y^2 - ax) = 0,$$
$$\beta\beta' = a^2.$$

Cela revient à écrire que les deux racines de l'équation (2) ont un produit égal à a^2, ce qui donne

$$\frac{a(x^2 + y^2 - ax)}{a - x} = a^2, \qquad \text{ou} \qquad x^2 + y^2 - a^2 = 0.$$

4° Deux cercles (γ) et (γ') sont orthogonaux si l'on a

$$(\alpha - \alpha')^2 + (\beta - \beta')^2 = \alpha^2 + \alpha'^2,$$

ou

$$(\beta - \beta')^2 - 2\alpha\alpha' = 0,$$

ou encore, en tenant compte de (1),

$$2a^2(\beta - \beta')^2 - (\beta - a)^2(\beta' - a)^2 = 0,$$

ou enfin

$$(3) \qquad 2a^2\left[(\beta + \beta')^2 - 4\beta\beta'\right] - \left[\beta\beta' - a(\beta + \beta') + a^2\right]^2 = 0.$$

La polaire de l'origine par rapport au cercle (γ) est

$$(4) \qquad \beta^2(x - 2a) - 2a\beta(x - y) + a^2x = 0.$$

Pour tout point du lieu, β et β' sont racines de (4). Il suffit donc d'écrire que les racines de (4) vérifient la relation (3). On obtient ainsi l'équation du lieu

$$(y-a)(y-4x+3a)+2a^2=0,$$

qui représente une hyperbole ayant pour asymptotes les droites

$$y-a=0, \qquad y-4x+3a=0.\text{[1]}$$

241. *On donne un cercle et un point* O *de ce cercle; sur la tangente en ce point on prend deux points variables* A *et* B *tels que la distance* AB *soit constante. Trouver le lieu du point de rencontre des tangentes menées au cercle par les points* A *et* B.

On peut prendre comme axe des x la tangente au point O, et comme axe des y le diamètre perpendiculaire; l'équation du cercle est alors $x^2+y^2-2Ry=0$.

Soit (α, β) un point du lieu; formons l'équation de l'ensemble des tangentes issues de ce point au cercle :

$$[\alpha x+\beta(y-R)-Ry]^2-(x^2+y^2-2Ry)(\alpha^2+\beta^2-2R\beta)=0,$$

et écrivons que ces tangentes coupent Ox en deux points dont la différence des abscisses est constante et égale à $2a$.

On obtient ainsi

$$R^2(\alpha^2+\beta^2-2R\beta)-a^2(2R-\beta)^2=0,$$

et en y remplaçant α et β par x et y, on a l'équation du lieu.

242. *On donne trois points en ligne droite* O, A, B. *On*

---

(1) On sait en effet que l'équation générale des hyperboles ayant pour asymptotes deux droites données $P=0$, $Q=0$ est $PQ=\lambda$, λ étant une constante quelconque.

considère un cercle variable tangent à la droite OAB *au point* O *et on mène à ce cercle des tangentes par les points* A *et* B. *Trouver le lieu du point de rencontre.*

Si l'on prend comme axe des x la droite OAB, pour origine le point O, pour axe Oy une perpendiculaire à Ox, et si l'on désigne par a et b les abscisses des points A et B, l'équation du lieu est

$$4abx^2 + (a+b)^2y^2 - 4ab(a+b)x = 0.$$

Ce lieu est une conique; c'est une ellipse si les points A et B sont d'un même côté du point O, une hyperbole dans le cas contraire. En transportant l'origine des coordonnées au milieu de AB, on reconnaîtra aisément que les points A et B sont les foyers de cette conique.

243. *On donne un cercle de rayon* R, *rapporté à deux diamètres rectangulaires* Ox, Oy. *En un point* M *du cercle on mène la tangente, et on prend sur cette droite une longueur* MA *égale à une constante* a, *puis on projette le point* A *sur la parallèle à* Ox *menée par le point* M. *Trouver et construire le lieu de cette projection.*

Le lieu se compose des deux ellipses

$$R^2x^2 + (R^2 + a^2)y^2 \pm 2aRxy - R^4 = 0,$$

ayant toutes deux leur centre à l'origine, et symétriques l'une de l'autre par rapport aux deux axes.

244. *Étant donnés un cercle et deux diamètres rectangulaires* AA' *et* BB', *on prend un point variable* C *sur le cercle, et l'on mène la droite* BC *qui rencontre* AA' *au point* D. *Soit* M *le point de rencontre de* B'C *avec la parallèle à* BB' *menée par le point* D. *Trouver le lieu du point* M.

Le lieu est une parabole qui a pour axe BB', pour sommet le point B', et qui passe par les points A et A'.

245. *On donne un cercle et un diamètre* AB. *Par un point* C, *variable, situé sur la tangente au point* A *on mène la tangente* CD *au cercle. On joint* BC, AD *qui se coupent au point* M. *Trouver le lieu du point* M.

Ce lieu est une ellipse dont l'un des axes est AB.

246. *On donne deux axes rectangulaires* Ox, Oy *et deux points fixes* A *et* B *sur* Ox. *On joint un point variable* C *de* Oy *aux deux points* A *et* B, *et du point* O *on abaisse une perpendiculaire sur* BC. *Cette perpendiculaire rencontre* AC *en un point* M *dont on demande le lieu.*

Le lieu est une conique tangente à l'origine à Oy ; c'est une ellipse si les points A et B sont d'un même côté du point O, une hyperbole dans le cas contraire.

247. *On considère un cercle variable qui passe par deux points fixes* A, B *et une droite fixe* Δ *qui passe au point* A ; *cette droite rencontre le cercle en un point* M.

1° *Lieu du point de rencontre de la tangente en* A *avec la droite* BM.

2° *Lieu du milieu de* BM *et enveloppe du rayon perpendiculaire à cette corde.*

3° *Enveloppe de la tangente en* M.

On peut prendre comme origine le point B, pour axe des x BA, et pour axe des y une perpendiculaire. Soient a l'abscisse de A et $x - a + my = 0$ l'équation de Δ.

1° Le lieu demandé est l'hyperbole équilatère

$$x^2 - y^2 + 2mxy - a(x + my) = 0,$$

qu'il est aisé de construire.

2° Le lieu du milieu de BM est une droite, $x + my - \frac{a}{2} = 0$, parallèle à Δ, et l'enveloppe du rayon perpendiculaire à BM est la parabole

$$(y - mx)^2 + a(2x + 2my - a) = 0.$$

3° L'enveloppe de la tangente en M a pour équation

$$\left[2mx + (m^2 - 1)y\right]^2 - 4a\left[(m^2 - 1)x - 2my + a\right] = 0\,;$$

c'est encore une parabole. Son équation peut se mettre sous la forme

$$(m^2 + 1)^2(x^2 + y^2) - \left[(m^2 - 1)x - 2my + 2a\right]^2 = 0,$$

ce qui montre que l'origine est le foyer.

248. *On donne deux axes rectangulaires* Ox, Oy *et un point* P *fixe, de coordonnées* x_0, y_0. *Par ce point* P *on mène une droite quelconque rencontrant les axes aux points* A *et* B. *Appelant* φ *l'angle* OAP, *on demande de résoudre les questions suivantes :*

1° *Exprimer les longueurs des côtés du triangle* OAB *en fonction des paramètres* x_0, y_0, φ.

2° *Un point* M *étant déterminé par la rencontre des parallèles aux axes menées par* A *et* B, *trouver le lieu de ce point* M *quand* φ *varie.*

3° *On considère les cercles de centres* $O_1(x_1, y_1)$, $O_2(x_2, y_2)$, $O_3(x_3, y_3)$, $O_4(x_4, y_4)$ *inscrit et exinscrits au triangle* OAB *et un point* Q *dont les coordonnées* x, y *satisfont aux relations*

$$\frac{4}{x} = \frac{1}{x_1} + \frac{1}{x_2} + \frac{1}{x_3} + \frac{1}{x_4}, \qquad \frac{4}{y} = \frac{1}{y_1} + \frac{1}{y_2} + \frac{1}{y_3} + \frac{1}{y_4}.$$

Trouver le lieu du point Q *quand* φ *varie.*

On vérifiera que les deux points Q et M coïncident. Le lieu de ces points est l'hyperbole

$$(x - x_0)(y - y_0) = x_0 y_0,$$

qui a pour asymptotes les parallèles aux axes passant par le point P et qui passe par l'origine.

249. Ox, Oy *sont deux axes rectangulaires,* BB' *une droite parallèle à* Ox; $\overline{OB} = b$. *On joint un point* $M(x, y)$ *quelconque du plan à l'origine* O, *et l'on considère sur cette droite le point* $N(x', y')$ *tel qu'en abaissant sur* BB' *les perpendiculaires* MP, NQ *on ait la relation segmentaire*

$$\overline{MP} \cdot \overline{NQ} = \overline{OB}^2.$$

1° *Exprimer les coordonnées* (x', y') *du point* N *en fonction des coordonnées* (x, y) *du point* M.

2° *Lieu du point* N *lorsque le point* M *décrit une circonférence de rayon* a *tangente en* O *à* Oy. *Ce lieu est une conique. Discuter la nature de cette conique.*

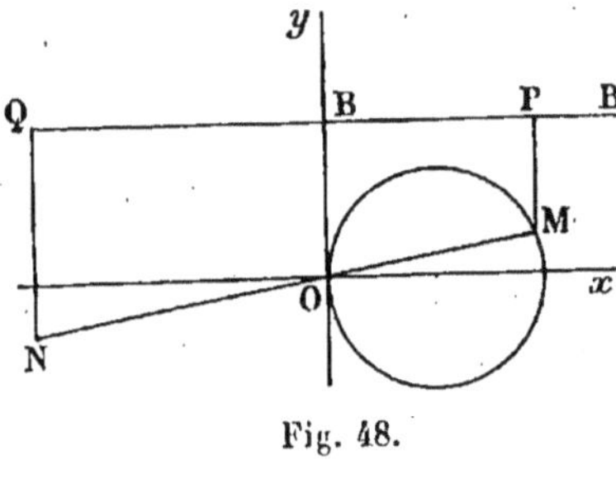

Fig. 48.

On trouve

$$x' = \frac{bx}{y - b}, \quad y' = \frac{by}{y - b},$$

et on a également

$$x = \frac{bx'}{y' - b}, \quad y = \frac{by'}{y' - b}.$$

Le lieu demandé est la conique

$$bx^2 - 2axy + by^2 + 2abx = 0.$$

C'est une ellipse si $b^2 - a^2 > 0$, une hyperbole si $b^2 - a^2 < 0$, une parabole si $b^2 - a^2 = 0$.

250. *On donne deux axes rectangulaires* Ox, Oy, *deux points* A *et* A', *situés sur l'axe des* x *et symétriques par rapport au point* O, *puis une droite* D *perpendiculaire à* Ox. *Par le point* A' *on mène une sécante variable rencontrant la droite* D *au point* N, *puis par le point* A *on mène une droite* Δ *perpendiculaire à* AN. *Trouver le lieu du point de rencontre de* $A'N$ *et* Δ.

Le lieu est une conique ayant pour sommets A et A′, et dont la nature dépend de la position de la droite D par rapport à A et A′.

251. *Soient un point fixe O et une droite D, on prend sur D deux points variables* M_1 *et* M_2 *tels que l'angle* M_1OM_2 *soit constant et égal à* α.

1° *Trouver le lieu du centre* ω *du cercle* (C) *circonscrit au triangle* OM_1M_2.

2° *On considère le cercle* (C_1) *passant par les points* O, M_2 *et ayant son centre* ω_1 *sur* OM_1, *et le cercle* (C_2) *passant par les points* O, M_1 *et ayant son centre* ω_2 *sur* OM_2 ; *montrer que les cercles* (C_1) *et* (C_2) *passent chacun par un point fixe autre que le point* O.

3° *Lieu du point de rencontre de* (C_1) *et* (C_2).

4° *Lieu des centres des cercles circonscrits aux triangles* $O\omega\omega_1$ *et* $O\omega\omega_2$.

1° Le lieu est une hyperbole ayant pour foyer le point O, pour directrice la droite D, pour excentricité $\frac{1}{\cos\alpha}$.

3° Le lieu est un cercle ayant pour centre le point O.

4° Le lieu se compose de deux hyperboles ayant pour foyer commun le point O et pour excentricité $\frac{1}{\cos\alpha}$.

252. *On considère les droites dont l'équation générale est, en coordonnées rectangulaires,*

$$(1-\lambda^2)x+2\lambda y+(\lambda^2-2\lambda-3)a=0,$$

λ *désignant un paramètre variable.*

Par un point quelconque P *du plan passent deux de ces droites,* D *et* D′.

1° *Quel lieu doit décrire le point* P *pour que ces droites soient rectangulaires?*

2° *Quel lieu doit décrire le point* P *pour que les droites* D *et* D' *interceptent sur* Ox *une longueur constante* $2b$?

Ce lieu est une conique, dont on discutera la nature suivant les valeurs de b.

1° Le lieu est un cercle $(x-2a)^2+(y-a)^2=2a^2$.

2° Le lieu a pour équation

$$(x-2a)^2+y(y-2a)-\frac{b^2}{a^2}(y-2a)^2=0.$$

253. *On considère les cercles variables* Σ *tangents à un cercle fixe* C *et à une droite fixe* D. *Montrer que le lieu des centres de similitude (autres que le point de contact) des cercles* C *et* Σ *se compose de deux coniques.*

En désignant par

$$x^2+y^2-\mathrm{R}^2=0, \qquad x-a=0$$

les équations de C et D, on trouvera que les coniques lieux ont pour équations

$$(\gamma) \qquad x^2+y^2=\frac{4\mathrm{R}^2}{(a-\mathrm{R})^2}\left[x-\frac{a+\mathrm{R}}{2}\right]^2,$$

$$(\gamma') \qquad x^2+y^2=\frac{4\mathrm{R}^2}{(a+\mathrm{R})^2}\left[x-\frac{a-\mathrm{R}}{2}\right]^2.$$

La première (γ) correspond au cas où les cercles C et Σ sont tangents extérieurement, le centre ω du cercle Σ étant situé par rapport à D du même côté que le point O, ou encore au cas où les cercles C et Σ sont tangents intérieurement, le point ω étant de l'autre côté de la droite D.

La conique (γ') correspond aux autres cas.

Dans les équations de ces coniques sont mis en évidence un foyer, la directrice correspondante et l'excentricité.

254. *On donne deux axes quelconques* Ox, Oy *faisant un* *angle* 0 *et un point* A *dans leur plan. Par ce point on mène une sécante variable rencontrant* Ox *en* B, Oy *en* C, *et on considère les cercles passant par le point* O *et qui sont tangents à la sécante l'un en* B, *l'autre en* C.

1° *Le lieu des centres de ces cercles se compose de deux paraboles ;*

2° *Le lieu de leur point de rencontre est un cercle ;*

3° *La ligne des centres passe par un point fixe.*

255. *On donne par rapport à un système de deux axes rectangulaires* Ox, Oy *une droite* D *dont l'équation est* $y - mx = 0$, *et une circonférence* C *dont l'équation a la forme*

$$(x-a)^2 + y^2 - R^2 = 0.$$

D'un point M *quelconque on mène une tangente* MT *à la circonférence* C *et une perpendiculaire* MQ *à la droite* D.

On demande :

1° *De montrer que le lieu des points* M *pour lesquels* MT *et* MQ *sont égales est une parabole tangente à la circonférence* C *aux points où celle-ci est rencontrée par la droite* D ;

2° *De démontrer que toutes les paraboles obtenues en faisant varier* m *jouissent des propriétés suivantes : a) elles sont tangentes à la droite*

$$2ax - a^2 + R^2 = 0\,;$$

b) leurs axes passent par le point fixe $(x = a,\ y = 0)$.

256. *Le lieu des pôles d'une droite fixe par rapport aux cercles tangents à deux droites fixes se compose de deux hyperboles. Construire ces coniques.*

On prendra comme axes de coordonnées les bissectrices des deux tangentes fixes.

257. *Le sommet* A *d'un triangle* ABC *et le pied* H *de la* *hauteur issue de* A *sont fixes; les sommets* B *et* C *sont tels que* $\overline{BH}^2 + \overline{CH}^2 = 2k^2$.

1° *Le centre du cercle circonscrit et le centre du cercle des neuf points du triangle* ABC *décrivent chacun une parabole;*

2° *L'axe radical de ces deux cercles enveloppe une conique.*

258. *Le lieu des centres des cercles qui passent par un point* A *et qui détachent sur une droite donnée* (Δ) *un segment de longueur constante est une parabole qui a pour axe la perpendiculaire abaissée du point* A *sur* (Δ).

259. *On donne deux axes quelconques* Ox, Oy, *un point* A *sur* Ox, *un point* B *sur* Oy. *Une droite* Δ, *qui se déplace en restant parallèle à une direction fixe, rencontre* Ox *en* P *et* Oy *en* Q. *Trouver le lieu du point de rencontre des droites* AQ *et* BP. *Ce lieu est une conique passant par les points* O, A *et* B. *Discuter la nature de cette conique. Le lieu peut-il être un cercle?*

260. *On donne deux points fixes* O, A *et une droite* (D). *Soit* m *un point variable sur* (D); *on joint* mO *et on mène par le point* O *une perpendiculaire à cette droite; lieu du point* M *où cette perpendiculaire rencontre* Am.

Ce lieu est une conique passant par les points O *et* A *et normale en* O *à la droite* OA.

Réciproquement, si on prend une conique et une corde OA *normale en* O *et qu'on joigne un point* M *de cette conique aux deux points* O *et* A, *le lieu du point de rencontre de* AM *avec la perpendiculaire menée par le point* O *à la droite* OM *est une droite* (D).

Pour établir la première partie, on prendra pour axe des x OA et pour axe des y la perpendiculaire à OA menée par le point O.

Pour traiter la réciproque, on prendra pour axes la normale et la tangente en O à la conique donnée.

261. *On donne deux axes rectangulaires* Ox, Oy, *deux points* A *et* A′ *situés sur* Ox, *symétriques par rapport au point* O *et une droite* (D) *rencontrant* Ox *au point* B *et* Oy *au point* C.

1° *Lieu des pôles de la droite* (D) *par rapport aux cercles passant par les points* A *et* A′.

2° *Démontrer que ce lieu est une hyperbole dont l'une des asymptotes est perpendiculaire à la droite* (D) *et la rencontre au point* C. *Déterminer la seconde asymptote et construire la courbe.*

3° *Démontrer que l'hyperbole coupe* Ox *au point conjugué harmonique de* B *par rapport à* A *et* A′.

262. *L'enveloppe des polaires d'un point fixe* P *par rapport aux cercles passant par un point donné* A *et tangents à une droite fixe* Δ *est une conique. Discuter la nature de cette conique.*

La nature de cette conique dépend de la position du point P par rapport à la parabole Π qui a pour foyer le point A et pour directrice la droite Δ ; cette parabole est d'ailleurs le lieu des centres des cercles considérés.

L'enveloppe demandée est une hyperbole ou une ellipse suivant que P est extérieur ou intérieur à la parabole Π, et une parabole si P est situé sur la parabole Π.

263. *Les points* A, B, C *étant fixes, par les points* B *et* C *on fait passer un cercle variable qui rencontre* AB *et* AC *en* B′ *et* C′. *Démontrer que le lieu du pôle de* B′C′ *par rapport au cercle est une hyperbole dont les directions asymptotiques sont la droite joignant* A *au milieu de* BC, *et la perpendiculaire à la direction constante de* B′C′.

CHAPITRE V

ÉQUATIONS GÉNÉRALES DE CONIQUES.

264. *Équation générale des coniques passant par quatre points.*

On peut toujours trouver deux droites non parallèles contenant chacune deux des points donnés ; nous prendrons ces droites pour axes de coordonnées. Nous désignerons par A, A′ les points situés sur Ox et par a, a' leurs abscisses, puis par B, B′ les points situés sur Oy et par b, b' leurs ordonnées.

Soit

$$Ax^2 + 2Bxy + Cy^2 + 2Dx + 2Ey + F = 0$$

l'équation d'une conique.

Pour que cette courbe passe aux points A, A′, il faut que l'équation $Ax^2 + 2Dx + F = 0$, obtenue en faisant $y = 0$ dans l'équation de la conique, ait pour racines a, a'. On doit donc avoir

$$a + a' = -\frac{2D}{A}, \qquad aa' = \frac{F}{A}.$$

De même, pour que la conique passe aux points B, B′, il faut que l'équation $Cy^2 + 2Ey + F = 0$ ait pour racines b, b', ce qui donne

$$b + b' = -\frac{2E}{C}, \qquad bb' = \frac{F}{C}.$$

On en déduit

$$A = \frac{F}{aa'}, \qquad 2D = -F\frac{a+a'}{aa'},$$

$$C = \frac{F}{bb'}, \qquad 2E = -F\frac{b+b'}{bb'}.$$

Remplaçons A, C, 2D, 2E par ces valeurs dans l'équation de la conique, nous obtenons

$$F\left[\frac{x^2}{aa'} + \frac{y^2}{bb'} - \frac{a+a'}{aa'}x - \frac{b+b'}{bb'}y + 1\right] + 2Bxy = 0.$$

C'est l'équation générale des coniques passant par les quatre points donnés.

Pour $F = 0$, l'équation se réduit à $2Bxy = 0$, elle représente les deux axes.

Supposons $F \neq 0$, divisons le premier membre par F, puis posons $\frac{2B}{F} = \lambda$, l'équation devient

$$(1) \qquad \frac{x^2}{aa'} + \lambda xy + \frac{y^2}{bb'} - \frac{a+a'}{aa'}x - \frac{b+b'}{bb'}y + 1 = 0,$$

elle représente toutes les coniques passant par les quatre points A, A', B, B', excepté la conique impropre formée par les droites AA' et BB'.

Étudions maintenant le genre de ces coniques.

Nous avons

$$AC - B^2 = \frac{1}{aa'bb'} - \frac{\lambda^2}{4}.$$

Si $aa'bb' < 0$, c'est-à-dire si le quadrilatère AA'BB' est concave, toutes les coniques sont du genre hyperbole.

Si $aa'bb' > 0$, c'est-à-dire si le quadrilatère est convexe, les coniques sont du genre ellipse, hyperbole ou parabole suivant que λ est en valeur absolue inférieur, supérieur ou égal à

$$\frac{2}{\sqrt{aa'bb'}}.$$

En égalant Δ à zéro, on obtient une équation du second degré en λ, qui admet les deux racines $\frac{1}{ab}+\frac{1}{a'b'}$ et $\frac{1}{a'b}+\frac{1}{ab'}$. A la première correspond le couple de droites AB', BA' et à la seconde le couple AB, A'B'.

Paraboles du faisceau. — Si le quadrilatère est convexe, il existe en général deux paraboles passant par les quatre points donnés; elles correspondent aux valeurs de λ, $\lambda=\pm\frac{2}{\sqrt{aa'bb'}}$.

Chacune de ces courbes peut se réduire à l'un des couples de droites (AB, A'B') et (AB', BA'), si ce couple se compose de deux droites parallèles.

Hyperboles équilatères du faisceau. — Pour que l'équation (1) représente une hyperbole équilatère, il faut qu'on ait

$$(\alpha) \qquad \frac{1}{aa'}+\frac{1}{bb'}-\lambda\cos\theta=0,$$

θ désignant l'angle des axes Ox, Oy.

1° Si $\theta\neq\frac{\pi}{2}$, on tire de là une valeur de λ; il existe donc une hyperbole équilatère passant par les quatre points donnés (elle peut d'ailleurs se réduire au couple (AB, A'B') ou (AB', BA')).

2° Si $\theta=\frac{\pi}{2}$, $aa'+bb'\neq 0$, la relation (α) ne donne pas de valeur pour λ. Il n'y a pas d'hyperbole équilatère passant par les quatre points. On peut dire, cependant, que l'ensemble des axes Ox, Oy constitue une hyperbole équilatère impropre passant par les quatre points.

3° Supposons $\theta=\frac{\pi}{2}$, $aa'+bb'=0$. Ces conditions expriment que l'un quelconque des quatre points est le point de concours des hauteurs du triangle formé par les trois autres. Dans ce cas, la relation (α) est vérifiée quel que soit λ: toutes les coniques du faisceau sont des hyperboles équilatères.

Cercle du faisceau. — Pour que l'équation (1) représente

un cercle, il faut qu'on ait

$$\frac{1}{aa'} = \frac{1}{bb'} = \frac{\lambda}{2\cos\theta}.$$

Pour qu'il existe une valeur de λ vérifiant ces équations, il faut qu'on ait $aa' = bb'$, ou $\overline{OA}\,.\,\overline{OA'} = \overline{OB}\,.\,\overline{OB'}$, ce qui était à prévoir ; si cette condition est remplie, il existe un cercle passant par les quatre points.

265. *Équation générale des coniques passant par deux points et tangentes à une droite donnée en un point donné.*

Si dans l'équation (1) du n° précédent on fait $b = b'$, on obtient l'équation

$$\frac{x^2}{aa'} + \lambda xy + \frac{y^2}{b^2} - \frac{a + a'}{aa'}x - \frac{2y}{b} + 1 = 0,$$

qui est l'équation générale des coniques tangentes en B à Oy et passant par les points A, A'.

266. *Équation générale des coniques tangentes en deux points donnés à deux droites données.*

Remplaçons dans l'équation (1) du n° 264 a' par a et b' par b ; nous obtenons l'équation générale des coniques tangentes en A à Ox et en B à Oy,

$$\frac{x^2}{a^2} + \lambda xy + \frac{y^2}{b^2} - \frac{2x}{a} - \frac{2y}{b} + 1 = 0.$$

Cette équation peut encore s'écrire

$$\left(\frac{x}{a} + \frac{y}{b} - 1\right)^2 + hxy = 0,$$

en posant $h = \lambda - \frac{2}{ab}$.

267. 1° *Former l'équation générale des hyperboles asymptotes à l'axe des y et tangentes à l'axe des x au point A qui a pour abscisse a.*

2° *Montrer que la deuxième asymptote passe par un point fixe.*

1° Pour que la conique

$$Ax^2 + 2Bxy + Cy^2 + 2Dx + 2Ey + F = 0$$

soit asymptote à Oy, il faut que pour $x = 0$ l'équation admette deux racines infinies en y; on doit donc avoir $C = 0$, $E = 0$, et l'équation devient

$$Ax^2 + 2Bxy + 2Dx + F = 0.$$

Écrivons maintenant que cette conique est tangente à Ox au point A, et pour cela que si dans l'équation on fait $y = 0$, l'équation obtenue

$$Ax^2 + 2Dx + F = 0$$

admet la racine double a.

Pour qu'il en soit ainsi, il faut qu'on ait

$$Ax^2 + 2Dx + F \equiv A(x - a)^2.$$

Par suite, l'équation générale demandée s'écrit

$$A(x - a)^2 + 2Bxy = 0,$$

ou, en divisant par A et en posant $\frac{2B}{A} = \lambda$,

$$(x - a)^2 + \lambda xy = 0.$$

Telle est l'équation générale demandée.

2° On peut l'écrire

$$x(x + \lambda y - 2a) + a^2 = 0,$$

ce qui montre que la deuxième asymptote a pour équation

$$x + \lambda y - 2a = 0,$$

car on sait que l'équation générale des hyperboles ayant pour asymptotes deux droites données, $P=0$, $Q=0$, est

$$PQ+k=0,$$

k désignant un nombre quelconque.

On voit alors que cette asymptote passe par le point fixe $x=2a$, $y=0$, ce qui était d'ailleurs à prévoir, puisque toute tangente à une hyperbole rencontre les asymptotes en deux points symétriques par rapport au point de contact.

268. *Étant donnés deux axes rectangulaires* Ox, Oy, *on demande de :*

1° *Former l'équation générale des hyperboles équilatères asymptotes à* Ox *et tangentes à la droite* $y=mx$.

2° *Trouver le lieu des points de contact des tangentes menées à ces courbes par le point* $A(a, 0)$ *de l'axe des* x.

1° L'une des asymptotes étant Ox, l'autre est parallèle à Oy, et par suite l'équation de la courbe est de la forme

$$y(x+\lambda)+k=0.$$

En écrivant que la droite $y=mx$ rencontre cette hyperbole en deux points confondus, nous obtenons $k=\frac{\lambda^2 m}{4}$, et par suite l'équation générale demandée est

$$(1) \qquad y(x+\lambda)+\frac{\lambda^2 m}{4}=0.$$

2° Les points de contact des tangentes menées par le point A sont les points de rencontre de la courbe et de la polaire du point A ; cette droite a pour équation $af'_x+f'_z=0$, ou

$$(2) \qquad ay+\lambda y+\frac{\lambda^2 m}{2}=0.$$

On aura le lieu demandé en éliminant λ entre les équations (1) et (2).

Si nous multiplions la première par 2, la seconde par -1 et si nous les ajoutons membre à membre, nous obtenons

$$\lambda = a - 2x,$$

puis, en portant cette valeur dans l'équation (1) nous avons l'équation du lieu

$$4y(x-a) - m(2x-a)^2 = 0,$$

ou

$$4(x-a)(y-mx) - ma^2 = 0.$$

Le lieu est une hyperbole qui a pour asymptotes les droites $x = a$, $y = mx$, et qui est tangente à Ox au milieu de OA.

269. *On donne deux axes rectangulaires* Ox, Oy, *un point* A *sur* Ox, *un point* B *sur* Oy.

1° *Former l'équation générale des hyperboles équilatères passant par le point* A *et tangentes en* B *à* Oy.

2° *Trouver le lieu du point de rencontre de la tangente en* A *avec les parallèles aux asymptotes menées par le point* O. *Montrer que ce lieu est une parabole tangente à l'origine à* Oy *et dont l'axe est parallèle à* AB.

En posant $\overline{OA} = a$, $\overline{OB} = b$, l'équation générale des hyperboles équilatères est

$$x^2 + 2\lambda xy - y^2 - \frac{a^2 - b^2}{a}x + 2by - b^2 = 0.$$

Le lieu demandé a pour équation

$$(bx + ay)^2 - a(a^2 + b^2)x = 0.$$

270. *On donne deux axes rectangulaires* Ox, Oy, *deux points* A, B *sur* Ox, *symétriques par rapport au point* O, $\overline{OA} = a$, $\overline{OB} = -a$, a *étant positif; puis, on considère la droite* Δ *qui a pour équation* $y - a = 0$.

1° *On demande l'équation générale des coniques passant par les points* A, B, *tangentes à la droite* Δ *et rencontrant* Oy *en deux points variables* P *et* Q *tels que* $\overline{OP}\cdot\overline{OQ} = -a^2$.

2° *Par tout point* M *du plan passent deux de ces coniques. Où doit se trouver le point* M *pour que ces coniques soient réelles?*

3° *Discuter le genre de ces deux coniques quand le point* M *se déplace dans le plan.*

1° Si dans l'équation d'une conique passant aux points A et B on fait $y = 0$, on doit obtenir une équation en x qui admet pour racines $+a$ et $-a$, soit $x^2 - a^2 = 0$. Donc l'équation de toute conique passant par les points A et B est de la forme $x^2 - a^2 + f(x, y) = 0$, $f(x, y)$ étant un polynome du deuxième degré qui s'annule pour $y = 0$; par suite, ce polynome ne peut renfermer que des termes en xy, en y^2 et en y.

L'équation générale des coniques passant par les points A et B est donc

$$x^2 - a^2 + 2Bxy + Cy^2 + 2Ey = 0.$$

L'une de ces coniques rencontre Oy en deux points P et Q dont les ordonnées sont racines de l'équation

$$Cy^2 + 2Ey - a^2 = 0.$$

Pour qu'on ait $\overline{OP}\cdot\overline{OQ} = -a^2$, il faut que le produit des racines de cette équation soit égal à $-a^2$; on doit donc avoir $C = 1$, et l'équation de la conique s'écrit

$$x^2 + 2Bxy + y^2 + 2Ey - a^2 = 0.$$

Reste à exprimer que cette conique est tangente à la droite Δ, ou que cette droite rencontre la conique en deux points confondus. Nous remplaçons dans l'équation de la conique y par a; nous avons l'équation $x^2 + 2Bax + 2Ea = 0$, qui a pour racines les abscisses des points de rencontre de Δ et de la conique, et nous écrivons que cette équation a une racine double. Ceci nous donne $B^2a^2 - 2Ea = 0$, ou $2E = aB^2$.

L'équation générale des coniques considérées est donc

$$x^2 + 2Bxy + y^2 + aB^2y - a^2 = 0,$$

ou, en remplaçant B par λ,

(1) $$x^2 + 2\lambda xy + y^2 + a\lambda^2 y - a^2 = 0.$$

2° Écrivons que cette conique passe par le point $M(x_0, y_0)$, nous avons $x_0^2 + 2\lambda x_0 y_0 + y_0^2 + a\lambda^2 y_0 - a^2 = 0$, ou, en ordonnant par rapport à λ,

(2) $$F(\lambda) \equiv a\lambda^2 y_0 + 2\lambda x_0 y_0 + x_0^2 + y_0^2 - a^2 = 0.$$

Cette équation, du deuxième degré en λ, admet deux racines λ' et λ''. En remplaçant dans l'équation (1) λ successivement par ces deux valeurs, nous obtenons les équations des deux coniques qui passent par le point M.

Pour que ces deux coniques soient réelles, il faut que λ' et λ'' soient réels; et cette condition est suffisante, car si elle est remplie, les coefficients de l'équation de chaque conique sont réels, et comme chaque conique passe par le point réel (x_0, y_0), ces deux coniques sont réelles.

Il suffit donc d'exprimer que les racines de l'équation (2) sont réelles. On obtient ainsi la condition

$$x_0^2 y_0^2 - a y_0 (x_0^2 + y_0^2 - a^2) > 0,$$

ou

$$y_0 \left[x_0^2 y_0 - a (x_0^2 + y_0^2 - a^2) \right] > 0,$$

ou encore

$$y_0 \left[x_0^2 (y_0 - a) - a (y_0^2 - a^2) \right] > 0,$$

ou enfin

$$y_0 (y_0 - a)(x_0^2 - a y_0 - a^2) > 0.$$

Cette condition exprime que le point M est situé dans la région positive de la courbe qui a pour équation

$$y(y-a)(x^2-ay-a^2)=0.$$

Cette courbe se compose de l'axe des x, $y=0$, de la droite Δ, $y-a=0$, et de la parabole P qui a pour équation

$$x^2-ay-a^2=0;$$

nous traçons ces trois lignes en trait plein sur la figure 49.

On voit aisément que la parabole P a pour axe Oy, pour sommet le point C$(0, -a)$, pour paramètre $\frac{a}{2}$; enfin elle passe aux points A et B (1).

Pour reconnaître la région positive de l'ensemble de ces lignes, substituons dans le premier membre de leur équation les coordonnées $x=0$, $y=2a$ du point E. Nous obtenons un résultat négatif. Donc le point E est dans la région négative. Si on traverse l'une des lignes on pénètre dans la région positive, ... etc. Nous avons recouvert de hachures la région négative.

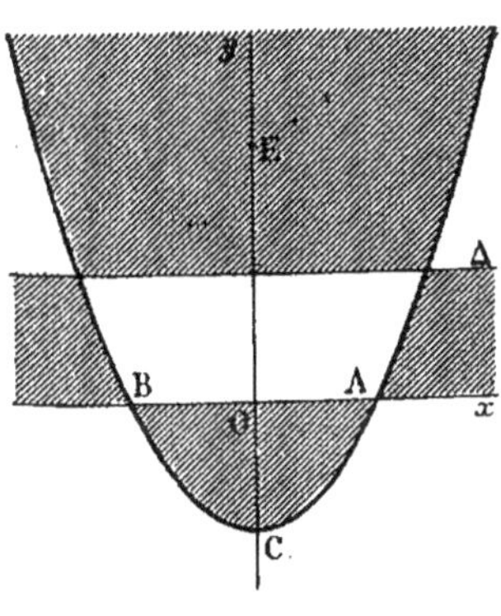

Fig. 49.

On en conclut que pour que les coniques passant au point M soient réelles, il faut que le point M soit dans la région du plan qui n'est pas recouverte de hachures.

3° Supposons le point M dans cette région, et cherchons le genre des coniques qui passent par ce point.

---

(1) On en conclut que son foyer a pour ordonnée $-\frac{3a}{4}$, et que sa directrice a pour équation $y+\frac{5a}{4}=0$; par suite, son équation peut être mise sous la forme $x^2+\left(y+\frac{3a}{4}\right)^2=\left(y+\frac{5a}{4}\right)^2$.

Le genre de la conique représentée par l'équation (1) est donné par le signe de la quantité

$$AC - B^2 = 1 - \lambda^2.$$

Donc, si λ est compris entre -1 et $+1$, $1-\lambda^2$ est positif, la conique est du genre ellipse ; si λ est extérieur à l'intervalle $(-1, +1)$, la conique est du genre hyperbole ; enfin, si λ est égal à -1 ou à $+1$, la conique est du genre parabole.

Tout revient donc à comparer -1 et $+1$ aux racines λ' et λ'' de l'équation (2). Pour cela, nous remplaçons λ successivement par -1 et $+1$ dans le premier membre de cette équation ; nous obtenons

$$F(-1) = (x_0 - y_0)^2 + ay_0 - a^2,$$

$$F(+1) = (x_0 + y_0)^2 + ay_0 - a^2.$$

Les signes de ces quantités dépendent de la position du point M par rapport aux deux courbes

$$\text{(H)} \qquad (x-y)^2 + ay - a^2 = 0,$$

$$\text{(H')} \qquad (x+y)^2 + ay - a^2 = 0$$

qui sont visiblement des paraboles.

D'ailleurs les équations de ces courbes se déduisent de l'équation générale (1) en remplaçant λ par -1 et $+1$; ces équations représentent donc les paraboles de l'ensemble des coniques considérées. Par suite, ces paraboles passent par les points A et B, et sont tangentes à Δ.

La parabole (H) touche Δ au point A' qui a pour abscisse a ; la direction asymptotique de cette parabole est parallèle à la première bissectrice de l'angle xOy. On vérifiera aisément que la parabole (H) est tangente à la parabole (P) au point A ; de plus ces deux courbes ont trois points confondus au point A. Car, si l'on forme l'équation aux abscisses de leurs points de rencontre, en éliminant y entre leurs équations, on obtient l'équation $(x-a)^3(x+a) = 0$ qui admet trois fois la racine a et une fois la racine $-a$. Les deux courbes se traversent au point A.

D'autre part, la parabole (Π′) est symétrique de la parabole (Π) par rapport à Oy, puisque l'équation de l'une de ces paraboles se déduit de l'autre en changeant x en $-x$.

Il nous est alors facile de figurer l'ensemble formé par les trois paraboles P, Π et Π′ (fig. 50).

Cela posé, remarquons que l'origine O est dans la région négative de chacune des paraboles Π et Π′; donc la région positive de chaque courbe est sa région extérieure.

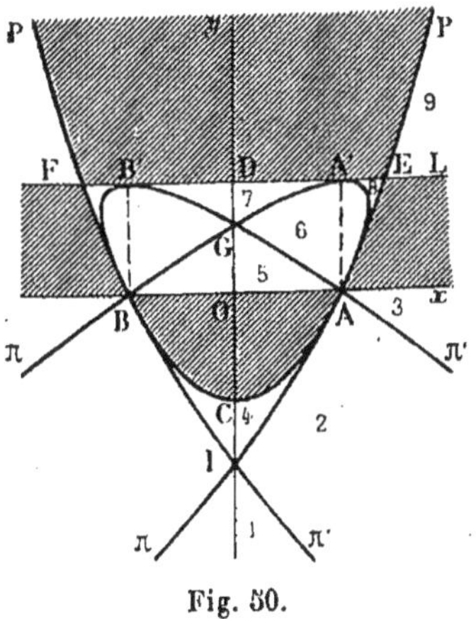

Fig. 50.

D'autre part, il est aisé de voir qu'étant donnés deux points M et M′, symétriques par rapport à Oy, les deux coniques qui passent par le point M sont du même genre que celles qui passent par M′. En effet, si dans l'équation (2) on change x_0 en $-x_0$, les racines de cette équation changent de signe, en conservant les mêmes valeurs absolues; et, si dans l'équation (1) on donne à λ des valeurs égales et de signes contraires, les équations obtenues représentent des coniques symétriques par rapport à Oy qui sont par suite du même genre.

Nous pouvons donc supposer que le point M se déplace d'un côté de l'axe des y, par exemple du côté des x positifs. Les paraboles P, Π et Π′, les droites Ox et Δ divisent cette partie du plan en régions que nous numérotons sur la figure 50.

Revenons maintenant à l'équation (2)

$$(2) \qquad F(\lambda) \equiv a\lambda^2 y_0 + 2\lambda x_0 y_0 + x_0^2 + y_0^2 - a^2 = 0.$$

$F(\lambda)$ a le signe de y_0 pour $x = \pm\infty$, $F(-1)$ est positif ou négatif suivant que le point M est extérieur ou intérieur à la parabole Π, $F(+1)$ est positif ou négatif suivant que le point M est extérieur ou intérieur à la parabole Π'.

Région 1. Si le point M est dans la région 1, les signes des résultats de substitution de $-\infty$, -1, $+1$, $+\infty$ sont respectivement

$$- \quad + \quad + \quad -;$$

l'équation a une racine λ' comprise entre $-\infty$ et -1, et une racine λ'' comprise entre $+1$ et $+\infty$. A ces deux racines correspondent des hyperboles.

Donc par tout point M de la région 1 passent deux hyperboles.

Région 2. On a les signes

$$- \quad + \quad - \quad -;$$

une racine λ' comprise entre $-\infty$ et -1, à laquelle correspond une hyperbole, et une racine λ'' comprise entre -1 et $+1$, à laquelle correspond une ellipse.

Région 3. $\qquad - \quad + \quad + \quad -;$

deux hyperboles.

Région 4. $\qquad - \quad - \quad - \quad -.$

Il y a doute ; -1 et $+1$ sont extérieurs aux racines, nous allons comparer ces nombres à la demi-somme $\frac{s}{2} = -\frac{x_0}{a}$.

Nous avons

$$-1 - \frac{s}{2} = \frac{x_0 - a}{a}, \qquad 1 - \frac{s}{2} = \frac{x_0 + a}{a}.$$

Pour tout point de la région 4, x_0 est compris entre 0 et a, donc $-1 < \frac{s}{2} < +1$, et par suite,

$$-1 < \lambda' < \lambda'' < +1;$$

les deux coniques sont deux ellipses.

Région 5. $+ \quad - \quad - \quad +$;

deux hyperboles.

Région 6. $+ \quad - \quad + \quad +$;

une ellipse et une hyperbole.

Région 7. $+ \quad + \quad + \quad +$;

-1 et $+1$ sont extérieurs aux racines. Nous avons

$$-1 < \frac{s}{2} < +1,$$

et $-1 < \lambda' < \lambda'' < +1$: deux ellipses.

Régions 8 *et* 9. $+ \quad + \quad + \quad +$;

$$\frac{s}{2} < -1 < +1, \qquad \lambda' < \lambda'' < -1 < +1,$$

deux hyperboles.

Cas particuliers. — Nous allons maintenant supposer que le point M est situé sur l'une des courbes qui séparent les régions envisagées.

Il n'y a pas lieu de supposer le point M sur Ox, car, dans ce cas, l'équation (2) n'a pas de racine finie.

Si le point M est sur Δ, l'équation (2) a une racine double égale à $-\frac{x_0}{a}$; donc par le point M passe une seule conique qui est une ellipse si le point M est sur DA′, une parabole au point A′ (c'est la parabole Π), une hyperbole si le point M est sur la portion de droite A′EL.

De même, si M est sur P, l'équation (2) admet la racine double $-\frac{x_0}{a}$. Donc par le point M passe une seule conique qui est une ellipse pour l'arc CA, et une hyperbole pour l'arc AEP.

Supposons maintenant le point M sur la parabole Π. L'équation (2) admet d'abord la racine -1, à laquelle correspond la parabole H, puis une autre racine λ_0, définie par

$$\lambda_0 - 1 = s = -\frac{2x_0}{a}, \qquad \text{ou} \qquad \lambda_0 = -\frac{2x_0}{a} + 1.$$

Nous comparons cette racine à -1 et à $+1$; nous avons

$$\lambda_0 + 1 = -\frac{2(x_0 - a)}{a}, \qquad \lambda_0 - 1 = -\frac{2x_0}{a}.$$

Donc, cette conique est une ellipse si le point M est sur l'un des arcs GA' et IA, une hyperbole si le point M est sur l'arc AA'.

Enfin, on verra aisément et d'une manière analogue, que si le point M est sur les arcs $A\pi'$ et $I\pi'$ de la parabole H', les deux coniques passant par le point M sont d'abord la parabole H', puis une hyperbole.

Remarque. — La conique (1) se réduit à deux droites si le discriminant Δ est nul. Or, on a

$$\Delta = -\frac{a^2}{4}(\lambda^2 - 2)^2,$$

par suite, Δ s'annule pour $\lambda = \pm\sqrt{2}$.

Si $\lambda = -\sqrt{2}$, l'équation de la conique s'écrit

$$(x - y\sqrt{2})^2 - (y - a)^2 = 0 ;$$

elle représente les deux droites EA et EB.

Pour $\lambda = +\sqrt{2}$, elle représente les deux droites FA et FB. En conséquence, si le point M est sur l'une des droites EA, EB, l'une des coniques passant par le point M se réduira à l'ensemble de ces deux droites : et il en sera de même si le point M est sur l'une des deux droites FA, FB.

271. *On donne deux axes rectangulaires Ox, Oy et deux points A(0, a) et B(2a, a), a étant positif.*

1° *Former l'équation de la conique qui a pour centre le point O, qui rencontre AB en deux points conjugués harmoniques par rapport aux deux points* A *et* B *et qui est tangente à la droite* $x = a$ *au point qui a pour ordonnée* $a\lambda$.

2° *On fait varier* λ, *on obtient alors une famille de coniques. Montrer que par un point* P *du plan passent deux de ces coniques. Discuter leur réalité et leur genre suivant la position du point* P *dans le plan.*

On trouve pour équation générale des coniques

$$x^2(\lambda - 1)^2 - 2\lambda xy + y^2 + a^2(2\lambda - 1) = 0.$$

Les régions du plan où doit se trouver le point P pour que les deux coniques qui y passent soient réelles sont séparées par les deux droites $x^2 - a^2 = 0$ et l'hyperbole $2xy - a^2 = 0$; ce sont les régions non couvertes de hachures.

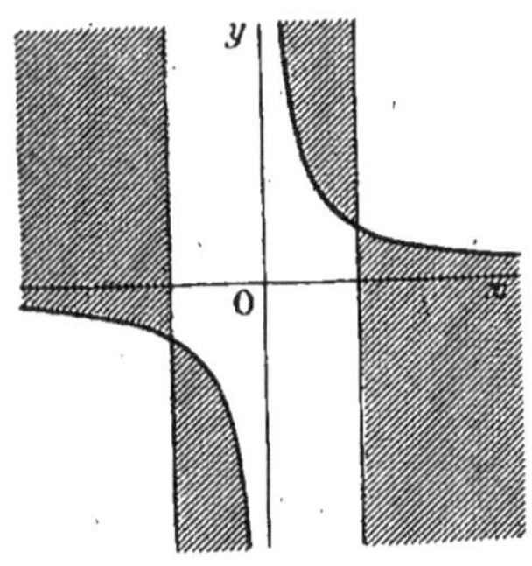

Fig. 51.

Si le point P est entre les deux droites $x^2 - a^2 = 0$, les deux coniques sont deux ellipses; si le point P est en dehors, les coniques sont deux hyperboles.

272. *On considère l'ensemble des coniques définies par l'équation*

$$a^2x^2 + (a^2 - \lambda^2)y^2 + 6a^2\lambda y - 12a^4 = 0,$$

où λ *désigne un paramètre variable et* a *une constante.*

Par un point du plan passent deux de ces coniques. Discuter leur réalité et leur nature suivant la position du point dans le plan.

Le cercle $x^2 + y^2 - 3a^2 = 0$ et les deux paraboles

$$x^2 \pm 6ay - 12a^2 = 0$$

divisent le plan en six régions numérotées sur la figure.

Si le point P est dans les régions 1 et 3, les deux coniques passant par le point sont une ellipse réelle et une hyperbole. Si le point P est dans les régions 2, 4, 5, les deux coniques sont deux hyperboles. Si le point P est dans la région 6, c'est-à-dire à l'intérieur du cercle, les deux coniques sont imaginaires.

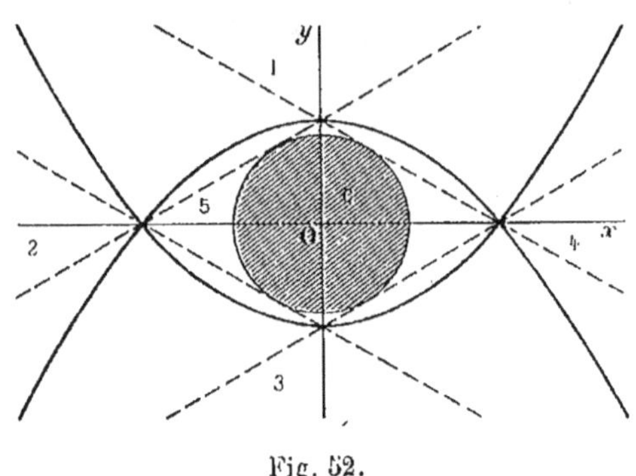

Fig. 52.

Les droites qui joignent les sommets des paraboles à leurs points communs sont tangentes au cercle. Si le point P est sur l'une de ces droites, l'une des coniques qui passe au point P se compose de cette droite et de la droite symétrique par rapport à Oy.

273. *Étant donnés dans un plan deux points fixes* F *et* A :

1° *Former l'équation générale des coniques qui situées dans ce plan ont un foyer en* F *et un sommet de l'axe focal en* A.

2° *Déterminer quel est le genre de la courbe représentée par cette équation générale selon la grandeur du paramètre variable qu'elle renferme.*

3° *Disposer de ce paramètre variable de façon que la conique passe par un point donné* P, *et discuter le nombre et le genre des solutions obtenues selon la position du point* P *dans le plan.*

Prenons la droite FA pour axe des x et la perpendiculaire en F pour axe des y, et soit a l'abscisse du point A.

Désignons par λ l'abscisse de la directrice relative au foyer F et par e l'excentricité ; l'équation de la conique est alors

$$x^2 + y^2 = e^2(x - \lambda)^2,$$

et il suffit d'écrire qu'elle passe par le point A, ce qui donne

$$a^2 = e^2(a - \lambda)^2, \qquad \text{ou} \qquad e^2 = \frac{a^2}{(a-\lambda)^2}.$$

L'équation générale des coniques considérées est alors

$$(a-\lambda)^2(x^2+y^2) - a^2(x-\lambda)^2 = 0.$$

274. *Étant donnés deux axes rectangulaires* Ox, Oy *et un point* A *sur l'axe des* x, *on considère le faisceau des coniques pour lesquelles l'axe des* y *est une directrice et le point* A *un sommet de l'axe focal. Par un point quelconque* M *du plan des axes passent deux coniques de ce faisceau, réelles ou imaginaires.*

1° *Déterminer les parties du plan dans lesquelles doit être le point* M *pour que les deux coniques du faisceau qui passent par ce point soient réelles, et déterminer le genre de ces coniques.*

2° *Trouver le lieu des points de contact des tangentes menées de l'origine des coordonnées à toutes les coniques du faisceau considéré.*

L'équation générale des coniques considérées est

$$\lambda(2a-\lambda)x^2 + a^2y^2 - 2a^2\lambda x + a^2\lambda^2 = 0,$$

a désignant l'abscisse du point A, et λ l'abscisse variable du foyer correspondant à la directrice Oy.

Les parties du plan demandées sont limitées par une strophoïde droite, sa tangente au sommet et une parabole.

Enfin, le lieu demandé se compose de deux paraboles qui ont pour foyer commun le milieu de OA et qui passent par les points O et A.

275. *On donne deux axes de coordonnées* Ox, Oy *et deux points* A, B *symétriques par rapport à la première bissectrice des axes* $x - y = 0$.

On considère les coniques qui passent par A, B *et qui sont* *tangentes aux axes Ox, Oy. Montrer qu'elles se divisent en deux séries; former pour chacune d'elles l'équation générale de ces courbes.*

L'équation générale des coniques tangentes à Ox et Oy est

$$(1) \qquad \left(\frac{x}{\alpha}+\frac{y}{\beta}-1\right)^2+2hxy=0;$$

α désigne l'abscisse du point de contact avec Ox, β l'ordonnée du point de contact avec Oy (266).

Soient $x=a$, $y=b$ les coordonnées du point A ; celles de B sont alors $x=b$, $y=a$, et en écrivant que la conique passe par les points A et B, nous avons

$$(2) \qquad \left(\frac{a}{\alpha}+\frac{b}{\beta}-1\right)^2+2hab=0,$$

$$(3) \qquad \left(\frac{b}{\alpha}+\frac{a}{\beta}-1\right)^2+2hab=0.$$

On peut remplacer l'équation (3) par la suivante

$$\left(\frac{a}{\alpha}+\frac{b}{\beta}-1\right)^2-\left(\frac{b}{\alpha}+\frac{a}{\beta}-1\right)^2=0,$$

ou

$$\left(\frac{a+b}{\alpha}+\frac{a+b}{\beta}-2\right)(a-b)\left(\frac{1}{\alpha}-\frac{1}{\beta}\right)=0.$$

Comme on suppose $a-b\neq 0$, autrement A et B seraient confondus, on a deux cas à distinguer.

1° $\alpha=\beta$. La relation (2) nous donne

$$2h=-\left(\frac{a+b}{\alpha}-1\right)^2\frac{1}{ab},$$

et l'équation (1) devient

$$\left(\frac{x+y}{\alpha}-1\right)^2-\frac{xy}{ab}\left(\frac{a+b}{\alpha}-1\right)^2=0,$$

ou, en chassant le dénominateur et en remplaçant α par λ,

$$(x + y - \lambda)^2 - \frac{xy}{ab}(a + b - \lambda)^2 = 0.$$

Voilà l'équation générale de la première série de coniques. On remarquera que ces courbes sont symétriques par rapport à la bissectrice des axes $x - y = 0$.

2° Supposons $\frac{a+b}{\alpha} + \frac{a+b}{\beta} - 2 = 0.$

Nous pouvons écrire pour conserver plus de symétrie

$$\frac{a+b}{\alpha} = 1 + \lambda, \qquad \frac{a+b}{\beta} = 1 - \lambda,$$

ou

$$\frac{1}{\alpha} = \frac{1+\lambda}{a+b}, \qquad \frac{1}{\beta} = \frac{1-\lambda}{a+b}.$$

La relation (2) nous donne alors

$$\frac{(a-b)^2\lambda^2}{(a+b)^2} + 2hab = 0, \qquad \text{ou} \qquad 2h = -\frac{(a-b)^2\lambda^2}{(a+b)^2 ab};$$

et, en portant ces valeurs dans l'équation (1), on obtient l'équation générale de la nouvelle série,

$$[x(1+\lambda) + y(1-\lambda) - (a+b)]^2 - \frac{xy(a-b)^2\lambda^2}{ab} = 0.$$

On remarquera que la droite joignant les points de contact avec les axes passe par le milieu de AB.

276. *On donne deux axes rectangulaires* Ox, Oy *et un point* M *situé sur la bissectrice de l'angle* xOy *et ayant pour coordonnées* $x = y = a$. *Par ce point on mène deux droites rectangulaires variables qui coupent* Ox *en* A, A′ *et* Oy *en* B, B′. *Soit* m *le coefficient angulaire de l'une d'elles qu'on prendra comme paramètre variable.*

On considère les deux paraboles dont l'une est circonscrite au triangle MAA' et a son axe parallèle à Oy, dont l'autre est circonscrite au triangle MBB' et a son axe parallèle à Ox.

1° *Démontrer que ces deux paraboles sont égales et que leur paramètre commun est indépendant de m.*

2° *Lieu du point de rencontre des axes.*

3° *Lieu du point de rencontre des tangentes aux sommets.*

4° *Lieu des sommets des deux paraboles.*

5° *Lieu des points de rencontre des deux paraboles.*

En posant $\mu = \frac{1 - m^2}{2m}$, les équations des deux paraboles peuvent s'écrire

$$\left[x - a(1 - \mu)\right]^2 + a\left[y - a(1 + \mu^2)\right] = 0,$$

$$\left[y - a(1 + \mu)\right]^2 + a\left[x - a(1 + \mu^2)\right] = 0.$$

On voit ainsi que les paramètres sont égaux à $\frac{a}{2}$, que les axes ont pour équations

$$x - a(1 - \mu) = 0, \qquad y - a(1 + \mu) = 0,$$

et les tangentes au sommet

$$y - a(1 + \mu^2) = 0, \qquad x - a(1 + \mu^2) = 0.$$

2° Le lieu est la droite $x + y - 2a = 0$.

3° Le lieu se compose de la partie de la droite $x = y$ dont les points ont des coordonnées supérieures à a.

4° Le lieu se compose des deux paraboles

$$(x - a)^2 - a(y - a) = 0, \qquad (y - a)^2 - a(x - a) = 0.$$

5° Le lieu a pour équation

$$xy(x + y) - 4axy + a^2(x + y) = 0.$$

Cette courbe est symétrique par rapport à la bissectrice de

l'angle xOy, puisque son équation ne change pas quand on permute x et y.

Pour la construire aisément, on peut prendre comme nouveaux axes de coordonnées les bissectrices de l'angle xOy : l'équation de la courbe s'écrit alors

$$y = \pm (x - a\sqrt{2}) \sqrt{\frac{x}{x - 2a\sqrt{2}}}.$$

277. *Ox, Oy étant les axes de coordonnées, soient $A(0, a)$, $B(0, b)$ deux points fixes de l'axe Oy, et $y = mx$ l'équation de la droite fixe OD.*

1° Former l'équation générale des hyperboles qui ont une asymptote parallèle à OD, qui passent par les points A et B et qui rencontrent Ox en deux points C et D tels que le produit $\overline{OC} \cdot \overline{OD}$ ait une valeur constante k.

En déduire que la seconde asymptote a également une direction invariable.

2° Trouver l'équation du lieu du pôle de la corde AB par rapport à chacune des hyperboles.

3° Trouver l'équation du lieu du pôle de la droite CD par rapport aux mêmes hyperboles.

Ce lieu est une hyperbole ; trouver les équations de ses asymptotes.

4° Trouver l'équation du lieu des points de contact des tangentes menées aux hyperboles variables parallèlement à Ox.

1° La deuxième direction asymptotique a pour coefficient angulaire $\frac{ab}{mk}$, et l'équation générale des hyperboles est

$$(y - mx)\left(y - \frac{abx}{mk}\right) - (a + b)y + \lambda x + ab = 0.$$

2° Le lieu est la droite $2y - \left(m + \frac{ab}{mk}\right)x - (a + b) = 0.$

3° Le lieu est la conique

$$\left(m+\frac{ab}{mk}\right)xy-\frac{2abx^2}{k}-(a+b)y+2ab=0.$$

4° Le lieu a pour équation

$$y^2-\frac{ab}{k}x^2-(a+b)y+ab=0.$$

278. *On donne deux axes rectangulaires* Ox, Oy, *un point* $A(a, 0)$ *sur* Ox *et un point* $A'(0, -a)$ *sur* Oy.

1° *Former l'équation générale des hyperboles équilatères circonscrites au triangle* OAA'.

2° *Lieu des points de contact des tangentes à ces courbes parallèles à la droite* $x+y=0$.

3° *Lieu du point de rencontre des normales en* A *et* A'.

1° L'équation générale des hyperboles est

$$x^2+2\lambda xy-y^2-a(x+y)=0,$$

λ étant un paramètre variable.

2° Le lieu est un cercle, $x^2+y^2-a(x-y)=0$.

3° Le lieu est une parabole, $(x+y)^2+a(x-y-2a)=0$. L'axe a pour équation $x+y=0$, et la tangente au sommet

$$x-y-2a=0.$$

279. *On donne deux axes rectangulaires* Ox, Oy, *deux points* A *et* A' *sur* Ox *ayant pour abscisses* $+a$ *et* $-a$, *un point* B *sur* Oy *ayant pour ordonnée* b.

1° *Équation générale des paraboles passant par les points* A *et* A', *et tangentes à la parallèle à l'axe des* x *menée par le point* B.

2° *Lieu du point de rencontre des tangentes en* A *et* A'.

3° *Lieu du point de rencontre des normales aux mêmes points.*

1° L'équation générale des paraboles est

$$(y-\lambda x)^2+\frac{\lambda^2 a^2}{b}(y-b)=0.$$

2° $$y=2b.$$

3° $$x^2=2by+a^2.$$

280. *On donne deux axes rectangulaires* Ox, Oy, *un point* A *sur* Ox, *ayant pour abscisse* a. *Par le point* A *on mène une droite* D *parallèle à la bissectrice des axes* $x+y=0$, *et on prend sur cette droite* D *un point* P *ayant pour abscisse* x_0.

1° *Former l'équation générale des coniques passant par les points* O, A, P *et normales en* A *à* AP.

2° *Par le point* A *on mène une parallèle à* Oy *qui rencontre l'une des coniques au point* B. *On mène par le point* B *une parallèle à* Ox *qui rencontre en* M *la normale à la conique au point* O. *Lieu du point* M. *Ce lieu est une hyperbole* H.

3° *On suppose que, le point* A *restant fixe,* P *se déplace sur la droite* D. *Lieu des points de contact des tangentes parallèles à* Oy *à la courbe* H. *Distinguer sur le lieu trouvé les points correspondant aux cas où le point* P *est par rapport à l'axe des* x *du côté des* y *positifs ou négatifs.*

L'équation générale des coniques peut se mettre sous la forme

$$(mx-y)(x-y-a)+\lambda y(x+y-a)=0,$$

en posant $m=\frac{a-x_0}{x_0}$, λ étant un paramètre variable.

L'équation de H est

$$2xy+my^2-amx=0.$$

Le lieu demandé dans la troisième partie est la parabole

$$y^2+ax=0.$$

281. *Dans une ellipse rapportée à ses axes de symétrie, on mène par le foyer* F *deux rayons vecteurs* FM, FN *tels que*

$$\frac{1}{FM}+\frac{1}{FN}=\frac{1}{k},$$

k *désignant une constante positive.*

1° *Lieu du point de rencontre* P *des tangentes à l'ellipse donnée aux points variables* M *et* N.

2° *Discuter la nature du lieu suivant les différentes valeurs de* k.

3° *Pour* $k=\frac{b^2}{2a}$, *le lieu dégénère en deux droites, dont l'une est la directrice correspondant au foyer* F *de l'ellipse donnée. Montrer directement que la polaire de tout point* P *de cette droite rencontre l'ellipse en deux points* M *et* N *tels que*

$$\frac{1}{FM}+\frac{1}{FN}=\frac{2a}{b^2}.$$

4° *Pour* $k=\frac{a}{2}$, *le lieu est une parabole.*

5° *Quelle valeur faut-il attribuer à* k *pour que le lieu soit une hyperbole équilatère.*

Soient $\frac{x^2}{a^2}+\frac{y^2}{b^2}-1=0$ l'équation de l'ellipse et c l'abscisse du foyer F; on sait que les longueurs FM et FN sont égales à $a-\frac{c}{a}x_1$ et $a-\frac{c}{a}x_2$, x_1 et x_2 désignant les abscisses des points M et N.

Désignons par x_0, y_0 les coordonnées d'un point P du lieu; formons l'équation aux abscisses des points de rencontre de l'ellipse et de la polaire du point P, puis écrivons que les racines x_1, x_2 de cette équation vérifient l'équation

$$\frac{1}{a-\frac{c}{a}x_1}+\frac{1}{a-\frac{c}{a}x_2}=\frac{1}{k},$$

ou

$$\frac{a\left[2a^2-c(x_1+x_2)\right]}{a^4-a^2c(x_1+x_2)+c^2x_1x_2}=\frac{1}{k}.$$

Nous obtenons l'équation du lieu

$$\frac{2(a^2y_0^2+b^2x_0^2-b^2cx_0)}{ab^2(x_0^2+y_0^2-2cx_0+c^2)}=\frac{1}{k},$$

ou, en transportant l'origine au foyer F,

$$ab^2(x^2+y^2)-2k(a^2y^2+b^2x^2+b^2cx)=0.$$

La question se traite alors sans difficulté.

282. *On considère toutes les paraboles qui ont pour directrice une droite donnée* D *et qui passent par un point donné* A. *La tangente en* A *à l'une de ces paraboles rencontre la droite* D *en un point* H, *et on prend le point* B *symétrique de* A *par rapport au point* H. *Puis par le point* B *on mène la deuxième tangente* BC *à la parabole.*

1° *La droite* AC *est normale en* A *à la parabole;*

2° *Lieu du milieu de* AC;

3° *Lieu du milieu de* BC;

4° *Lieu du pôle de la droite que décrit le point* B *par rapport à la parabole;*

5° *Lieu du sommet de la parabole.*

On peut prendre comme origine le point A, comme axe des y une parallèle à D et comme axe des x une perpendiculaire. L'équation de D peut alors s'écrire $x+a=0$.

On trouve alors pour les lieux demandés:

2° $y^2-2ax=0$; 3° $2y^2-9(x+a)=0$;

4° $x^2+y^2-2ax=0$; 5° $4x^2+y^2+4ax=0$.

283. Ox, Oy *étant un système d'axes rectangulaires, on considère une conique* C *dont le centre* A *se trouve sur l'axe des* x $(\overline{OA}=a)$ *et qui est tangente en* O *à l'axe des* y. *Par un point* P *de l'axe des* x, $(\overline{OP}=p)$, *on mène une*

sécante quelconque de coefficient angulaire m *et qui rencontre* C *aux points* M *et* N; *on joint* OM *et* ON.

1° *Trouver l'équation de l'hyperbole passant par* P *et ayant pour asymptotes* OM *et* ON.

2° *Trouver le lieu du second point de rencontre de cette hyperbole avec la droite* MN *quand* m *varie: ce lieu est une conique* C′, *homothétique et concentrique à la conique* C.

3° *Montrer que la droite qui joint les pôles de la droite* MN *par rapport aux deux coniques* C *et* C′ *passe par un point fixe, et trouver le lieu des points de rencontre de cette droite avec les deux droites* OM *et* ON.

L'équation de la conique C est de la forme

$$\frac{(x-a)^2}{a^2}+\frac{y^2}{\varepsilon b^2}-1=0,$$

ε désignant $+1$ ou -1 suivant que la conique donnée est du genre ellipse ou hyperbole.

L'équation de l'ensemble des droites OM, ON est

$$\frac{x^2}{a^2}\left(1-\frac{2a}{p}\right)+\frac{2xy}{map}+\frac{y^2}{\varepsilon b^2}=0,$$

et par suite l'hyperbole ayant pour asymptotes ces deux droites et passant par le point P est représentée par l'équation

$$\frac{x^2}{a^2}\left(1-\frac{2a}{p}\right)+\frac{2xy}{map}+\frac{y^2}{\varepsilon b^2}-\frac{p(p-2a)}{a^2}=0.$$

On en déduit aisément que l'équation de la conique C′ est

$$\frac{x^2}{a^2}+\frac{y^2}{\varepsilon b^2}-\frac{2x}{a}-\frac{p(p-2a)}{a^2}=0.$$

La droite qui joint les pôles de MN par rapport aux deux coniques C et C′ a pour équation

$$\frac{x}{a^2}-\frac{1}{a}+\frac{my}{\varepsilon b^2}=0;$$

elle passe par le point A.

Enfin le dernier lieu demandé est défini par l'équation

$$(a-x)\frac{x^2}{a^2}-(x-ak)\frac{y^2}{\varepsilon b^2}=0,$$

en posant $k=\frac{p}{p-2a}$.

On peut discuter ce lieu, en résolvant l'équation par rapport à y,

$$y=\pm\frac{bx}{a}\sqrt{\frac{\varepsilon(a-x)}{x-ak}}.$$

On distinguera deux cas suivant le signe de ε.

284. 1° *Former l'équation générale des coniques tangentes à une droite* D *en un point* A, *à une droite* D' *parallèle à* D *et à une droite* Δ *perpendiculaire à* D *et* D'.

2° *Trouver pour chacune de ces coniques l'équation de la seconde tangente* Δ' *parallèle à* Δ *et l'équation de la corde des contacts avec les droites* D *et* Δ.

3° *Lieu du point de rencontre de* Δ' *avec la corde des contacts.*

4° *Lieu du point de contact de la conique avec* Δ.

Prenons pour axe des x la droite D et pour axe des y la perpendiculaire à cette droite au point A; désignons par a l'abscisse de Δ et par b l'ordonnée de D'.

L'équation générale des coniques peut se mettre sous la forme

$$4(b\lambda-a\lambda^2)y(x-a)+b(y-\lambda x)^2=0;$$

la corde des contacts avec D et Δ a pour équation $y-\lambda x=0$, et la droite Δ', $\lambda x+b-a\lambda=0$.

285. *On donne deux axes rectangulaires* Ox, Oy *et deux points fixes* A *et* B *sur* Ox, *ayant pour abscisses* a *et* b. *Deux droites variables passent respectivement par* A *et* B, *et rencontrent* Oy *en des points* C *et* D *tels que la valeur algébrique du vecteur* $\overline{CD}$ *soit égale à une constante* h.

1° *Lieu du point de rencontre de ces deux droites ;*

2° *Ce lieu est une hyperbole* (H), *qui passe aux points* A *et* B. *Déterminer le lieu du point de rencontre des tangentes en* A *et* B *à cette hyperbole quand* h *varie.*

3° *On suppose que* B *restant fixe,* A *se déplace sur* Ox, h *restant constant. Trouver le lieu des points de l'hyperbole* (H) *où la tangente est parallèle à* Ox.

L'hyperbole (H) a pour équation

$$hx^2 + (a-b)xy - h(a+b)x + hab = 0;$$

l'une de ses asymptotes est Oy, l'autre a pour équation

$$hx + (a-b)y - h(a+b) = 0.$$

Le lieu du point de rencontre des tangentes en A et B est la droite $x = \dfrac{2ab}{a+b}$.

Enfin, le dernier lieu demandé est une hyperbole équilatère ayant pour équation

$$xy + by - hx + hb = 0,$$

ou

$$(x+b)(y-h) + 2hb = 0.$$

Les asymptotes sont les droites $x+b=0$, $y-h=0$.

286. *Étant donnés une conique et deux points fixes* A *et* B *pris sur cette courbe, on forme le triangle* AMB *en joignant les points* A *et* B *à un troisième point* M *de position variable sur la conique, et l'on demande le lieu du point de rencontre des hauteurs de ce triangle.*

Le lieu est une conique passant par les points A et B et dont les directions asymptotiques sont perpendiculaires à celles de la conique donnée.

287. *Lieu des points de contact des tangentes menées d'un point donné P à des paraboles qui ont même foyer O et même axe Ox.*

En prenant comme axes Ox et la perpendiculaire Oy, et en désignant par a, b les coordonnées du point P, on trouve pour équation du lieu

$$y(y-b)^2+2x(x-a)(y-b)-y(x-a)^2=0,$$

et, en transportant l'origine des coordonnées au point P,

$$y(x^2+y^2)+by^2+2axy-bx^2=0.$$

On reconnaît ainsi l'équation d'une strophoïde ayant pour point double le point P, les tangentes en ce point étant parallèles aux bissectrices de l'angle $\mathrm{PO}x$.

L'asymptote de cette courbe est symétrique de l'axe Ox par rapport au point P.

288. *On donne deux axes Ox, Oy, faisant un angle θ, sur l'axe des y un point $\mathrm{P}(x=0, y=p)$ et un point $\mathrm{B}(x=0, y=b)$. Par P on mène une parallèle à Ox sur laquelle on prend des segments variables $\overline{\mathrm{P}\mu}=d$, $\overline{\mathrm{P}\mu'}=d'$, tels que $dd'=k$. Enfin on considère une droite (D), $y=mx+b$. Faisant varier m :*

1° *Démontrer que si le point de rencontre M des droites (D) et $\mathrm{O}\mu$ décrit une conique (C),*

$$\mathrm{A}x^2+2\mathrm{B}xy+\mathrm{C}y^2+2\mathrm{E}y=0,$$

le point de rencontre M′ des droites (D) et $\mathrm{O}\mu'$ décrit de même une conique ;

2° *Chercher la condition qui lie p, b et k pour que cette dernière conique se confonde avec la conique (C), et démontrer que cette condition étant satisfaite, il y a toujours une position de (D) telle que la corde interceptée sur cette droite par la conique (C) soit vue du point O sous un angle droit ;*

3° *Les points* P *et* B *étant supposés sur une droite* OPB *mobile autour de* O, *chercher pour des valeurs données de* p *et de* k, *le lieu du point* B *tel que, pour chaque position de ce point, les points* M *et* M′ *décrivent la conique* (C). *Le lieu sera rapporté aux axes* Ox, Oy *donnés;*

4° *Enfin, trouver la position de* B *et la relation entre* p *et* k *telle que toutes les cordes interceptées par la conique* (C) *sur la droite* (D) *mobile soient vues sous un angle droit du point* O.

1° Le lieu de M′ est la conique (C′)

$$(C')\quad \frac{(Cb+2E)p^2}{kb}x^2+2Bxy+\frac{Abk-2Ep^2}{p^2b}y^2+2Ey=0.$$

2° La relation demandée est

$$b(Cp^2-Ak)+2Ep^2=0.$$

3° Le lieu du point B a pour équation

$$Ax^2+2Bxy+Cy^2+2Ey-\frac{Ak}{p^2}(x^2+y^2+2xy\cos\theta)=0.$$

4° Le point B a pour coordonnées

$$x_0=\frac{2E\cos\theta}{A+C-2B\cos\theta},\qquad y_0=\frac{-2E}{A+C-2B\cos\theta},$$

et la relation entre p et k est $p^2+k=0$.

289. *On donne deux axes rectangulaires* Ox, Oy, *une circonférence* (C) *de rayon* R *ayant son centre à l'origine et deux points* B *et* B′ *situés sur l'axe des* y *à une distance* b *du centre* O; *on prend un point* M *sur la circonférence* (C), *on mène la droite* BM *qui coupe l'axe des* x *en un point* A, *et l'on appelle* X *le point où se coupent les droites* OM *et* B′A.

1° *On demande le lieu du point* X *quand le point* M *parcourt la circonférence. Ce lieu est une conique qui a pour foyer l'origine. Déterminer la nature de cette conique suivant la grandeur de* b. *Montrer que la tangente au point* X *à cette conique rencontre l'axe des* x *au même point que la tangente en* M *au cercle* (C).

2° *En considérant, dans l'équation de ces coniques,* b *comme un paramètre arbitraire, on obtient un faisceau de coniques, dont on demande la nature en séparant le plan en régions par des courbes convenables.*

3° *Les tangentes menées aux points où toutes les coniques de ce faisceau sont rencontrées par un diamètre* OMM' *du cercle* (C) *passent par deux points fixes de l'axe des* x. *En déduire le lieu des points du plan tels que les tangentes aux deux courbes qui passent par chacun de ces points soient rectangulaires.*

290. *On donne deux axes rectangulaires* Ox, Oy *et un point* A *sur* Ox *ayant pour abscisse* a. *On considère une droite* (D) *passant par le point* A *et ayant pour pente* m.

1° *Former l'équation de la conique* (S) *qui a pour foyer le point* O, *pour directrice correspondante la droite* (D) *et pour excentricité un nombre donné* k.

2° *On fait varier* m, *les coniques* (S) *forment un faisceau. Montrer que par tout point* P *du plan passent deux coniques de ce faisceau. Condition pour qu'elles soient réelles. Condition pour que les directrices* (D) *correspondant à ces deux coniques soient rectangulaires.*

3° *En supposant* $k > 1$, *montrer que les asymptotes de chaque conique* (S) *passent chacune par un point fixe.*

291. *On donne un triangle rectangle isocèle* AOB *dont l'angle* O *est droit. On considère une conique variable* (C) *circonscrite à ce triangle et telle que sa normale en* A, *sa normale en* B *et sa tangente en* O *soient concourantes.*

1° *Trouver et construire le lieu du point de rencontre de ces trois droites.*

2° *Vérifier que le lieu du pôle de la droite* AB *par rapport à la conique* (C) *est le même que le précédent.*

En prenant comme origine le point O, comme axe des y une parallèle à AB, et comme axe des x une perpendiculaire, on trouve pour équation du lieu

$$y^2 = \frac{ax(2a-x)}{2x-a},$$

a désignant la distance du point O à la droite AB.

292. *On donne deux axes rectangulaires* Ox, Oy *et une droite* OA *passant par l'origine et ayant pour coefficient angulaire* m.

1° *Former l'équation générale des paraboles tangentes à l'origine à la droite* OA *et dont l'axe est parallèle à* Ox.

2° *Par un point* P(a, b) *on mène des tangentes à ces paraboles. Montrer que le lieu des points de contact est une hyperbole* (H) *passant par l'origine, et dont les asymptotes sont parallèles à* Ox *et à* OA.

3° *On fait varier* m; *trouver le lieu du point de rencontre de la tangente à l'origine à l'hyperbole* (H) *et de l'asymptote parallèle à* OA. *Construire ce lieu.*

293. *Étant donnée une parabole* (P) *définie par l'équation* $y^2 - 2px = 0$ *(axes rectangulaires) et un point extérieur* A(a, b), *on mène par* A *une droite quelconque* (D). *Soit* M *le point de contact de la parabole avec une tangente parallèle à* (D). *On mène par* M *une parallèle à l'axe de la parabole et on prend son point de rencontre* I *avec* (D).

1° *Trouver l'équation du lieu géométrique* (P′) *du point* I *quand* (D) *tourne autour du point* A. *Construire ce lieu.*

2° *Trouver l'équation d'une droite qui rencontre* (P) *et* (P′) *aux deux mêmes points* B_1 *et* B_2. *Démontrer que les tangentes à* (P) *en* B_1 *et* B_2 *se coupent en* A.

3° *On prend sur* (P) *et* (P′) *deux points ayant la même*

ordonnée et on mène les tangentes à (P) *et* (P′) *en ces points. Trouver le lieu géométrique du point de rencontre de ces tangentes quand on fait varier l'ordonnée de leurs points de contact.*

4° *Évaluer en fonction des coordonnées de* A : *la longueur* B_1B_2 *et le volume du prisme droit qui a pour base le triangle* AB_1B_2 *et* p *pour hauteur. Déduire de ce dernier résultat le lieu géométrique du point* A, *sachant que ce volume a une valeur donnée.*

5° *Démontrer que si deux paraboles ayant leurs axes parallèles, non tangentes entre elles, sont telles que les tangentes à l'une en leurs points de rencontre se coupent sur l'autre, le paramètre de l'une est double du paramètre de l'autre.*

294. *On donne deux axes rectangulaires* Ox, Oy *et sur la partie positive de* Ox *un point* A, *d'abscisse* c.

Appelons en général parabole (P) *une parabole qui passe par le point* A *et dont la directrice coïncide avec l'axe des* y, F *le foyer de cette parabole,* α, β *les coordonnées de ce foyer.*

1° *Soit* B *un point d'une parabole* (P), *soit* K *la projection de ce point sur la directrice, soit* S *l'aire du triangle* OFK ; *montrer que l'on a*

$$\frac{\overline{OF}^2 . OK}{OA} = \frac{\overline{KF}^2 . OK}{KB} = 4S.$$

2° *Au point* B *de la parabole* P *on fait correspondre le point* M *dont les coordonnées* u, v *sont données par les formules*

$$(1) \qquad u = \frac{KF}{OK}, \qquad v = \frac{OF}{OK};$$

les seconds membres sont pris en valeur absolue, en sorte que les nombres u, v *sont positifs. Quand on se donne la parabole* (P) *et le point* B *sur cette parabole, le point* M *est déterminé sans ambiguïté. Si l'on se donne un point* B *du plan, il passe en général deux paraboles* (P) *par ce point. On appellera première parabole relative au point* B *celle des deux dont le foyer est le plus éloigné de la directrice. Soit* F_1 *ce foyer; soit* F_2 *le foyer de la seconde parabole. Au point* B *correspondent alors deux points* M_1, M_2 *donnés par les relations* (1) *où l'on remplacera successivement* F *par* F_1 *et* F_2.

Connaissant les coordonnées x, y *du point* B, *on demande de calculer les coordonnées des points* M_1, M_2. *Quelles sont les positions limites de ces points lorsque le point* B *s'approche d'un point* B_0 *situé sur la partie positive de l'axe des* x? *Quels sont les lieux décrits par ces points limites quand l'abscisse de* B_0 *varie?*

3° *Inversement, le point* M *étant donné par ses coordonnées* u, v, *on demande de déterminer les coordonnées* x, y *du point* B *auquel il correspond en vertu des relations* (1), *ainsi que les coordonnées* α, β *du foyer* F, *qui figure dans ces relations, de la parabole* (P) *sur laquelle le point* B *doit être situé.*

4° *Le problème admet deux solutions. Dans quelle région du plan le point* M *doit-il être situé pour que ces deux solutions soient réelles? Dans quelle région doit-il être situé pour que la parabole* (P) *dont on a déterminé le foyer soit la première parabole relative au point* B?

CHAPITRE VI

CENTRES ET DIAMÈTRES DANS LES CONIQUES

295. *On considère les hyperboles équilatères circonscrites à un triangle* ABC.

1° *Démontrer que toutes ces courbes passent par le point de concours des hauteurs.*

2° *Démontrer que le lieu géométrique de leurs centres est le cercle des neuf points du triangle* ABC.

Prenons comme axe des x le côté BC et comme axe des y la hauteur issue du point A; désignons par b, c les abscisses des points B, C et par a l'ordonnée du point A.

En raisonnant comme au début de la question 270, on voit que l'équation générale des coniques passant par les points B et C est

$$(x-b)(x-c)+2Bxy+Cy^2+2Ey=0.$$

Pour que cette équation représente une hyperbole équilatère, il faut qu'on ait $C=-1$, et pour que la conique passe par le point $A(0, a)$ on doit avoir

$$bc-a^2+2Ea=0, \qquad \text{ou} \qquad 2E=\frac{a^2-bc}{a}.$$

On en conclut que l'équation générale des hyperboles équilatères passant par les trois points A, B, C est

$$f(x, y) \equiv x^2 + 2\lambda xy - y^2 - (b + c)x + \frac{a^2 - bc}{a} y + bc = 0.$$

1° Si l'on fait $x = 0$ dans cette équation, on obtient l'équation

$$- y^2 + \frac{a^2 - bc}{a} y + bc = 0,$$

qui admet les racines a et $-\frac{bc}{a}$. Toutes ces hyperboles rencontrent donc l'axe des y en deux points fixes, le point A et le point qui a pour ordonnée $-\frac{bc}{a}$. Celui-ci est précisément le point de concours des hauteurs du triangle ABC.

2° Le centre est défini par les équations

$$f'_x \equiv 2x + 2\lambda y - (b + c) = 0,$$

$$f'_y \equiv 2\lambda x - 2y + \frac{a^2 - bc}{a} = 0.$$

Pour obtenir le lieu de ce point, il suffit d'éliminer λ entre ces deux équations. Pour cela, nous multiplions la première par x, la deuxième par $-y$, puis nous ajoutons membre à membre. Nous obtenons

$$2x^2 + 2y^2 - (b + c)x - \frac{a^2 - bc}{a} y = 0;$$

c'est l'équation du cercle des neuf points (93).

296. *On donne une droite* (D), *un point* O *sur cette droite, et un point* A *en dehors; on considère les hyperboles équilatères tangentes à* (D) *au point* O *et passant par le point* A.

1° *Montrer que toutes ces hyperboles ont un point fixe, différent de* O *et* A.

2° *Le lieu de leurs centres est le cercle passant par le point* O, *le milieu de* OA *et la projection de* A *sur* (D).

Si l'on prend le point O comme origine, (D) comme axe des x, et une perpendiculaire pour axe des y, et si l'on désigne par a, b les coordonnées du point A, l'équation générale des hyperboles équilatères considérées est

$$b(x^2+2\lambda xy-y^2)-(a^2+2\lambda ab-b^2)y=0.$$

1° Cette équation peut s'écrire

$$b(x^2-y^2)-(a^2-b^2)y+2\lambda by(x-a)=0.$$

On voit ainsi que, quel que soit λ, toutes ces courbes passent par les points dont les coordonnées sont définies par les équations

$$b(x^2-y^2)-(a^2-b^2)y=0, \qquad y(x-a)=0.$$

On obtient d'abord $y=0$, $x=0$; puis $x=a$, et

$$b(a^2-y^2)-(a^2-b^2)y=0.$$

Cette équation admet comme racines b et $-\dfrac{a^2}{b}\cdot$

On voit ainsi que toutes les hyperboles passent par les points fixes O, A et par le point qui a pour coordonnées $x=a$, $y=-\dfrac{a^2}{b}\cdot$ C'est le point de rencontre de la perpendiculaire abaissée du point A sur Ox, et de la perpendiculaire menée en O à OA.

2° On trouve aisément que le lieu du centre a pour équation

$$2b(x^2+y^2)-2abx+(a^2-b^2)y=0.$$

Remarque. — Ces propriétés peuvent être considérées comme conséquences des propriétés établies au n° 295.

Prenons en effet sur la droite (D) un point O′ voisin du point O ; envisageons les hyperboles équilatères circonscrites au triangle AOO' et appliquons-leur les propriétés du n° 295. Ces hyperboles passent par le point de concours des hauteurs du triangle AOO', soit H ce point, et leurs centres sont situés sur le cercle des neuf points (γ) du triangle AOO'.

Supposons que le point O' se rapproche indéfiniment du point O; ces hyperboles deviennent les hyperboles considérées dans la question actuelle. Le point H a pour limite le point I intersection de la perpendiculaire menée du point A à (D) et de la perpendiculaire menée en O à OA.

D'autre part, le cercle (γ) a pour limite un cercle passant par le point O, par le milieu de OA [la tangente en ce point étant parallèle à (D)], par la projection de A sur (D).

297. *On considère les hyperboles équilatères circonscrites à un triangle* OAB, *rectangle en* O.

1° *Ces hyperboles sont tangentes au point* O *à la hauteur* OH *du triangle.*

2° *Leurs centres sont situés sur le cercle qui a pour diamètre la médiane issue du point* O.

On peut déduire ces propositions de la question 295, ou les établir directement.

298. *Le lieu des centres des hyperboles équilatères conjuguées par rapport à un triangle est le cercle circonscrit au triangle.*

On dit qu'une conique est conjuguée par rapport à un triangle ou qu'un triangle est conjugué par rapport à une conique, lorsque chaque sommet du triangle est le pôle du sommet opposé.

Pour écrire qu'un triangle ABC est conjugué par rapport à une conique, il suffit d'écrire que la polaire de A est le côté BC, et que la polaire de B passe par le point C. En effet, en exprimant que la polaire de A est la droite BC, on écrit que la polaire de A passe par B et par C. Il en résulte alors que les polaires de B et de C passent par A.

Si on écrit ensuite que la polaire de B passe par C, on

exprime en même temps que la polaire de C passe par B; on en conclut alors que la polaire de B est le côté AC et que la polaire de C est le côté AB.

Adoptons les mêmes axes et les mêmes notations qu'au n° 295. Soit

$$f(x, y) \equiv A(x^2 - y^2) + 2Bxy + 2Dx + 2Ey + F = 0$$

l'équation générale des hyperboles équilatères.

La polaire du point A a pour équation $af'_y + f'_z = 0$, ou

$$a(-Ay + Bx + E) + Dx + Ey + F = 0.$$

Pour que cette droite coïncide avec Ox, il faut que le coefficient de x et le terme indépendant soient nuls, on a ainsi

$$(1) \qquad Ba + D = 0, \qquad Ea + F = 0.$$

D'autre part, en écrivant que la polaire de B, $bf'_x + f'_z = 0$, passe par le point C, on a

$$(2) \qquad Abc + D(b + c) + F = 0.$$

Les équations (1) et (2) nous permettent de calculer B, E, F en fonction de A et D; nous obtenons

$$B = -\frac{D}{a}, \qquad F = -Abc - D(b + c), \qquad E = \frac{Abc + D(b + c)}{a}.$$

L'équation générale des hyperboles équilatères conjuguées par rapport au triangle ABC est donc

$$A(x^2 - y^2) - \frac{2D}{a}xy + 2Dx + [Abc + D(b + c)]\left(\frac{2y}{a} - 1\right) = 0.$$

Nous obtiendrons le lieu du centre en éliminant le rapport $\frac{A}{D}$ entre les deux équations

$$Ax - \frac{D}{a}y + D = 0,$$

$$-Ay - \frac{D}{a}x + \frac{Abc + D(b + c)}{a} = 0.$$

Nous obtenons ainsi

$$x^2 + y^2 - (b+c)x - \frac{a^2+bc}{a}y + bc = 0,$$

c'est l'équation du cercle circonscrit au triangle.

299. *Lieu des centres des coniques circonscrites à un triangle* OAB, *rectangle en* O, *et telles que la normale en* O *à toutes ces coniques passe par le milieu de* AB.

Étant donné un point du lieu trouvé, reconnaître si ce point est centre d'ellipse ou d'hyperbole.

Prenons pour axes OA, OB et posons $OA = a$, $OB = b$; l'équation générale des coniques passant par les points O, A, B est

$$Ax^2 + 2Bxy + Cy^2 - Aax - Cby = 0.$$

La tangente au point O a pour équation $Aax + Cby = 0$; son coefficient angulaire est $-\frac{Aa}{Cb}$. Par suite celui de la normale est $\frac{Cb}{Aa}$, et l'équation de cette normale est

$$\frac{y}{x} = \frac{Cb}{Aa}.$$

Pour qu'elle passe au milieu de AB, il faut qu'on ait $A = C$. L'équation générale des coniques considérées est donc

$$Ax^2 + 2Bxy + Ay^2 - Aax - Aby = 0.$$

Si $A = 0$, l'équation se réduit à $xy = 0$, elle représente l'ensemble des deux axes. En écartant ce cas particulier, on peut supposer $A \neq 0$, puis diviser le premier membre de l'équation par A, et en posant $\frac{B}{A} = \lambda$, on obtient l'équation générale sous la forme

(1) $$f(x, y) \equiv x^2 + 2\lambda xy + y^2 - ax - by = 0.$$

Pour avoir le lieu du centre, éliminons λ entre les équations

$$(2)\qquad \begin{cases} f'_x \equiv 2x + 2\lambda y - a = 0, \\ f'_y \equiv 2\lambda x + 2y - b = 0, \end{cases}$$

nous obtenons immédiatement

$$(3)\qquad (2x - a)x - (2y - b)y = 0,$$

ou

$$2x^2 - 2y^2 - ax + by = 0.$$

Cette équation représente une hyperbole équilatère dont les asymptotes sont parallèles aux bissectrices des axes de coordonnées. Sous la forme (3) on reconnaît qu'elle est circonscrite au rectangle dont les côtés ont pour équations $x = 0$, $2x - a = 0$, $y = 0$, $2y - b = 0$; elle passe donc par l'origine et par les milieux C, D, E des côtés OA, OB, AB. Les axes de la courbe sont alors les droites joignant les milieux des côtés opposés du rectangle (¹), le centre de la courbe est le centre I du rectangle, et les asymptotes sont les bissectrices des axes de la courbe.

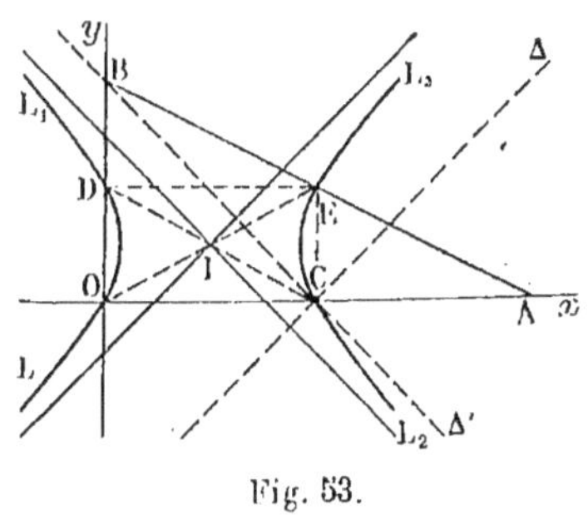

Fig. 53.

D'ailleurs si on transporte l'origine des coordonnées au point I, l'équation de la courbe prend la forme

$$x'^2 - y'^2 - \frac{a^2 - b^2}{16} = 0.$$

Il est donc facile de construire cette courbe. La figure a été faite en supposant $a > b$.

Soit $M(x_0, y_0)$ un point de cette hyperbole; cherchons le genre de la conique dont ce point est centre.

(¹) En effet, la droite qui joint les milieux des côtés opposés OD et CE est le diamètre conjugué de la direction OD; comme ce diamètre est perpendiculaire à OD, c'est un axe de la courbe. Même raisonnement pour la droite qui joint les milieux de OC et DE.

Pour cela, revenons aux équations (2), remplaçons-y x et y par x_0 et y_0, nous obtenons les équations

$$2x_0 + 2\lambda y_0 - a = 0,$$
$$2\lambda x_0 + 2y_0 - b = 0,$$

qui ont une solution commune en λ,

$$\lambda = \frac{a - 2x_0}{2y_0} = \frac{b - 2y_0}{2x_0},$$

puisque le point M est un point du lieu.

En portant cette valeur de λ dans l'équation (1), nous obtenons l'équation de la conique dont le point M est centre.

Le genre de la conique dépend du signe de

$$AC - B^2 = 1 - \lambda^2 = 1 - \frac{(a - 2x_0)^2}{4y_0^2} = \frac{y_0^2 - \left(x_0 - \frac{a}{2}\right)^2}{y_0^2};$$

cette conique est une ellipse si l'on a

$$y_0^2 - \left(x_0 - \frac{a}{2}\right)^2 > 0,$$

c'est-à-dire si le point M est dans la région positive de la courbe définie par l'équation

$$y^2 - \left(x - \frac{a}{2}\right)^2 = 0.$$

Or ceci représente l'ensemble des droites Δ, Δ' passant par le point C et parallèles aux asymptotes de l'hyperbole. De plus, on reconnaît que l'origine est dans la région négative de l'ensemble de ces droites.

On en conclut immédiatement que les points de la branche L_2CEL_3 sont des centres d'ellipses, et que ceux de l'autre branche $LODL_1$ sont des centres d'hyperboles [1].

[1] Ce raisonnement ne s'applique pas au point C, car pour ce point, on a $x_0 = \frac{a}{2}$, $y_0 = 0$, et la valeur de λ n'existe plus. On pourra prendre alors l'autre valeur $\frac{b - 2y_0}{2x_0}$, et on reconnaîtra que le point C est centre d'ellipse.

Remarque. — Ces résultats peuvent s'obtenir par un autre procédé.

Résolvons les équations (2) par rapport à x et y, nous obtenons

$$x = \frac{a - b\lambda}{2(1 - \lambda^2)}, \qquad y = \frac{b - a\lambda}{2(1 - \lambda^2)};$$

ce sont les coordonnées du centre en fonction de λ. Quand λ varie de $-\infty$ à $+\infty$, le point (x, y) décrit l'hyperbole que nous avons construite, et il est aisé de suivre sur la courbe le mouvement du point. Il suffit d'indiquer les signes et les valeurs remarquables de x et y quand λ varie de $-\infty$ à $+\infty$. Nous avons le tableau suivant

λ	$-\infty$		-1		0		$\frac{b}{a}$		$+1$		$\frac{a}{b}$		$+\infty$
x	0	$-$	$-\infty$ ‖ $+\infty$	$+$	$\frac{a}{2}$	$+$	$\frac{a}{2}$	$+$	$+\infty$ ‖ $-\infty$	$-$	0	$+$	0
y	0	$-$	$-\infty$ ‖ $+\infty$	$+$	$\frac{b}{2}$	$+$	0	$-$	$-\infty$ ‖ $+\infty$	$+$	$\frac{b}{2}$	$+$	0
	O	→	L ‖ L_3	→	E	→	C	→	L_2 ‖ L_1	→	D	→	O

Nous avons indiqué en troisième ligne comment le point se déplace sur la courbe.

On voit alors que lorsque le point décrit la branche LOL_1, λ est extérieur à l'intervalle $(-1, +1)$, $1 - \lambda^2$ est négatif, la conique est une hyperbole. Si le point décrit la branche L_2CL_3, λ est compris dans l'intervalle $(-1, +1)$, $1 - \lambda^2$ est positif, la conique est une ellipse.

300. *On donne un triangle* OAB *et une droite* OD *passant par le point* O. *Trouver le lieu des centres des coniques passant par les trois points* O, A, B *et tangentes en* O *à la droite* OD. *Séparer sur le lieu trouvé les centres d'ellipses des centres d'hyperboles.*

Prenons comme axe des x la droite OA, comme axe des y la droite OB; posons $\overline{OA} = a$, $\overline{OB} = b$, et désignons par m le coefficient angulaire de la droite OD.

L'équation générale des coniques considérées est

$$bmx^2 + \lambda xy - ay^2 - abmx + aby = 0,$$

et le lieu de leurs centres a pour équation

$$2bmx^2 + 2ay^2 - abmx - aby = 0.$$

301. *Trouver le lieu des centres des coniques considérées au n° 270.*

Séparer sur le lieu trouvé les centres d'ellipses des centres d'hyperboles.

Le lieu des centres est une courbe du troisième degré qui a pour équation

$$2y(x^2 - y^2) - ax^2 = 0.$$

On la construira aisément soit en résolvant l'équation par rapport

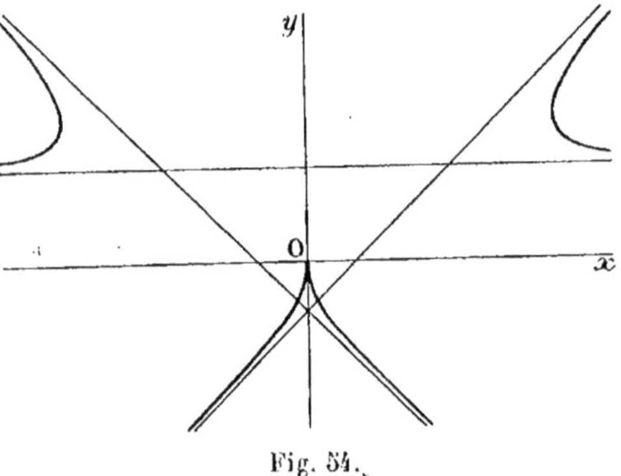

Fig. 54.

à x^2, soit en posant $y = tx$. La courbe est symétrique par rapport à Oy; elle a un point de rebroussement à l'origine et elle admet trois asymptotes $y = \frac{a}{2}$, $y = \pm x - \frac{a}{4}$.

Les centres d'ellipses sont situés sur les branches de courbes placées au-dessous de Ox, et les centres d'hyperboles sur les branches placées au-dessus de l'asymptote $y = \frac{a}{2}$.

302. *Lieu des centres des coniques passant par quatre points.*

Mêmes axes et mêmes notations qu'au n° 264.

Le lieu des centres est la conique (C) définie par l'équation

$$\frac{2x^2}{aa'} - \frac{2y^2}{bb'} - \frac{a+a'}{aa'}x + \frac{b+b'}{bb'}y = 0.$$

Cette conique passe par le milieu de AA'; comme A, A' sont deux sommets quelconques du quadrangle complet (30) défini par les quatre points donnés, on peut dire que la conique (C) passe par les milieux des côtés du quadrangle.

Elle passe aussi par l'origine, qui est un point diagonal; elle passe donc par les trois points diagonaux.

Nous mettons ainsi en évidence neuf points de la conique : les milieux des six côtés et les trois points diagonaux. C'est pour cette raison que cette conique s'appelle la *conique des neuf points*.

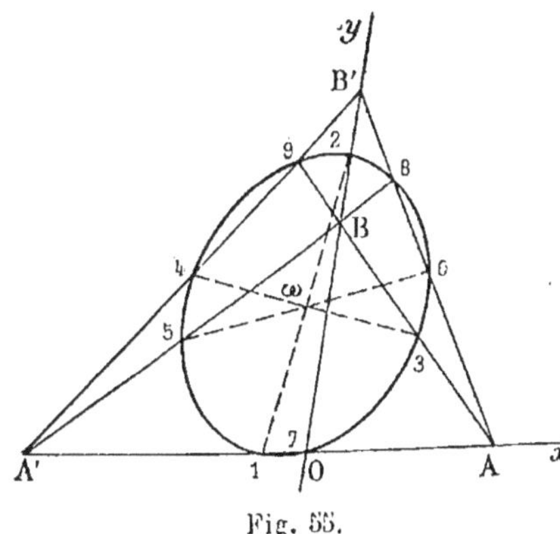

Fig. 55.

On vérifiera aisément que son centre ω est le milieu des droites 12, 34, 56 qui joignent les milieux des côtés opposés (30).

Si le quadrilatère donné est concave, $aa'bb' < 0$, la conique (C) est une ellipse, et tous ses points sont des centres d'hyperboles (fig. 55).

Si le quadrilatère est convexe, $aa'bb' > 0$, la conique (C) est une hyperbole ; la branche qui passe par les points diagonaux

7, 8, 9 est le lieu des centres d'hyperboles, l'autre branche contient les centres d'ellipses (fig. 56).

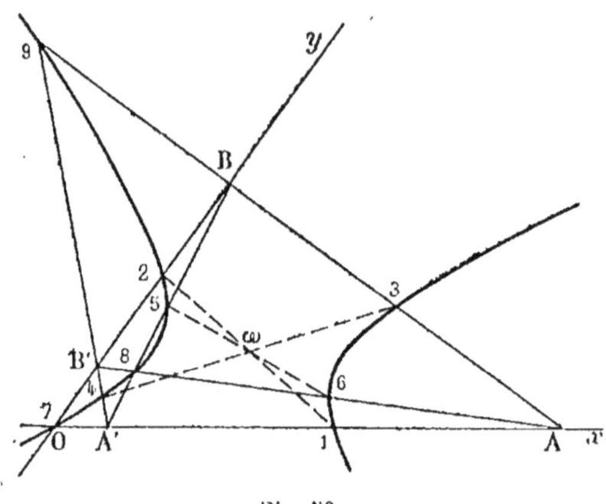

Fig. 56.

Cas particulier. — Si les quatre points sont tels que l'un quelconque d'entre eux soit le point de concours des hauteurs du triangle formé par les trois autres, toutes les coniques passant par ces quatre points sont des hyperboles équilatères (264), et la conique (C) se réduit au cercle des neuf points du triangle formé par trois quelconques des points (295).

303. *Lieu des centres des coniques passant par deux points et tangentes à une droite donnée en un point donné.*

On pourra adopter les axes et les notations du n° 265. Comparer les résultats à ceux de l'exercice précédent.

304. *Lieu des centres des coniques tangentes à deux droites données en des points donnés.*

Le lieu est une droite.

305. *Lieu des centres des coniques circonscrites à un triangle* *et dans lesquelles le diamètre parallèle à l'un des côtés du triangle conserve une longueur constante.*

Soit le triangle OAB ; prenons comme axe des x OA, comme axe des y OB, posons $\overline{OA} = a$, $OB = b$, et soit k la demi-longueur supposée constante du diamètre parallèle à OA. Le lieu demandé a pour équation

$$bx(2x - a) + (ax - 2k^2)(2y - b) = 0\,;$$

on construira ce lieu, et on séparera les centres d'ellipses des centres d'hyperboles.

306. *On donne deux cercles* (C) *et* (C′). *Un point* P *se meut sur le premier ; l'enveloppe des polaires de ce point par rapport au cercle* (C′) *est une conique* (γ).

Lorsque le centre du cercle (C′) *se meut sur un cercle* (C″) *concentrique au cercle* (C), *le centre de la conique* (γ) *décrit un cercle concentrique au cercle* (C).

307. *On donne deux droites* D, Δ, *un point* O *sur la droite* D *et un point* A *quelconque. Lieu des centres des coniques touchant la droite* D *au point* O *et telles que par rapport à ces coniques le point* A *soit le pôle de la droite* Δ.

Le lieu est une droite passant par le point de rencontre de D et Δ.

308. *Lieu des centres des coniques tangentes à quatre droites.*

Prenons pour axes de coordonnées deux des droites données, et soient

$$(D)\quad \frac{x}{a} + \frac{y}{b} - 1 = 0, \qquad (D')\quad \frac{x}{a'} + \frac{y}{b'} - 1 = 0$$

les équations des deux autres.

Une conique quelconque tangente aux axes Ox, Oy a pour équation (266)

$$\left(\frac{x}{p}+\frac{y}{q}-1\right)^2-\lambda xy=0.$$

Écrivons que cette conique est tangente à la droite (D); pour cela, nous formons l'équation de l'ensemble des droites joignant l'origine aux points de rencontre de la conique et de la droite (D), nous obtenons

$$\left[x\left(\frac{1}{p}-\frac{1}{a}\right)+y\left(\frac{1}{q}-\frac{1}{b}\right)\right]^2-\lambda xy=0,$$

et nous écrivons que ces deux droites sont confondues, ce qui nous donne

$$(1)\qquad \lambda=4\left(\frac{1}{p}-\frac{1}{a}\right)\left(\frac{1}{q}-\frac{1}{b}\right);$$

de même, en écrivant que la conique est tangente à (D′) nous avons

$$(2)\qquad \lambda=4\left(\frac{1}{p}-\frac{1}{a'}\right)\left(\frac{1}{q}-\frac{1}{b'}\right).$$

Enfin les coordonnées du centre sont définies par les équations

$$(3)\qquad \frac{2}{p}\left(\frac{x}{p}+\frac{y}{q}-1\right)=\lambda y,$$

$$(4)\qquad \frac{2}{q}\left(\frac{x}{p}+\frac{y}{q}-1\right)=\lambda x.$$

Nous aurons le lieu du centre en éliminant p, q, λ entre les équations (1), (2), (3) et (4).

Divisons membre à membre les équations (3) et (4), nous avons

$$\frac{p}{q}=\frac{x}{y},\qquad \text{ou}\qquad \frac{p}{x}=\frac{q}{y},$$

ou encore, en introduisant une variable auxiliaire ρ,

$$\frac{p}{x}=\frac{q}{y}=\frac{1}{\rho},$$

ce qui donne

$$(5) \qquad p=\frac{x}{\rho}, \qquad q=\frac{y}{\rho}.$$

Portons ces valeurs dans la relation (3) ou dans la relation (4), nous avons

$$(6) \qquad \lambda=\frac{2\rho}{xy}(2\rho-1).$$

Remplaçons maintenant p, q, λ par ces valeurs (5) et (6) dans les équations (1) et (2), nous avons

$$\frac{2\rho}{xy}(2\rho-1)=4\left(\frac{\rho}{x}-\frac{1}{a}\right)\left(\frac{\rho}{y}-\frac{1}{b}\right),$$
$$\frac{2\rho}{xy}(2\rho-1)=4\left(\frac{\rho}{x}-\frac{1}{a'}\right)\left(\frac{\rho}{y}-\frac{1}{b'}\right),$$

et il n'y a plus qu'à éliminer ρ entre ces deux équations.

On les écrit aisément sous la forme

$$\rho\left(bx+ay-\frac{ab}{2}\right)-xy=0,$$

$$\rho\left(b'x+a'y-\frac{a'b'}{2}\right)-xy=0,$$

et le résultat de l'élimination est

$$(b-b')x+(a-a')y-\frac{ab-a'b'}{2}=0.$$

Cette équation représente la droite qui joint les milieux des diagonales du quadrilatère complet formé par les quatre droites données (exercice n° 1).

Donc le lieu des centres des coniques tangentes aux quatre côtés d'un quadrilatère complet est la droite qui joint les milieux des diagonales.

309. *Le lieu des centres des hyperboles équilatères tangentes aux trois côtés d'un triangle est le cercle conjugué par rapport au triangle.*

En prenant comme axes deux côtés du triangle et en désignant par $\frac{x}{a}+\frac{y}{b}-1=0$ l'équation du troisième, on sera conduit à éliminer p, q, λ entre les équations (1), (3), (4) du n° précédent et la suivante

$$\frac{1}{p^2}+\frac{1}{q^2}-\left(\frac{2}{pq}-\lambda\right)\cos\theta=0,$$

qui exprime que l'hyperbole est équilatère.

En suivant la même méthode, il suffira d'éliminer ρ entre les équations

$$\rho\left(bx+ay-\frac{ab}{2}\right)-xy=0,$$

$$\rho(x^2+y^2+2xy\cos\theta)-2xy\cos\theta=0,$$

ce qui donne

$$x^2+y^2+2xy\cos\theta-2(bx+ay)\cos\theta+ab\cos\theta=0.$$

Cette équation représente bien le cercle conjugué au triangle.

310. *On donne deux axes* Ox, Oy *faisant l'angle* θ *et un point* A, *situé sur* Ox *et ayant pour abscisse* a.

1° *Former l'équation générale des hyperboles équilatères tangentes à* Ox *au point* A *et rencontrant* Oy *en deux points dont le produit des ordonnées est égal à la constante* b^2.

2° *Montrer que ces hyperboles ont mêmes directions asymptotiques.*

3° *Le lieu de leurs centres est une droite. Déterminer* θ *de façon que cette droite soit perpendiculaire à* Ox.

L'équation générale est

$$x^2 + 2mxy + \frac{a^2}{b^2}y^2 - 2ax + 2\lambda y + a^2 = 0,$$

où l'on a posé $m = \dfrac{a^2 + b^2}{2b^2 \cos\theta}$, et où λ désigne un paramètre variable.

Le lieu des centres est la droite $x + my - a = 0$, qui est perpendiculaire à Ox dans le cas où l'on a

$$\cos^2\theta = \frac{a^2 + b^2}{2b^2}.$$

Cette relation ne détermine θ que si $a^2 < b^2$.

311. *On considère les hyperboles équilatères qui ont pour sommet un point donné* O *et qui passent par un autre point donné* A.

1° *Trouver et construire la courbe lieu de leurs centres.*

2° *Trouver l'enveloppe des axes non transverses des hyperboles considérées.*

Prenons le point O pour origine, OA pour axe des x, l'axe des y lui étant perpendiculaire, et désignons par $2a$ l'abscisse du point A.

L'équation générale des hyperboles équilatères passant par les points O et A est

$$x^2 + 2Bxy - y^2 - 2ax + 2Ey = 0.$$

Pour écrire que le point O est sommet, nous écrivons que le diamètre conjugué de la tangente à l'origine est perpendiculaire à cette tangente. La tangente à l'origine a pour coefficient angulaire $\frac{a}{E}$; le diamètre conjugué de cette direction a pour équation

$$x + By - a + \frac{a}{E}(Bx - y + E) = 0.$$

Son coefficient angulaire est $-\frac{aB + E}{BE - a}$; on doit donc avoir $-\frac{aB + E}{BE - a} = -\frac{E}{a}$, ou, en posant $E = -\lambda$,

$$B = \frac{2a\lambda}{a^2 - \lambda^2}.$$

L'équation générale des hyperboles équilatères est donc

$$x^2 + \frac{4a\lambda}{a^2 - \lambda^2}xy - y^2 - 2ax - 2\lambda y = 0.$$

1° Les équations qui déterminent le centre sont

$$x + \frac{2a\lambda}{a^2 - \lambda^2}y - a = 0, \qquad \frac{2a\lambda}{a^2 - \lambda^2}x - y - \lambda = 0;$$

au lieu d'éliminer λ entre ces deux équations, il est plus simple de les résoudre par rapport à x et y. Nous trouvons ainsi

$$(1) \qquad x = \frac{a(a^2 - \lambda^2)}{a^2 + \lambda^2}, \qquad y = \frac{\lambda(a^2 - \lambda^2)}{a^2 + \lambda^2}.$$

Cette fois l'élimination est immédiate, car on tire de ces deux équations $\frac{x}{y} = \frac{a}{\lambda}$, ou $\lambda = \frac{ay}{x}$ et, en remplaçant λ par cette valeur dans l'une des équations (1), on obtient pour équation du lieu

$$x(x^2 + y^2) - a(x^2 - y^2) = 0.$$

C'est l'équation d'une strophoïde droite, aisée à construire.

2° L'axe transverse passe par le centre et est parallèle à la tangente au point O. Son équation est donc

$$y - \frac{\lambda(a^2 - \lambda^2)}{a^2 + \lambda^2} = -\frac{a}{\lambda}\left[x - \frac{a(a^2 - \lambda^2)}{a^2 + \lambda^2}\right],$$

ou

$$ax + \lambda y + \lambda^2 - a^2 = 0.$$

Il enveloppe la parabole

$$y^2 - 4a(x - a) = 0.$$

312. *Trouver le lieu des centres des coniques définies par l'équation*

$$x^2 - \lambda(1 - \lambda)xy + \lambda^2 y^2 - a\lambda^2 y = 0,$$

où λ *désigne un paramètre variable.*

Séparer sur le lieu trouvé les centres d'ellipses des centres d'hyperboles.

313. *On considère toutes les paraboles circonscrites à un triangle, et on demande de trouver le lieu des points de contact des tangentes parallèles aux côtés du triangle.*

Prenons comme axes de coordonnées les côtés OA et OB du triangle, et posons $OA = a$, $OB = b$.

On voit sans difficulté que l'équation générale des paraboles circonscrites au triangle OAB est

$$(1) \qquad f(x,y) \equiv (x + \lambda y)^2 - ax - b\lambda^2 y = 0.$$

Les points de contact des tangentes parallèles à OA, c'est-à-dire à l'axe des x, sont les points de rencontre de la courbe et du diamètre conjugué de la direction Ox,

$$(2) \qquad f'_x(x,y) \equiv 2(x + \lambda y) - a = 0.$$

On aura le lieu des points de contact des tangentes parallèles à OA en éliminant λ entre les équations (1) et (2). L'élimination est immédiate et donne

$$(3) \qquad a(a - 4x)y - b(2x - a)^2 = 0,$$

ou

$$4x(bx + ay) - 4abx - a^2y + a^2b = 0.$$

Le lieu est une hyperbole dont les directions asymptotiques sont définies par les équations

$$x = 0, \qquad bx + ay = 0\,;$$

ce sont les directions OB et AB.

On peut d'ailleurs construire aisément cette hyperbole en résolvant l'équation (3) par rapport à y,

$$y = \frac{b(2x - a)^2}{a(a - 4x)}.$$

Soient A_1, A_2, A_3 les points qui divisent OA en quatre parties égales. On reconnaîtra aisément que les asymptotes sont la parallèle à OB menée par le point A_1, et la parallèle à AB menée par le point A_3. Le centre est le milieu de la médiane BA_2. Enfin, la courbe est tangente à OA au point A_2 ; elle passe par le point B, la tangente en ce point étant parallèle à OA.

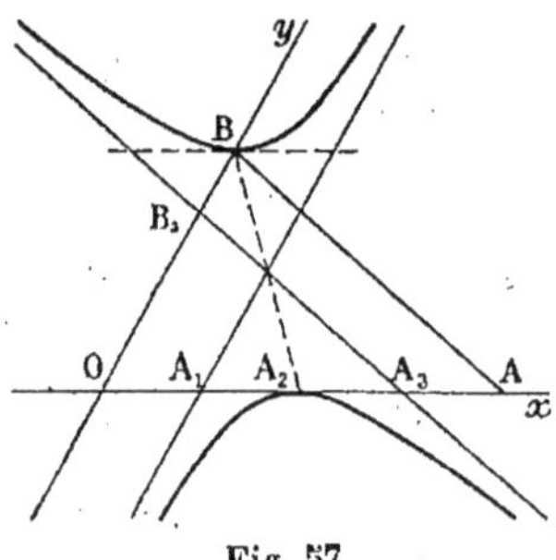

Fig. 57.

Comme la droite OA est un côté quelconque du triangle, on déduit de là les lieux des points de contact des tangentes parallèles aux autres côtés du triangle.

Le lieu complet se compose de trois hyperboles qui ont deux à deux une asymptote commune.

314. *On considère les hyperboles équilatères circonscrites à un triangle rectangle ; trouver le lieu des points de contact des tangentes parallèles à une direction donnée.*

Prenons comme axes les côtés de l'angle droit du triangle,

OA et OB ; posons $OA = a$, $OB = b$, et désignons par m le coefficient angulaire de la direction donnée.

L'équation générale des hyperboles équilatères circonscrites au triangle est

$$(1) \qquad f(x, y) \equiv x^2 + 2\lambda xy - y^2 - ax + by = 0\,;$$

les points de contact des tangentes parallèles à la direction m sont les points de rencontre de la courbe et du diamètre conjugué de cette direction,

$$(2) \qquad f'_x + m f'_y \equiv 2x + 2\lambda y - a + m(2\lambda x - 2y + b) = 0.$$

Le lieu demandé s'obtient en éliminant λ entre les deux équations. On trouve

$$(x^2 + y^2)(mx - y) + by^2 - amx^2 = 0.$$

Le lieu est une cubique circulaire, qu'on construira aisément en posant $y = tx$.

Cette cubique se décompose en un cercle et une droite lorsque la direction donnée est perpendiculaire à l'un quelconque des côtés du triangle AOB.

315. *On considère un rectangle* ABCD *dont les côtés sont parallèles deux à deux aux axes de coordonnées et dont les diagonales passent par l'origine. L'un des sommets* A *de ce rectangle a pour coordonnées* a *et* b.

1° *Former l'équation générale des hyperboles équilatères passant par les points* B, C, D.

2° *Soit* (H) *l'une de ces hyperboles. Par l'origine on mène des parallèles aux asymptotes de cette courbe ; chacune de ces parallèles rencontre la courbe en un point ; soient* M *et* N *ces deux points. Former l'équation de la droite* MN *et trouver le lieu du point de rencontre de cette droite et de la polaire* (Δ) *du point* A *par rapport à* (H).

3° *On considère le diamètre de* (H) *qui passe par le point*

$C(-a, -b)$; *ce diamètre rencontre la droite* MN *en* R *et la droite* (Δ) *en* S. *Lieux des points* R *et* S.

L'équation générale des hyperboles peut se mettre sous la forme

$$\lambda(x+a)(y+b)+(bx+ay)(ax-by+a^2-b^2)=0.$$

L'équation de l'ensemble des parallèles aux asymptotes menées par l'origine est

$$\lambda xy+(bx+ay)(ax-by)=0\,;$$

en retranchant ces deux équations on formera l'équation de la droite MN,

$$\lambda(bx+ay+ab)+(a^2-b^2)(bx+ay)=0.$$

Le lieu du point de rencontre de MN et (Δ) est

$$(ax-by)(bx+ay+ab)-ab(a^2-b^2)=0\,;$$

c'est une hyperbole qui a pour asymptotes la droite qui joint les milieux de BC et CD, et la perpendiculaire à cette droite passant par l'origine.

Le diamètre de l'hyperbole qui passe au point C a pour équation

$$\lambda(ax+by+a^2+b^2)+(a^2+b^2)(ax-by+a^2-b^2)=0.$$

On en déduit aisément les lieux des points R et S : ce sont des coniques.

316. *On donne deux axes quelconques* Ox, Oy, *un point* A $(x=a,\ y=0)$ *sur l'axe des* x, *un point* B $(x=0,\ y=b)$ *sur l'axe des* y *et une droite* (D) $(y-mx=0)$.

1° *Former l'équation générale des coniques circonscrites au triangle* AOB *et telles que le pôle de la droite* AB *soit sur* (D).

2° *Démontrer que toutes ces coniques ont une tangente commune qui avec l'axe des x, l'axe des y et la droite (D) détermine sur AB une division harmonique ; et que la droite (D) a un pôle fixe par rapport à toutes ces coniques.*

3° *Démontrer que le lieu des centres de ces coniques est tangent à la droite (D), et que si l'on fait varier m il passe par quatre points fixes.*

4° *Démontrer que la polaire d'un point (α, β) donné, prise par rapport aux coniques du faisceau, passe par un point fixe. Comment se déplace ce point quand m varie ?*

5° *Démontrer que le faisceau de coniques correspondant à une valeur donnée de m admet deux paraboles réelles ou imaginaires, et chercher le lieu des points de rencontre des tangentes à ces paraboles aux points A et B quand m varie.*

1° L'équation générale des coniques considérées peut se mettre sous la forme

$$\left(\frac{x}{a}+\frac{y}{b}-1\right)(y+mx)+2\lambda xy=0.$$

2° Le pôle de la droite (D) par rapport à toutes ces coniques est le point de rencontre des deux droites

$$y+mx=0, \qquad \frac{x}{a}+\frac{y}{b}-1=0.$$

3° Le lieu des centres est la conique

$$\frac{2mx^2}{a}-\frac{2y^2}{b}+y-mx=0,$$

qui est tangente à l'origine à la droite (D) ; les quatre points fixes sont l'origine et les milieux des côtés du triangle OAB.

4° La polaire du point (α, β) passe par le point fixe qui est défini par les deux équations

$$\alpha y+\beta x=0,$$

$$\left(\frac{\alpha}{a}+\frac{\beta}{b}-1\right)(y+mx)+(\beta+m\alpha)\left(\frac{x}{a}+\frac{y}{b}-1\right)=0;$$

et quand m varie ce point fixe se déplace sur la droite

$$\alpha y + \beta x = 0.$$

5° L'équation des paraboles du faisceau est

$$bmx^2 \pm 2\sqrt{mab}\, xy + ay^2 - ab(y + mx) = 0,$$

et le lieu demandé est l'hyperbole $4xy - ab = 0$.

317. *Soit un parallélogramme* OABC ; *sur la diagonale* OC *on prend un point* I *quelconque, et on considère une conique* (S) *ayant le point* I *pour centre et passant aux trois points* O, A, B. *A cette conique on mène des tangentes parallèles à* OA *et des tangentes parallèles à* OB, *et on demande le lieu des points de contact de ces tangentes lorsque le point* I *parcourt la droite indéfinie* OC.

Sur chaque lieu trouvé on séparera les parties qui correspondent au cas où la conique considérée (S) *est du genre ellipse de celles qui correspondent au cas où cette conique est du genre hyperbole.*

318. *On donne une ellipse* (E) *et un point* P *dans son plan ; puis on considère deux diamètres conjugués variables* (D) *et* (D').

1° *Lieu du point de rencontre du diamètre* (D) *et de la perpendiculaire abaissée du point* P *sur le diamètre* (D'). *Ce lieu est une hyperbole équilatère* (H).

2° *On suppose que l'ellipse* (E) *se déforme en conservant les mêmes foyers, trouver le lieu du centre de* (H).

3° *Dans les mêmes conditions trouver le lieu du point de* (H) *où la tangente est parallèle à une direction donnée. Montrer que ce lieu est une conique qui passe par quatre points fixes quand la direction donnée varie.*

Soient $\frac{x^2}{a^2} + \frac{y^2}{b^2} - 1 = 0$ l'équation de l'ellipse (E) rapportée à ses axes et α, β les coordonnées du point P.

1° L'hyperbole (H) a pour équation

$$c^2xy + b^2\beta x - a^2\alpha y = 0. \qquad (c^2 = a^2 - b^2)$$

Cette courbe passe par l'origine, par le point P ; ses asymptotes sont parallèles aux axes de l'ellipse (E).

2° Le lieu du centre est la droite $\frac{x}{\alpha} + \frac{y}{\beta} - 1 = 0$.

3° Le lieu a pour équation

$$m\beta x(x - \alpha) - \alpha y(y - \beta) = 0,$$

m étant le coefficient angulaire de la direction donnée.

Cette conique est circonscrite au rectangle formé par les axes et par les parallèles aux axes menées par le point P.

319. *On donne deux axes quelconques* Ox, Oy, *un point* A *sur* Ox *d'abscisse* a, *un point* B *sur* Oy *d'ordonnée* b.

1° *Former l'équation générale des paraboles passant par le point* A, *et tangentes en* B *à* Oy.

2° *Lieu du point de rencontre de la tangente en* A *avec le diamètre qui passe par le point* O.

3° *Lieu du point de rencontre de la normale en* A *avec le diamètre qui passe par le point* O. *Ce lieu est une conique* (C).

4° *Trouver quand* a *varie le lieu du centre de la conique* (C) *et séparer sur le lieu trouvé les centres d'ellipses des centres d'hyperboles.*

1° $$(y - mx)^2 - \frac{b^2 + m^2a^2}{a}x - 2by + b^2 = 0.$$

2° $$x(bx + ay) - a(bx - ay) = 0.$$

Ce lieu est une hyperbole qui admet pour asymptotes les droites

$$x + a = 0, \qquad bx + ay - 2ab = 0.$$

3° $$a(2x^2 + y^2) - bxy - 2a^2x = 0.$$

4° $$2y(2x^2 - y^2) - bx^2 = 0.$$

320. *On donne un triangle* ABC. *D'un point quelconque* P, *pris sur le côté* AB, *on abaisse* PQ *perpendiculaire sur* AC ; *on mène les droites* BQ *et* CP, *qui se coupent au point* M.

1° *On demande le lieu du point* M *quand le point* P *parcourt la droite indéfinie* AB.

2° *Les droites indéfinies* AB *et* AC *restant fixes, on fait tourner la droite* BC *autour d'un point fixe* I *pris sur cette droite, et on demande le lieu du centre du lieu précédent.*

321. *On donne deux axes rectangulaires* Ox, Oy *et la droite* (D) *dont l'équation est* $x - h = 0$. *On considère toutes les coniques qui ont un foyer en* O *et pour lesquelles la droite* (D) *est la directrice correspondant à ce foyer.*

1° *Former l'équation du lieu des points de contact des tangentes menées à toutes ces coniques, parallèlement à une direction de coefficient angulaire* m. *Ce lieu est une hyperbole* (H).

2° *Trouver le lieu du centre de l'hyperbole* (H) *quand* m *varie.*

L'équation de l'hyperbole (H) est

$$y(y - mx) + h(x + my) = 0,$$

et le lieu de son centre a pour équation

$$2y^2 - h(x - h) = 0.$$

322. *On donne deux axes quelconques* Ox, Oy, *un point* A *sur* Ox, *d'abscisse* a, *un point* B *sur* Oy, *d'ordonnée* b.

1° *Former l'équation générale des coniques* (C) *passant par les points* A *et* B, *tangentes en* A *à une parallèle à* Oy *et en* B *à une parallèle à* Ox.

2° *Former l'équation de la conique* (C_0) *appartenant à la famille* (C), *et passant par le point* O.

3° *Montrer que la conique* (C_0) *est une ellipse, que son centre est au point de rencontre des médianes du triangle* OAB, *et que la tangente en* O *à cette conique est parallèle à* AB.

4° Montrer que le rapport de l'aire du parallélogramme d'Apollonius construit sur deux diamètres conjugués de l'ellipse (C_0) *à l'aire du triangle* OAB *est une constante, quels que soient* a, b *et l'angle des axes de coordonnées.*

L'équation générale des coniques (C) est

$$(bx + ay - ab)^2 + 2\lambda(x-a)(y-b) = 0,$$

et l'équation de (C_0) est

$$b^2x^2 + a^2y^2 + abxy - ab(bx + ay) = 0.$$

Le rapport dont il est question dans la quatrième partie est égal à $\frac{16\sqrt{3}}{9}$.

323. *On considère les deux paraboles*

$$x^2\cos^2\alpha - 4a(x\cos\alpha + y\sin\alpha) = 0,$$
$$y^2\sin^2\alpha + 4a(x\cos\alpha + y\sin\alpha) = 0.$$

1° Montrer qu'elles sont tangentes à l'origine à la même droite, $x\cos\alpha + y\sin\alpha = 0$.

2° Outre cette tangente, elles admettent une autre tangente commune. Trouver l'équation de cette tangente, les coordonnées des points de contact, et vérifier que les droites joignant l'origine aux points de contact sont perpendiculaires.

L'équation de la tangente commune est

$$x\cos\alpha - y\sin\alpha - 4a = 0.$$

Elle touche la première parabole au point $x = \frac{4a}{\cos\alpha}$, $y = 0$, et la seconde au point $x = 0$, $y = -\frac{4a}{\sin\alpha}$.

324. *On donne une ellipse et un cercle passant par les sommets* A *et* A' *du grand axe de l'ellipse. On considère la* *polaire d'un point* M *du cercle par rapport à l'ellipse et on demande :*

1° *Le lieu du pôle de cette droite par rapport au cercle, quand le point* M *se déplace sur le cercle. Ce lieu est une conique* (C). *Discuter sa nature.*

2° *On suppose que le cercle varie en passant toujours par les points* A *et* A', *et on demande le lieu des points de rencontre de la conique* (C) *et de la tangente en* A *au cercle.*

325. *On considère toutes les coniques conjuguées par rapport à un triangle* OAB *rectangle en* O *et qui sont vues sous un angle droit du sommet* C *du rectangle construit sur* OA, OB *et opposé à* O.

1° *Former l'équation générale de ces coniques et trouver le lieu de leurs centres.*

2° *Trouver l'enveloppe de la polaire du point* C.

3° *Trouver le lieu des points de contact des tangentes issues du point* C.

En prenant comme axes de coordonnées OA, OB et en posant OA $= a$, OB $= b$, on trouve

1° $ax + by = a^2 + b^2$;

2° $(ax - by)^2 - 2(a^2 + b^2)(ax + by) + (a^2 + b^2)^2 = 0$ (parabole tangente aux trois côtés du triangle OAB);

3° $2xy(ax + by) + ab(x^2 + y^2) = 0$.

326. *Les axes de coordonnées étant rectangulaires, on donne les points* A$(x = a,\ y = 0)$, B$(x = 0,\ y = b)$ *et la parallèle* OC *menée par l'origine* O *à* AB.

1° *Former l'équation générale des paraboles* (P) *tangentes à* OC *et passant par les points* A, B.

2° *Lieu du pôle de* AB *par rapport à ces courbes.*

3° *Lieu du point de rencontre des normales en* A *et* B.

4° *Lieu du point de rencontre de la parabole* (P) *et du diamètre passant par l'origine.*

On trouve

1° $$\left[y - \frac{b}{2} - m\left(x - \frac{a}{2}\right)\right]^2 - \frac{(b + ma)^2}{4}\left(\frac{x}{a} + \frac{y}{b}\right) = 0\,;$$

2° $$\frac{x}{a} + \frac{y}{b} + 1 = 0\,;$$

3° $$(ax - by)^2 - (a^2 - 3b^2)ax - (b^2 - 3a^2)by - 3a^2b^2 = 0\,;$$

4° $$\left(\frac{x}{a} + \frac{y}{b}\right)^3 - \left(\frac{x}{a} - \frac{y}{b}\right)^2 = 0.$$

327. *On donne deux axes rectangulaires* Ox, Oy *et un point* A, *d'abscisse* a, *sur* Ox. *On considère un cercle* (Γ) *variable, tangent à* Ox *au point* A, *et rencontrant* Oy *en deux points* B *et* C. *L'hyperbole équilatère* (H) *qui passe par les points* A, B, C *et par le centre* O′ *du cercle* (Γ) *rencontre ce cercle en un quatrième point* M.

1° *Le lieu du centre* ω *de l'hyperbole* H *est une circonférence.*

2° *Le lieu du point* M *est une circonférence.*

3° *La droite* Mω *rencontre l'hyperbole* H *en un second point qui reste fixe.*

4° *La droite menée par* O′ *parallèlement à la tangente en* M *à l'hyperbole* H *enveloppe une parabole.*

En désignant par λ l'ordonnée du point O′ on trouve pour équation de H

$$x^2 - y^2 - \frac{\lambda}{a}xy + 2\lambda y - a^2 = 0,$$

et pour coordonnées du point M

$$x = \frac{5a\lambda^2 + 4a^3}{\lambda^2 + 4a^2}, \qquad y = \frac{8a^2\lambda}{\lambda^2 + 4a^2}.$$

328. *On donne deux axes quelconques* Ox, Oy, *un point* A *sur* Ox, *un point* B *sur* Oy, *et on considère le point* C, *quatrième sommet du parallélogramme construit sur* OA *et* OB. *On prend sur* Ox *un point variable* P, *sur* Oy *un point variable* Q *tels que l'on ait* $\overline{OP} \cdot \overline{OQ} = \overline{AP} \cdot \overline{BQ}$.

1° *Démontrer que le cercle circonscrit au triangle* OPQ *passe par un point fixe.*

2° *On mène par le point* P *la parallèle* PD *à* OC, *par le point* A *la parallèle* AD *à* PQ, *et par le point* D *la parallèle* DE *à* OA, *qui coupe* PQ *en un point* E, *dont on demande le lieu. Construire ce lieu.*

3° *Trouver le lieu du point de rencontre des droites* PB, QA. *Ce lieu est une ellipse* (γ). *Construire cette ellipse.*

4° *Trouver le lieu du centre de* (γ) *lorsque la droite* AB *tourne autour d'un point fixe* H, *ou se déplace parallèlement à une direction donnée.*

5° *Lieu des points de contact des tangentes à* (γ) *menées par le point* H.

6° *Lieu des points de contact des tangentes menées à* (γ) *parallèlement à l'une des droites* OA, OB, AB.

CHAPITRE VII

EXERCICES SUR LES ÉQUATIONS RÉDUITES DES CONIQUES

I. — Ellipse.

329. 1° *Par un point fixe* M *situé sur une conique on mène deux cordes rectangulaires variables* MP, MQ. *Démontrer que la droite* PQ *qui joint leurs extrémités passe par un point fixe* N, *situé sur la normale en* M *à la conique.*

2° *Trouver le lieu du point* N *lorsque le point* M *se déplace sur la conique.*

Supposons d'abord que la conique soit une ellipse rapportée à ses axes, $\frac{x^2}{a^2}+\frac{y^2}{b^2}-1=0$, et désignons par x_0, y_0 les coordonnées du point M ; nous avons

$$\frac{x_0^2}{a^2}+\frac{y_0^2}{b^2}-1=0. \tag{1}$$

Considérons une droite quelconque Δ, $ux+vy+w=0$; elle rencontre l'ellipse en deux points P et Q. Nous allons montrer que si les droites MP, MQ sont perpendiculaires, Δ passe par un point fixe.

Pour former aisément l'équation de l'ensemble des droites MP, MQ, nous transportons l'origine des coordonnées au point M ; les équations de l'ellipse et de la droite Δ deviennent

$$\frac{(x+x_0)^2}{a^2}+\frac{(y+y_0)^2}{b^2}-1=0,$$

$$u(x+x_0)+v(y+y_0)+w=0,$$

ou, en tenant compte de (1),

$$(2)\qquad \begin{cases} \dfrac{x^2}{a^2}+\dfrac{y^2}{b^2}+2\left(\dfrac{xx_0}{a^2}+\dfrac{yy_0}{b^2}\right)=0, \\ ux+vy+ux_0+vy_0+w=0. \end{cases}$$

Le point M étant à l'origine, nous obtiendrons l'équation de l'ensemble des droites MP, MQ, en rendant homogènes les équations (2), et en éliminant la variable d'homogénéité.

Les équations rendues homogènes s'écrivent

$$\frac{x^2}{a^2}+\frac{y^2}{b^2}+2z\left(\frac{xx_0}{a^2}+\frac{yy_0}{b^2}\right)=0,$$
$$ux+vy+z(ux_0+vy_0+w)=0,$$

et en éliminant z nous obtenons

$$\left(\frac{x^2}{a^2}+\frac{y^2}{b^2}\right)(ux_0+vy_0+w)-2\left(\frac{xx_0}{a^2}+\frac{yy_0}{b^2}\right)(ux+vy)=0;$$

telle est l'équation de l'ensemble des droites MP, MQ.

Pour que ces droites soient perpendiculaires, il faut et il suffit que la somme des coefficients de x^2 et de y^2 soit nulle. Ceci nous donne

$$\left(\frac{1}{a^2}+\frac{1}{b^2}\right)(ux_0+vy_0+w)-2\left(\frac{ux_0}{a^2}+\frac{vy_0}{b^2}\right)=0,$$

ou

$$ux_0\left(\frac{1}{b^2}-\frac{1}{a^2}\right)+vy_0\left(\frac{1}{a^2}-\frac{1}{b^2}\right)+w\left(\frac{1}{a^2}+\frac{1}{b^2}\right)=0,$$

ou encore, en posant selon l'usage $c^2=a^2-b^2$,

$$u\frac{c^2x_0}{a^2+b^2}-v\frac{c^2y_0}{a^2+b^2}+w=0.$$

Cette condition exprime que la droite Δ passe par le point fixe N qui a pour coordonnées

$$(3)\qquad x=\frac{c^2x_0}{a^2+b^2},\qquad y=-\frac{c^2y_0}{a^2+b^2}.$$

On vérifiera aisément que ce point est situé sur la normale en M à la conique.

Ce théorème est appelé théorème de *Frégier*, et le point N est dit le point de Frégier relatif au point M.

Pour avoir le lieu du point N quand le point M décrit l'ellipse, il suffit d'éliminer x_0, y_0 entre les équations (1) et (3). Ce calcul donne

$$\frac{(a^2+b^2)^2}{a^2c^4}x^2 + \frac{(a^2+b^2)^2}{b^2c^4}y^2 - 1 = 0.$$

Cette équation représente une ellipse homothétique à l'ellipse donnée.

Le calcul et les résultats sont analogues si la conique est une hyperbole.

Enfin, dans le cas où la conique est une parabole, $y^2 - 2px = 0$, on trouve pour les coordonnées du point N

$$x = x_0 + 2p, \qquad y = -y_0,$$

et pour le lieu de ce point

$$y^2 - 2p(x - 2p) = 0.$$

330. *La distance d'un point* M *d'une ellipse au point de Frégier correspondant est dans un rapport constant avec la longueur du diamètre conjugué du diamètre* OM [1].

Ce rapport constant est égal à $\dfrac{2ab}{a^2+b^2}$.

---

[1] Rappelons qu'étant donné un point $M(x_0, y_0)$ de l'ellipse

$$\frac{x^2}{a^2} + \frac{y^2}{b^2} - 1 = 0,$$

les extrémités du diamètre conjugué de OM ont pour coordonnées

$$\frac{x_1}{a} = \pm\frac{y_0}{b}, \qquad \frac{y_1}{b} = \mp\frac{x_0}{a},$$

les signes se correspondant.

331. *La droite qui joint les points de Frégier correspondant aux extrémités de deux diamètres conjugués d'une ellipse enveloppe une autre ellipse.*

Cette enveloppe a pour équation

$$\frac{x^2}{a^2}+\frac{y^2}{b^2}=\frac{c^4}{2(a^2+b^2)^2}.$$

332. *On donne une ellipse et deux points* P *et* P'. *On mène par ces points des cordes* AB, A'B' *parallèles et de direction variable. Montrer que l'axe radical des cercles ayant pour diamètres* AB *et* A'B' *passe par un point fixe.*

Soient x_0, y_0 et x_1, y_1 les coordonnées des points P et P', et $\frac{x^2}{a^2}+\frac{y^2}{b^2}-1=0$ l'équation de l'ellipse.

Une sécante passant par le point P, $y-y_0=m(x-x_0)$, rencontre l'ellipse en deux points A et B; si l'on désigne par x', y' et x'', y'' les coordonnées de ces deux points, l'équation du cercle décrit sur AB comme diamètre est (92)

$$(x-x')(x-x'')+(y-y')(y-y'')=0,$$

ou

$$x^2+y^2-x(x'+x'')-y(y'+y'')+x'x''+y'y''=0.$$

Or, x' et x'' sont racines de l'équation obtenue en éliminant y entre les équations de l'ellipse et de la sécante

$$b^2x^2+a^2(mx+y_0-mx_0)^2-a^2b^2=0,$$

ou

$$(b^2+a^2m^2)x^2+2a^2m(y_0-mx_0)x+a^2(y_0-mx_0)^2-a^2b^2=0.$$

On en déduit

$$x'+x''=-\frac{2a^2m(y_0-mx_0)}{b^2+a^2m^2}, \qquad x'x''=a^2\frac{(y_0-mx_0)^2-b^2}{b^2+a^2m^2}.$$

On pourrait calculer $y'+y''$ et $y'y''$ en formant l'équation aux y des points A et B ; mais il est plus simple d'observer que $y'+y''$ et $y'y''$ se déduisent respectivement de $x'+x''$ et $x'x''$ en changeant a en b, b en a, x_0 en y_0, y_0 en x_0 et m en $\frac{1}{m}$. On a ainsi

$$y'+y''=\frac{2b^2(y_0-mx_0)}{b^2+a^2m^2}, \qquad y'y''=b^2\frac{(y_0-mx_0)^2-a^2m^2}{b^2+a^2m^2}.$$

L'équation du cercle qui a pour diamètre AB est alors

$$x^2+y^2+\frac{2a^2m(y_0-mx_0)}{b^2+a^2m^2}x-\frac{2b^2(y_0-mx_0)}{b^2+a^2m^2}y$$
$$+\frac{(a^2+b^2)(y_0-mx_0)^2-a^2b^2(m^2+1)}{b^2+a^2m^2}=0$$

On en déduit facilement celle du cercle qui a pour diamètre A'B'. En retranchant les deux équations, on obtient l'équation de l'axe radical

$$2a^2mx-2b^2y+(a^2+b^2)(y_0-mx_0+y_1-mx_1)=0,$$

ou

$$m\left[2a^2x-(a^2+b^2)(x_0+x_1)\right]-\left[2b^2y-(a^2+b^2)(y_0+y_1)\right]=0;$$

on voit immédiatement que cette droite passe par le point fixe

$$x=\frac{(a^2+b^2)(x_0+x_1)}{2a^2}, \qquad y=\frac{(a^2+b^2)(y_0+y_1)}{2b^2}.$$

333. *D'un point* M *pris sur une ellipse on abaisse des perpendiculaires* MP, MQ *sur les axes de cette ellipse. Démontrer que l'enveloppe des cercles qui ont pour centres les points* P *et* Q *et qui passent par le point* M *se compose de deux ellipses ayant mêmes axes que l'ellipse donnée.*

Ces ellipses ont pour équations

$$\frac{x^2}{a^2+b^2}+\frac{y^2}{b^2}-1=0, \qquad \frac{x^2}{a^2}+\frac{y^2}{a^2+b^2}-1=0.$$

334. *Si autour d'un point* P *d'une ellipse on fait tourner un angle droit, on sait que la corde interceptée passe par un point fixe* I *situé sur la normale au point* P.

1° *Démontrer que les droites qui joignent les points* P *et* I *au centre de l'ellipse sont également inclinées sur les axes.*

2° *Si du point* P *on abaisse des perpendiculaires sur deux diamètres conjugués, la droite qui joint leurs pieds passe par un point fixe* K, *milieu de* IP.

3° *Lieu du point* K *quand* P *parcourt l'ellipse.*

335. *On projette un point* M *d'une ellipse en* P *et* Q *sur les diamètres conjugués égaux. Montrer que le milieu* I *de* PQ *est situé sur la normale à l'ellipse au point* M, *et que le point de Frégier relatif au point* M *est le symétrique de* M *par rapport à* I.

336. *Soit* M *un point d'une ellipse ayant pour centre le point* O. *On considère le cercle ayant pour centre le point* M *et pour rayon le demi-diamètre conjugué du diamètre* OM. *Démontrer que la polaire du point* O *par rapport à ce cercle rencontre la normale à l'ellipse au point* M *au point limite de cette normale, c'est-à-dire au point où cette normale touche son enveloppe.*

337. *Par l'un des foyers* F *d'une ellipse on mène une corde* AB *variable ; par le second foyer* F′ *on mène la corde* CD *perpendiculaire à* AB. *Soient* P *et* Q *les pôles de* AB *et de* CD *par rapport à l'ellipse.*

1° *La droite* PQ *enveloppe une ellipse ;*

2° *Le lieu du point de rencontre de* PQ *et* AB *est une courbe du troisième degré.*

L'enveloppe de PQ a pour équation

$$\frac{x^2}{\left(\frac{a^2}{c}\right)^2} + \frac{y^2}{\left(\frac{b^2}{c}\right)^2} - 1 = 0,$$

et le lieu du point de rencontre de PQ et AB est

$$y^2 = -\frac{b^2x^2(cx + a^2 + c^2)}{cx(a^2 + c^2) + b^4}.$$

338. *Soit* M *un point d'une ellipse de foyers* F *et* F'. *La perpendiculaire élevée en* F *à* FM, *et la perpendiculaire élevée en* F' *à* F'M *se rencontrent en* P. *Trouver le lieu du point* P *quand le point* M *se déplace sur l'ellipse.*

Le lieu est une courbe du quatrième degré

$$y^2 = \frac{a^2(x^2 - c^2)^2}{b^2(a^2 - x^2)}.$$

339. *Exprimer les coordonnées d'un point de l'ellipse en fonction d'un seul paramètre.*

Etant donnée une ellipse rapportée à ses axes

$$\frac{x^2}{a^2} + \frac{y^2}{b^2} - 1 = 0,$$

les coordonnées d'un point M de cette courbe peuvent être mises sous la forme

$$x = a\cos\varphi, \qquad y = b\sin\varphi;$$

et en faisant varier φ de 0 à 2π on obtient tous les points de la courbe.

Si l'on considère le cercle (C) décrit sur le grand axe de l'ellipse comme diamètre, et le point M_1 de ce cercle qui a même abscisse que le point M et une ordonnée de même signe, l'angle φ est l'angle que fait OM_1 avec Ox. On dit que cet angle est l'anomalie excentrique du point M.

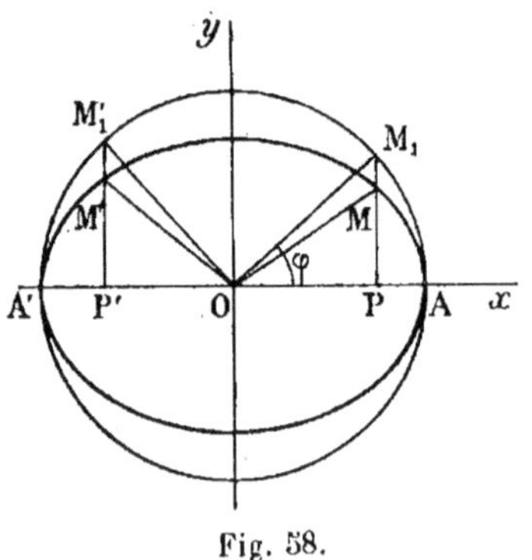

Fig. 58.

On peut considérer l'ellipse comme projection du cercle (C) (le plan du cercle ayant tourné autour de AA' d'un angle dont le cosinus égale $\frac{b}{a}$).

Il en résulte que deux rayons rectangulaires OM_1, OM'_1 du cercle se projettent suivant deux diamètres conjugués OM, OM' de l'ellipse ; par suite, si φ est l'anomalie excentrique du point M, celle du point M' est $\varphi + \frac{\pi}{2}$.

La tangente et la normale au point M ont respectivement pour équations

$$\frac{x \cos \varphi}{a} + \frac{y \sin \varphi}{b} - 1 = 0,$$

$$\frac{ax}{\cos \varphi} - \frac{by}{\sin \varphi} - c^2 = 0.$$

Si l'on pose $\operatorname{tg} \frac{\varphi}{2} = t$, on obtient les coordonnées d'un point de l'ellipse en fonction rationnelle d'un paramètre

$$x = \frac{a(1-t^2)}{1+t^2}, \qquad y = \frac{2bt}{1+t^2}.$$

On obtiendra comme pour le cercle (119), l'équation de la droite qui joint les deux points de l'ellipse correspondant aux valeurs t_1, t_2 du paramètre : cette équation est

$$\frac{x}{a}(1 - t_1 t_2) + \frac{y}{b}(t_1 + t_2) - (1 + t_1 t_2) = 0.$$

La tangente au point t_0 a pour équation

$$\frac{x}{a}(1-t_0^2)+\frac{2t_0y}{b}-(1+t_0^2)=0.$$

340. *Soient* OM, OM′ *deux diamètres conjugués d'une ellipse* (E) ; *soient* I *le milieu de* MM′ *et* T *le point de rencontre des tangentes en* M *et* M′.

1° *Le lieu du point* I *est une ellipse* (E′) *homothétique et concentrique à l'ellipse* (E). *La droite* MM′ *est tangente à* (E′) *au point* I.

2° *Le lieu du point* T *est une ellipse* (E″) *homothétique et concentrique à l'ellipse* (E).

Soient $a\cos\varphi$, $b\sin\varphi$ les coordonnées du point M, celles du point M′ sont

$$a\cos\left(\varphi+\frac{\pi}{2}\right),\quad b\sin\left(\varphi+\frac{\pi}{2}\right),\quad \text{ou}\quad -a\sin\varphi,\quad b\cos\varphi.$$

1° Le point I a pour coordonnées

$$x=\frac{a}{2}(\cos\varphi-\sin\varphi),\qquad y=\frac{b}{2}(\sin\varphi+\cos\varphi).$$

On en déduit

$$\frac{x}{a}=\frac{\cos\varphi-\sin\varphi}{2},\qquad \frac{y}{b}=\frac{\sin\varphi+\cos\varphi}{2},$$

et, en faisant la somme des carrés,

$$\text{(E')}\qquad \frac{x^2}{a^2}+\frac{y^2}{b^2}=\frac{1}{2};$$

c'est l'équation du lieu du point I.

La tangente à cette courbe au point I a pour pente $-\dfrac{b^2x}{a^2y}$ ou $\dfrac{b(\sin\varphi-\cos\varphi)}{a(\cos\varphi+\sin\varphi)}$, c'est le coefficient angulaire de MM′.

2° Les tangentes en M et M′ ont respectivement pour équations

$$\frac{x}{a}\cos\varphi + \frac{y}{b}\sin\varphi = 1,$$

$$-\frac{x}{a}\sin\varphi + \frac{y}{b}\cos\varphi = 1.$$

Faisons la somme des carrés, nous avons

$$\frac{x^2}{a^2} + \frac{y^2}{b^2} = 2\,;$$

c'est l'équation du lieu du point T.

341. *Soient* OM, OM′ *deux diamètres conjugués d'une ellipse. Sur la normale au point* M *on porte à partir du point* M *et dans les deux sens des longueurs* MN, MN′ *toutes deux égales à* OM′. *Trouver les lieux géométriques des points* N *et* N′.

Soit φ l'anomalie excentrique du point M ; la tangente en ce point a pour coefficient angulaire $-\frac{b\cos\varphi}{a\sin\varphi}$, et la normale $\frac{a\sin\varphi}{b\cos\varphi}$. Par suite, les paramètres directeurs de cette normale sont $b\cos\varphi$, $a\sin\varphi$, et les cosinus directeurs des demi-droites portées sur cette normale sont

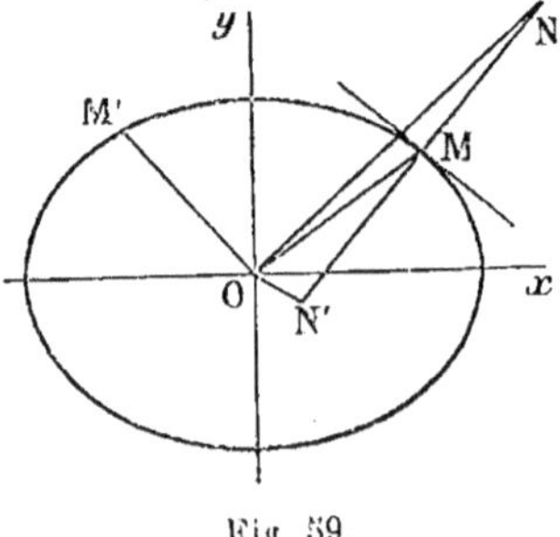

Fig. 59.

$$\frac{b\cos\varphi}{\pm\sqrt{b^2\cos^2\varphi + a^2\sin^2\varphi}},$$

$$\frac{a\sin\varphi}{\pm\sqrt{b^2\cos^2\varphi + a^2\sin^2\varphi}}.$$

Au signe + correspond la demi-droite MN située par rapport à la tangente du côté opposé à l'ellipse ; au signe — correspond la demi-droite MN′.

Les coordonnées du point M′ étant $-a\sin\varphi$, $b\cos\varphi$, nous

avons $OM' = \sqrt{b^2 \cos^2 \varphi + a^2 \sin^2 \varphi}$. Il en résulte que les coordonnées du point N sont

$$x = a \cos \varphi + \frac{b \cos \varphi}{\sqrt{b^2 \cos^2 \varphi + a^2 \sin^2 \varphi}} \sqrt{b^2 \cos^2 \varphi + a^2 \sin^2 \varphi},$$

$$y = b \sin \varphi + \frac{a \sin \varphi}{\sqrt{b^2 \cos^2 \varphi + a^2 \sin^2 \varphi}} \sqrt{b^2 \cos^2 \varphi + a^2 \sin^2 \varphi},$$

ou

$$x = (a + b) \cos \varphi, \qquad y = (a + b) \sin \varphi.$$

Le lieu du point N est donc le cercle

$$x^2 + y^2 = (a + b)^2.$$

On voit de même que le lieu du point N′ est le cercle

$$x^2 + y^2 = (a - b)^2.$$

342. *La tangente en un point* M *d'une ellipse rencontre les tangentes aux sommets du grand axe en des points* C *et* D. *On joint ces points aux foyers, les quatre droites obtenues se coupent en deux points* P *et* Q.

1° *Démontrer que les points* P *et* Q *sont situés sur la normale au point* M *à l'ellipse.*

2° *Trouver les lieux des points* P *et* Q *quand le point* M *décrit l'ellipse.*

Les lieux demandés sont les ellipses

$$\frac{x^2}{c^2} + \frac{(a \pm c)^2 y^2}{b^2 c^2} = 1.$$

343. *Étant donnée une ellipse rapportée à ses axes,*

$$\frac{x^2}{a^2} + \frac{y^2}{b^2} - 1 = 0,$$

on mène la tangente et la normale en un point M *de cette* *courbe. Ces droites rencontrent Ox respectivement en A et A', et Oy en B et B'. Les cercles qui ont pour diamètres AA' et BB' se coupent au point M et en un autre point P.*

Démontrer que $OM \cdot OP = c^2$, et trouver le lieu du point P quand le point M décrit l'ellipse.

Si on désigne par $a\cos\varphi$ et $b\sin\varphi$ les coordonnées du point M, celles du point P sont

$$x = \frac{ac^2\cos\varphi}{a^2\cos^2\varphi + b^2\sin^2\varphi}, \qquad y = -\frac{bc^2\sin\varphi}{a^2\cos^2\varphi + b^2\sin^2\varphi}.$$

En éliminant φ entre ces deux équations, on obtient pour équation du lieu

$$a^2b^2(x^2+y^2)^2 - c^4(b^2x^2+a^2y^2) = 0,$$

ou, en coordonnées polaires,

$$\rho^2 = \frac{c^4}{a^2b^2}(b^2\cos^2\omega + a^2\sin^2\omega).$$

344. *Soit MM' une corde d'une ellipse passant par un foyer; les normales en M et M' se coupent en un point P. Démontrer que la parallèle à l'axe focal menée par le point P passe par le milieu de MM'.*

Soient $\frac{x^2}{a^2} + \frac{y^2}{b^2} - 1 = 0$ l'équation de l'ellipse rapportée à ses axes; désignons par $a\cos\varphi$, $b\sin\varphi$ et $a\cos\varphi'$, $b\sin\varphi$ les coordonnées des points M et M'.

En écrivant que la droite MM' passe par le foyer $(c, 0)$, nous avons $c(\sin\varphi - \sin\varphi') - a\sin(\varphi - \varphi') = 0$, ou

$$2c\sin\frac{\varphi-\varphi'}{2}\cos\frac{\varphi+\varphi'}{2} - 2a\sin\frac{\varphi-\varphi'}{2}\cos\frac{\varphi-\varphi'}{2} = 0,$$

ou encore

$$c\cos\frac{\varphi+\varphi'}{2} - a\cos\frac{\varphi-\varphi'}{2} = 0. \tag{1}$$

D'autre part, les normales en M et M′ ont pour équations

$$\frac{ax}{\cos\varphi} - \frac{by}{\sin\varphi} - c^2 = 0, \qquad \frac{ax}{\cos\varphi'} - \frac{by}{\sin\varphi'} - c^2 = 0.$$

L'ordonnée du point de rencontre P est

$$y = \frac{c^2(\cos\varphi - \cos\varphi')\sin\varphi\sin\varphi'}{b\sin(\varphi - \varphi')} = \frac{-c^2\sin\frac{\varphi+\varphi'}{2}\sin\varphi\sin\varphi'}{b\cos\frac{\varphi-\varphi'}{2}};$$

il faut démontrer que cette ordonnée est égale à la demi-somme des ordonnées de M et M′, c'est-à-dire à $\frac{b}{2}(\sin\varphi + \sin\varphi')$, ou à $b\sin\frac{\varphi+\varphi'}{2}\cos\frac{\varphi-\varphi'}{2}$.

On doit donc avoir

$$-c^2\sin\varphi\sin\varphi' = b^2\cos^2\frac{\varphi-\varphi'}{2}.$$

Remplaçons $\sin\varphi\sin\varphi'$ par $\frac{1}{2}\left[\cos(\varphi-\varphi') - \cos(\varphi+\varphi')\right]$, ou par $\cos^2\frac{\varphi-\varphi'}{2} - \cos^2\frac{\varphi+\varphi'}{2}$; cette relation devient

$$c^2\cos^2\frac{\varphi+\varphi'}{2} - a^2\cos^2\frac{\varphi-\varphi'}{2} = 0,$$

et ceci est une conséquence de la relation (1).

345. *On considère les parallélogrammes* ABCD, *circonscrits à une ellipse, dont les côtés sont parallèles à deux diamètres conjugués. Soit* F *l'un des foyers de l'ellipse :*

1° *Démontrer qu'on a* $\overline{FA}^2 + \overline{FB}^2 + \overline{FC}^2 + \overline{FD}^2 =$ *constante ;*

2° *Le lieu des points de concours des hauteurs des triangles* FAB, FBC, FCD, FDA *est une ellipse qui a mêmes axes que l'ellipse donnée.*

Supposons l'ellipse rapportée à ses axes et désignons par φ

l'anomalie excentrique du point de contact de la tangente AB. L'équation de cette tangente est alors

(AB) $$bx\cos\varphi + ay\sin\varphi - ab = 0\,;$$

on en déduit l'équation de BC en y changeant φ en $\varphi + \frac{\pi}{2}$, ce qui donne

(BC) $$-bx\sin\varphi + ay\cos\varphi - ab = 0,$$

et celle de AD en y changeant φ en $\varphi - \frac{\pi}{2}$,

(AD) $$bx\sin\varphi - ay\cos\varphi - ab = 0.$$

En résolvant les équations de AB et de AD, on a les coordonnées du point A

(A) $$x = a(\cos\varphi + \sin\varphi), \qquad y = b(\sin\varphi - \cos\varphi),$$

et en résolvant les équations de AB et BC, on a les coordonnées du point B :

(B) $$x = a(\cos\varphi - \sin\varphi), \qquad y = b(\cos\varphi + \sin\varphi).$$

Les points C et D sont respectivement symétriques de A et de B par rapport à l'origine.

Si on considère le foyer F$(c, 0)$, on vérifie aisément qu'on a

$$\overline{FA}^2 + \overline{FB}^2 + \overline{FC}^2 + \overline{FD}^2 = 8a^2.$$

Pour déterminer le point de concours des hauteurs du triangle FAB par exemple, on peut prendre le point de rencontre de la perpendiculaire abaissée du point F sur AB

$$\frac{y}{x-c} = \frac{a\sin\varphi}{b\cos\varphi},$$

et de la perpendiculaire menée de A sur FB,

$$\frac{y - b(\sin\varphi - \cos\varphi)}{x - a(\cos\varphi + \sin\varphi)} = -\frac{a(\cos\varphi - \sin\varphi) - c}{b(\cos\varphi + \sin\varphi)}.$$

En résolvant ces deux équations, on obtient

$$x = -c\cos 2\varphi, \qquad y = -\frac{ac}{b}\sin 2\varphi.$$

En éliminant φ entre ces deux relations, on obtient l'équation du lieu

$$\frac{x^2}{c^2} + \frac{b^2y^2}{a^2c^2} = 1.$$

346. *On joint un point* M *d'une ellipse aux foyers* F *et* F'. *Les droites* MF, MF' *rencontrent l'ellipse aux points* H *et* H'; *trouver l'enveloppe de la droite* HH', *quand le point* M *se déplace sur l'ellipse.*

Nous supposerons l'ellipse définie par les équations paramétriques

$$x = \frac{a(1-t^2)}{1+t^2}, \qquad y = \frac{2bt}{1+t^2}.$$

Soit t_0 le t du point M, nous allons calculer les t des points H et H'. Si nous désignons par t' le t du point H, l'équation de MH est

$$\frac{x}{a}(1-t_0t') + \frac{y}{b}(t_0+t') - (1+t_0t') = 0;$$

en écrivant que cette droite passe par le point F$(c, 0)$, nous avons

$$\frac{c}{a}(1-t_0t') - (1+t_0t') = 0,$$

ou
$$t' = \frac{c-a}{(c+a)t_0}.$$

On trouve de même que le t du point H' est $\dfrac{c+a}{(c-a)t_0}$; par suite l'équation de HH' est

$$\frac{x}{a}(t_0^2-1) - \frac{2(a^2+c^2)t_0}{b^3}y - (t_0^2+1) = 0.$$

En écrivant que cette équation a une racine double en t_0, on obtient l'équation de l'enveloppe

$$\frac{x^2}{a^2}+\frac{(a^2+c^2)^2y^2}{b^6}-1=0.$$

347. *On considère les deux ellipses*

(E) $$\frac{x^2}{4a^2}+\frac{y^2}{4b^2}-1=0,$$

(E′) $$\frac{x^2}{a^2}+\frac{y^2}{b^2}-1=0.$$

D'un point M *de l'ellipse* (E) *on mène des tangentes à l'ellipse* (E′). *Ces tangentes rencontrent* (E) *aux points* P *et* Q, *distincts du point* M. *Démontrer que la droite* PQ *est tangente à l'ellipse* (E′).

Soit t_0 le t du point M ; écrivons que la droite

$$\frac{x}{2a}(1-tt_0)+\frac{y}{2b}(t+t_0)-(1+tt_0)=0$$

est tangente à l'ellipse (E′) (¹) ; nous obtenons une équation du deuxième degré par rapport à t qui admet pour racines les t des points P et Q :

$$(1-3t_0^2)\,t^2-8tt_0+t_0^2-3=0.$$

Nous en déduisons l'équation de la droite PQ

$$\frac{x}{a}(1-t_0^2)-\frac{2t_0y}{b}+t_0^2+1=0,$$

et on vérifie aisément qu'elle est tangente à (E′).

(¹) On sait que pour qu'une droite $ux+vy+w=0$ soit tangente à l'ellipse $\frac{x^2}{a^2}+\frac{y^2}{b^2}-1=0$, il faut qu'on ait $a^2u^2+b^2v^2-w^2=0$.

348. *Démontrer que la circonférence passant par les foyers d'une ellipse et par un point* M *de la courbe coupe la tangente et la normale en ce point sur le petit axe de l'ellipse.*

349. *Soient* F *et* F′ *les foyers d'une ellipse,* M *un point de la courbe ; les rayons vecteurs* MF, MF′ *rencontrent l'ellipse aux points* H *et* H′. *Montrer que la normale au point* M *passe par le pôle de* HH′.

350. *On donne une ellipse* $\frac{x^2}{a^2}+\frac{y^2}{b^2}-1=0$ *et deux droites* (D) *et* (D′) *ayant pour équations* $x-d=0$ *et* $x+d=0$. *Une tangente quelconque* (Δ) *à l'ellipse rencontre* (D) *et* (D′) *aux points* T *et* T′ ; *par ces points on mène les tangentes autres que* (Δ). *Trouver le lieu du point de rencontre de ces tangentes.*

Soit $\frac{x}{a}\cos\varphi+\frac{y}{b}\sin\varphi-1=0$ l'équation de la tangente (Δ); une droite quelconque passant par le point T a pour équation

$$\frac{x}{a}\cos\varphi+\frac{y}{b}\sin\varphi-1+\lambda(x-d)=0.$$

Si nous écrivons que cette droite est tangente à l'ellipse, nous obtenons une équation du deuxième degré en λ, qui admet la racine $\lambda=0$ correspondant à la tangente (Δ), et la racine $\lambda=-\frac{2(a\cos\varphi-d)}{a^2-d^2}$, relative à l'autre tangente issue de T. Celle-ci a donc pour équation

$$(a^2-d^2)\left(\frac{x}{a}\cos\varphi+\frac{y}{b}\sin\varphi-1\right)-2(a\cos\varphi-d)(x-d)=0.$$

On en déduit l'équation de la tangente issue de T′ en changeant d en $-d$, et il n'y a plus qu'à éliminer φ entre ces deux équations.

Le lieu se compose des tangentes aux sommets A, A′ du grand axe de l'ellipse donnée (lieu singulier qu'on explique aisément) et d'une ellipse dont un des axes est AA′.

351. *On donne une ellipse et un point* C ; *on considère un cercle variable ayant pour centre le point* C, *et on demande le lieu des points de rencontre des tangentes communes au cercle et à l'ellipse.*

Soient $\frac{x^2}{a^2}+\frac{y^2}{b^2}-1=0$ l'équation de l'ellipse rapportée à ses axes et x_0, y_0 les coordonnées du point C.

Désignons par α, β les coordonnées d'un point M du lieu ; nous écrirons que la droite MC est l'une des bissectrices de l'angle des tangentes menées par le point M à l'ellipse, et pour cela que la pente de la droite MC, $\frac{\beta-y_0}{\alpha-x_0}$, vérifie l'équation aux pentes de ces bissectrices

En transportant l'origine des coordonnées au point C, l'équation du lieu se met sous la forme

$$(x_0y-y_0x)(x^2+y^2)+x_0y_0(y^2-x^2)+xy\,(x_0^2-y_0^2-c^2)=0.$$

C'est l'équation d'une strophoïde qui admet le point C comme point double.

On peut remarquer que le lieu reste le même si on remplace l'ellipse par une conique homofocale : ce qui était à prévoir, d'après le théorème de Poncelet.

352. *D'un point* M *d'une ellipse on abaisse* MP *et* MQ *perpendiculaires sur les deux axes de la courbe. Démontrer que la droite* PQ *est normale à une ellipse fixe.*

353. *On donne une ellipse rapportée à ses axes*

$$\frac{x^2}{a^2}+\frac{y^2}{b^2}-1=0,$$

et un cercle ayant pour centre l'origine et pour rayon R. *Du sommet* A $(a, 0)$ *de l'ellipse on mène des tangentes au cercle; ces tangentes rencontrent l'ellipse en deux points* D *et* D' *symétriques par rapport au grand axe.*

1° *Déterminer* R *de façon que la droite* DD' *soit tangente au cercle.*

2° R *étant ainsi déterminé, d'un point* M *quelconque de l'ellipse on mène des tangentes au cercle; celles-ci rencontrent l'ellipse en* P *et* Q. *Montrer que la droite* PQ *est tangente au cercle.*

1° On trouve deux valeurs pour R, $\frac{ab}{a+b}$ et $\frac{ab}{a-b}$.

2° Si on désigne par t_0 le t du point M, on trouve que l'équation de PQ est

$$x(t_0^2-1)-2t_0y-\frac{ab}{a+b}(t_0^2+1)=0,$$

en prenant pour R la valeur $\frac{ab}{a+b}$.

354. *Soient* A *et* A' *les sommets du grand axe d'une ellipse. Une tangente variable rencontre les tangentes en* A *et* A' *aux points* B *et* B'. *On joint le point* B *au centre* O *et on abaisse du point* B' *une perpendiculaire* B'M *sur* OB.

1° *Démontrer que le produit* $\overline{AB}\cdot\overline{A'B'}$ *est constant.*

2° *Le lieu du point* M *est un cercle.*

3° *Soit* N *le point de rencontre des droites* AB' *et* BA'. *Le lieu du point* N *et celui du point de concours des hauteurs du triangle* ANA' *sont des ellipses.*

355. *On donne une ellipse de foyers* F *et* F' *et un point* M *variable sur l'ellipse. Le lieu du centre du cercle des neuf points du triangle* MFF' *est une courbe du quatrième degré que l'on demande de construire.*

L'ellipse étant rapportée à ses axes, on trouve pour équation du lieu

$$y = \frac{4x^2(a^2 + b^2) - a^4}{\pm 4ab\sqrt{a^2 - 4x^2}}.$$

356. *Soit* M *un point variable sur une ellipse dont les axes sont* AA′ *et* BB′.

1° *Montrer que l'axe radical des cercles circonscrits aux triangles* MAA′ *et* MBB′ *est la tangente en* M *à l'ellipse.*

2° *Trouver le lieu du deuxième point de rencontre de ces deux cercles.*

Le lieu demandé a pour équation

$$(x^2 + y^2)^2 - a^2x^2 - b^2y^2 = 0,$$

ou, en coordonnées polaires,

$$\rho^2 = a^2 \cos^2 \omega + b^2 \sin^2 \omega.$$

C'est aussi le lieu des projections du centre de l'ellipse sur ses tangentes.

357. *Trouver l'enveloppe des cordes d'une ellipse dont le milieu est sur une droite donnée.*

En désignant par $\frac{x^2}{a^2} + \frac{y^2}{b^2} - 1 = 0$, $Ax + By + C = 0$ les équations de l'ellipse et de la droite, on trouve que l'équation générale des cordes considérées est

$$y = mx + \frac{C(a^2m^2 + b^2)}{Aa^2m - Bb^2}.$$

L'enveloppe est une parabole.

358. *On donne une ellipse rapportée à ses axes*

$$\frac{x^2}{a^2}+\frac{y^2}{b^2}-1=0,$$

et on considère un point variable P *situé sur la bissectrice des axes* $x-y=0$. *De ce point on mène les tangentes* PA, PB *à l'ellipse. Trouver le lieu du point de concours des hauteurs du triangle* PAB.

Le lieu est une hyperbole ayant pour équation

$$(x+y)(a^2x-b^2y)-c^2(a^2+b^2)=0.$$

359. *On donne une ellipse rapportée à ses axes et deux points* P *et* P′ *situés sur le grand axe. Par le centre on mène une droite variable rencontrant l'ellipse aux points* M *et* M′ ; *trouver le lieu du point de rencontre des droites* PM, P′M′.

En désignant par $\frac{x^2}{a^2}+\frac{y^2}{b^2}-1=0$ l'équation de l'ellipse et par p et p' les abscisses des points P et P′, l'équation du lieu est

$$\frac{[x(p+p')-2pp']^2}{a^2(p-p')^2}+\frac{y^2(p+p')^2}{b^2(p-p')^2}-1=0\,;$$

elle représente une ellipse homothétique à l'ellipse donnée.

360. *On donne une ellipse rapportée à ses axes ; on mène la tangente en un point* M, *et on prend le point de rencontre* P *de cette tangente avec la droite passant par le centre* O *et perpendiculaire à* OM. *Trouver le lieu du point* P.

Ce lieu a pour équation

$$c^4x^2y^2-a^2b^2(a^2x^2+b^2y^2)=0.$$

On le construit aisément en résolvant l'équation par rapport à y^2.

361. *On considère une ellipse de foyers* F *et* F′ *et un cercle concentrique à cette ellipse; sur ce cercle, on prend un point variable* M. *On considère en outre l'hyperbole équilatère qui a son centre en* M *et qui passe aux deux foyers* F *et* F′. *Montrer que le lieu du point de concours des tangentes à cette hyperbole en* F *et* F′ *est un cercle qui a même centre que l'ellipse.*

362. *Étant données une ellipse et deux directions fixes* Δ, Δ′, *par un point variable* M *de l'ellipse on mène des parallèles à* Δ *et* Δ′ *qui rencontrent l'ellipse en* P *et* Q. *Montrer que le lieu du point de rencontre des tangentes en* P *et* Q *est une ellipse homothétique et concentrique à l'ellipse donnée.*

363. *On donne une ellipse rapportée à ses axes, et un point* A *sur cette ellipse.*

1° *Par le centre* O *et par le point* A *on mène deux droites ayant des coefficients angulaires égaux et de signes contraires. Le lieu du point de rencontre de ces deux droites est une conique* (C).

2° *Déterminer la position du point* A *sur l'ellipse pour que la conique* (C) *passe par un point donné* H. *Dans quelle région du plan doit se trouver* H *pour que* A *soit réel?*

3° *A chaque point* H *correspondent deux points* A, *soient* A_1 *et* A_2. *Comment faut-il choisir le point* H *pour qu'il soit le milieu de* A_1A_2?

4° *Trouver l'enveloppe de la polaire d'un point variable de* (C) *par rapport à l'ellipse donnée.*

364. *Étant donnée une ellipse, trouver le lieu du point* M *tel que la perpendiculaire menée de ce point à sa polaire par rapport à l'ellipse soit à une distance donnée du centre de l'ellipse.*

L'équation de l'ellipse étant $\frac{x^2}{a^2}+\frac{y^2}{b^2}-1=0$, l'équation du lieu est

$$c^4x^2y^2 - R^2(b^4x^2 + a^4y^2) = 0,$$

en désignant par R la distance donnée.

On construira aisément le lieu, en résolvant son équation par rapport à y^2.

365. *De chaque point* M *de l'ellipse* $\frac{x^2}{a^2}+\frac{y^2}{b^2}-1=0$ *on abaisse sur les axes les perpendiculaires* MP, MQ. *Démontrer que le pôle de la droite* PQ *décrit la courbe*

$$\frac{a^2}{x^2}+\frac{b^2}{y^2}-1=0.$$

366. *En un point* M *d'une ellipse on mène la normale qui rencontre le grand axe en* N *et le petit axe en* N'. *Si du point* M *on mène les tangentes aux deux circonférences décrites sur* ON *et sur* ON' *comme diamètres, la longueur des tangentes à la première circonférence est égale au demi-petit axe, et la longueur des tangentes à la seconde est égale au demi grand axe.*

367. *Soient* (C) *le cercle ayant son centre en un point* M *variable d'une ellipse et tangent au grand axe, et* (C') *le cercle décrit sur le petit axe comme diamètre. Le lieu des centres de similitude des cercles* (C) *et* (C') *se compose de deux paraboles.*

368. *On donne une ellipse ayant pour foyers* F *et* F'.

1° *Le cercle circonscrit au triangle formé par le petit axe de l'ellipse et les tangentes aux extrémités* M *et* M' *d'une corde focale* MFM' *passe par le deuxième foyer* F'.

2° *Le cercle circonscrit au triangle formé par le petit axe et les normales en* M *et* M′ *passe par le deuxième foyer* F′.

3° *Les pieds des perpendiculaires abaissées du foyer* F′ *sur les tangentes et les normales en* M *et* M′ *sont sur une même droite qui passe par le centre.*

369. *On donne une ellipse et une hyperbole équilatère ayant mêmes foyers. On mène à l'ellipse deux tangentes rectangulaires* T, T′. *La première rencontre l'hyperbole en* A *et* B, *la seconde en* A′ *et* B′. *Démontrer que* AB = A′B′.

Les équations des deux courbes sont de la forme

$$\frac{x^2}{a^2}+\frac{y^2}{b^2}-1=0, \qquad x^2-y^2-\frac{c^2}{2}=0.$$

370. *Les cercles tangents à deux diamètres conjugués d'une ellipse et ayant leurs centres sur la courbe ont un rayon constant.*

Considérons un cercle $(x-x_0)^2+(y-y_0)^2-R^2=0$ ayant pour centre le point (x_0, y_0) de l'ellipse $\frac{x^2}{a^2}+\frac{y^2}{b^2}-1=0$, puis écrivons que les tangentes issues du point O à ce cercle sont deux diamètres conjugués de l'ellipse, et pour cela que leurs pentes vérifient la relation $mm'=-\frac{b^2}{a^2}$.

On trouve $R=\frac{ab}{\sqrt{a^2+b^2}}$.

371. *On joint un point* M *d'une ellipse aux deux foyers* F *et* F′. *Trouver les lieux des centres des cercles inscrit et exinscrits dans le triangle* MFF′.

On prend comme axes de coordonnées les axes de l'ellipse, et celle-ci a pour équation $\frac{x^2}{a^2}+\frac{y^2}{b^2}-1=0$.

Le lieu du centre du cercle inscrit est

$$\frac{x^2}{c^2}+\frac{y^2(a+c)^2}{b^2c^2}=1.$$

Le lieu du centre du cercle exinscrit dans l'angle M est

$$\frac{x^2}{c^2}+\frac{y^2(a-c)^2}{b^2c^2}=1.$$

Enfin les lieux des centres des cercles exinscrits dans les angles F et F' se composent des tangentes aux sommets du grand axe.

372. *On considère la conique* (C), $x^2+4y^2-2py=0$, *rapportée à deux axes rectangulaires. Dans son plan on prend un point* M *d'abscisse* α *et d'ordonnée* β. *On joint l'origine* O *à deux points* P *et* P' *diamétralement opposés sur* (C), *et du point* M *on abaisse les perpendiculaires* MQ *et* MQ' *sur* OP *et* OP'. *En supposant que les points* P *et* P' *décrivent* (C) :

1° *Établir la relation à coefficients constants qui lie les coefficients angulaires* m *et* m' *de* OP *et* OP';

2° *Montrer que la droite* QQ' *passe par un point fixe* S.

La relation demandée entre m et m' est $mm'=-\frac{1}{4}$; les coordonnées du point fixe S sont $x=\frac{4\alpha}{5}$, $y=\frac{\beta}{5}$.

373. *On considère une ellipse fixe* E *rapportée à ses axes et ayant pour équation* $\frac{x^2}{a^2}+\frac{y^2}{b^2}-1=0$, *et deux points fixes* D *et* D' *situés sur* Oy *et ayant pour ordonnées* $\pm d$, *puis un point* M *mobile sur l'ellipse.*

1° *La droite* DM *coupe* Ox *en* N. *Trouver le lieu du point de rencontre* R *des deux droites* OM *et* D'N; *montrer que la tangente* T *à ce lieu au point* R *et la tangente en* M *à l'ellipse se coupent sur* Ox.

2° *Lieu du point de rencontre de* T *avec la polaire de* R *par rapport à l'ellipse.*

3° *Lieu du point de rencontre de la parallèle à* Ox *menée par* M *avec la parallèle à* DM *menée par* D'.

On trouve

1° $$\frac{x^2}{a^2}+\frac{y^2}{b^2}-\frac{(2y+d)^2}{d^2}=0;$$

2° $$x=\pm\frac{a}{b}\cdot\frac{y^2+\frac{2b^2}{d}y+b^2}{\sqrt{b^2-y^2}};$$

3° $$x=\pm\frac{a}{b}\cdot\frac{y+d}{y-d}\sqrt{b^2-y^2}.$$

Ces courbes ont différentes formes suivant la valeur de d par rapport à b.

II. — Hyperbole.

374. *Exprimer les coordonnées d'un point de l'hyperbole en fonction rationnelle d'un paramètre.*

Soit $\frac{x^2}{a^2}-\frac{y^2}{b^2}-1=0$ l'équation d'une hyperbole rapportée à ses axes; x, y étant les coordonnées d'un point de cette courbe on peut écrire

$$x=\frac{a}{\cos\varphi},\qquad y=b\,\text{tg}\,\varphi,$$

et on obtient tous les points de la courbe en faisant varier φ de 0 à 2π.

Si l'on pose $t=\text{tg}\,\frac{\varphi}{2}$, on a

$$x=\frac{a(1+t^2)}{1-t^2},\qquad y=\frac{2bt}{1-t^2};$$

x et y sont ainsi exprimés en fonction rationnelle de t.

La droite qui joint les points t_1 et t_2 a pour équation

$$\frac{x}{a}(t_1t_2+1)-\frac{y}{b}(t_1+t_2)+t_1t_2-1=0,$$

et la tangente au point t_0 est représentée par

$$\frac{x}{a}(t_0^2+1)-\frac{2t_0y}{b}+t_0^2-1=0.$$

On peut aussi remarquer que l'équation de la courbe s'écrit

$$\left(\frac{x}{a}+\frac{y}{b}\right)\left(\frac{x}{a}-\frac{y}{b}\right)=1.$$

On peut alors poser

$$\frac{x}{a}+\frac{y}{b}=t, \qquad \frac{x}{a}-\frac{y}{b}=\frac{1}{t},$$

et on en déduit

$$x=\frac{a(t^2+1)}{2t}, \qquad y=\frac{b(t^2-1)}{2t}.$$

375. *On joint un point* M *d'une hyperbole aux foyers* F *et* F'. *Les droites* MF, MF' *rencontrent l'hyperbole aux points* H *et* H' ; *trouver l'enveloppe de la droite* HH' *quand le point* M *se déplace sur l'hyperbole.*

Même méthode qu'au n° 346.

L'enveloppe a pour équation

$$\frac{x^2}{a^2}-\frac{(a^2+c^2)^2y^2}{b^6}-1=0.$$

376. *On considère l'hyperbole* $\frac{x^2}{a^2}-\frac{y^2}{b^2}-1=0$ *et l'ellipse* $\frac{x^2}{a^2}+\frac{y^2}{b^2}-1=0$. *Par un point* M *de l'hyperbole on mène* *des tangentes à l'ellipse qui rencontrent l'hyperbole en* H *et* H'. *Trouver l'enveloppe de* HH'.

On trouve

$$\frac{x^2}{a^2} - \frac{9y^2}{b^2} - 1 = 0.$$

377. *Soient* F *un foyer d'une hyperbole,* (D) *la directrice correspondante,* M *un point quelconque de la courbe. Par le point* M *on mène une parallèle à l'une des asymptotes, qui rencontre la directrice au point* B. *Démontrer que* MF = MB.

378. *On donne une hyperbole ayant pour centre le point* C *et par un point* A *de la courbe on mène les droites* AD, AD' *parallèles aux asymptotes. Un diamètre quelconque de l'hyperbole rencontre la courbe en* P, P' *et les droites* AD, AD' *en* T, T'.

Démontrer que l'on a

$$\overline{CP}^2 = \overline{CT} \cdot \overline{CT'}.$$

379. *On donne une hyperbole et deux points fixes* A *et* B. *On considère deux diamètres conjugués* Δ *et* Δ' *de cette hyperbole; du point* A *on mène une perpendiculaire sur* Δ *et du point* B *une perpendiculaire sur* Δ'. *Ces deux perpendiculaires se coupent au point* M.

1° *Trouver le lieu du point* M. *Discuter.*

2° *Le point* A *restant fixe, chercher les positions que doit occuper le point* B *pour que le lieu soit:*

a) Deux droites qui se coupent: quelles seront dans ce cas ces deux droites?

b) Une hyperbole ayant son axe réel parallèle à celui de l'hyperbole donnée;

c) Une hyperbole ayant son axe réel perpendiculaire à celui de l'hyperbole donnée.

Soit $\frac{x^2}{a^2} - \frac{y^2}{b^2} - 1 = 0$ l'équation de l'hyperbole, et (x_0, y_0), (x_1, y_1) les coordonnées des points A et B.

1° Le lieu du point M a pour équation

$$\frac{(x - x_0)(x - x_1)}{b^2} - \frac{(y - y_0)(y - y_1)}{a^2} = 0\,;$$

c'est une hyperbole qui a mêmes directions d'axes que l'hyperbole donnée et qui est circonscrite au rectangle dont les côtés sont les parallèles aux axes menées par A et B.

2° L'équation peut aussi s'écrire

$$\frac{\left(x - \frac{x_0 + x_1}{2}\right)^2}{b^2} - \frac{\left(y - \frac{y_0 + y_1}{2}\right)^2}{a^2} - \left[\frac{(x_0 - x_1)^2}{4b^2} - \frac{(y_0 - y_1)^2}{4a^2}\right] = 0,$$

et cela permet de répondre aux dernières questions.

380. *Par un point* P *on mène aux asymptotes d'une hyperbole donnée des parallèles qui coupent la courbe en* M *et* N.

1° *Trouver l'équation de la droite* MN. *Quelle est sa direction, et que vaut le rapport des distances du point* P *à cette droite* MN *et à la polaire de* P?

2° *Trouver le lieu géométrique du point* P *tel que la droite* MN *passe par le centre de l'hyperbole.*

3° *On mène du centre* O *la perpendiculaire* OH *sur* MN. *Quel est le lieu du point* H, *quand on fait varier l'angle des asymptotes en laissant fixes les sommets* A *et* A′ *de l'hyperbole?*

4° *Trouver le lieu du point* P *tel que la droite* MN *soit tangente à l'ellipse qui a les mêmes axes que l'hyperbole donnée, celle-ci étant invariable. Construire la courbe ainsi obtenue, tracer ses asymptotes.*

1° Soient $\frac{x^2}{a^2} - \frac{y^2}{b^2} - 1 = 0$ l'équation de l'hyperbole et α, β les coordonnées du point P.

La droite MN a pour équation

$$2\left(\frac{\alpha x}{a^2} - \frac{\beta y}{b^2}\right) - \frac{\alpha^2}{a^2} + \frac{\beta^2}{b^2} - 1 = 0 ;$$

elle est parallèle à la polaire de P, et le rapport demandé est égal à $\frac{1}{2}$.

2° Le lieu demandé a pour équation $\frac{x^2}{a^2} - \frac{y^2}{b^2} + 1 = 0$;

3° Le lieu est un cercle : $x^2 + y^2 - \frac{a^2 + \alpha^2}{2\alpha} x - \frac{\beta}{2} y = 0$;

4° Le lieu se compose de deux hyperboles :

$$\frac{x^2}{a^2} - \frac{y^2}{b^2} \pm \frac{2y\sqrt{2}}{b} - 1 = 0.$$

381. *Par les points de rencontre d'une hyperbole équilatère* H *et d'un cercle* C *passant par son centre, on mène les parallèles à une droite* Δ *et les symétriques par rapport à ces droites des tangentes à l'hyperbole. Montrer que les quatre droites ainsi obtenues concourent en un point du cercle* C.

Soient $x^2 - y^2 - a^2 = 0$, $x^2 + y^2 - 2\alpha x - 2\beta y = 0$ les équations des deux courbes, et soit m le coefficient angulaire de Δ.

Joignons un point $P(x_0, y_0)$ du plan à un point $M(x, y)$ de l'hyperbole, et écrivons que la droite PM et la tangente à l'hyperbole au point M sont symétriques par rapport à une parallèle à Δ, nous obtenons

$$\frac{\frac{y - y_0}{x - x_0} - m}{1 + m\frac{y - y_0}{x - x_0}} + \frac{\frac{x}{y} - m}{1 + m\frac{x}{y}} = 0,$$

ou

$$x^2 + y^2 - x_0x - y_0y - k(y_0x - x_0y) = 0,$$

en posant $k = \dfrac{2m}{1 - m^2}$.

Comme on peut identifier cette équation à celle du cercle (C), la proposition est établie ; les quatre droites envisagées passent par le point P.

On a d'ailleurs $x_0 + ky_0 = 2\alpha$, $y_0 - kx_0 = 2\beta$.

Lorsque Δ varie, le point P décrit bien le cercle C, car en éliminant k entre ces deux équations, on obtient

$$x_0^2 + y_0^2 - 2\alpha x_0 - 2\beta y_0 = 0.$$

382. *Si un triangle est inscrit dans une hyperbole équilatère, le point de concours des hauteurs est situé sur l'hyperbole.*

Nous avons déjà établi ce théorème au n° 295. En voici une autre démonstration.

Soit $xy - a^2 = 0$ l'équation de l'hyperbole équilatère rapportée à ses asymptotes, et soient x_1, x_2, x_3 les abscisses de trois points A_1, A_2, A_3 de l'hyperbole ; les ordonnées correspondantes sont alors $\dfrac{a^2}{x_1}$, $\dfrac{a^2}{x_2}$ et $\dfrac{a^2}{x_3}$.

L'équation de la hauteur issue du point A_1 est

$$\frac{y - \dfrac{a^2}{x_1}}{x - x_1} = -\frac{x_2 - x_3}{\dfrac{a^2}{x_2} - \dfrac{a^2}{x_3}};$$

cette droite rencontre la courbe en deux points dont les abscisses sont racines de l'équation

$$\frac{\dfrac{a^2}{x} - \dfrac{a^2}{x_1}}{x - x_1} = -\frac{x_2 - x_3}{\dfrac{a^2}{x_2} - \dfrac{a^2}{x_3}}.$$

Cette équation admet d'abord la racine x_1, abscisse du point A_1, puis une autre racine définie par

$$-\frac{a^2}{xx_1} = \frac{x_2x_3}{a^2}, \qquad \text{ou} \qquad x = -\frac{a^4}{x_1x_2x_3}.$$

Comme cette valeur est symétrique par rapport à x_1, x_2, x_3, on en conclut que les trois hauteurs rencontrent l'hyperbole au même point.

383. *La normale en un point* M *de l'hyperbole équilatère* $xy = a^2$ *rencontre l'asymptote* Oy *en un point* P. *Lieu du milieu de* MP *quand le point* M *décrit l'hyperbole.*

Le lieu a pour équation

$$y = \frac{a^4 - 8x^4}{2a^2x}.$$

384. *On donne deux diamètres conjugués fixes d'une hyperbole équilatère, et on considère un cercle variable ayant son centre sur l'hyperbole. Démontrer que la différence des carrés des cordes interceptées par ce cercle sur les deux diamètres conjugués est constante.*

On pourra prendre comme axes de coordonnées les deux diamètres conjugués. L'équation de l'hyperbole a la forme

$$x^2 - y^2 - k^2 = 0.$$

385. *Un point* M *se déplace sur une hyperbole* (H) *de foyers* F *et* F'. *On considère le cercle fixe* (C) *de diamètre* FF' *et le cercle variable* (Σ) *de diamètre* MF. *Trouver le lieu des centres d'homothétie de ces deux cercles.*

En prenant comme axes de coordonnées les axes de l'hyperbole

(H), on trouvera que le lieu se compose des deux hyperboles

$$x^2 + y^2 = \frac{c^2}{(a+c)^2}(2x+c-a)^2,$$

$$x^2 + y^2 = \frac{c^2}{(a-c)^2}(2x+c+a)^2.$$

Chacune d'elles a un foyer au point O.

386. *On donne deux axes rectangulaires* Ox, Oy *et une hyperbole* (H) *ayant pour équation* $xy = a^2$. P *et* Q *étant deux points du plan tels que la droite* PQ *soit parallèle à* Ox *et ait son milieu* I *sur l'hyperbole* (H), *on demande :*

1° *De trouver le lieu décrit par le point* P *lorsque le point* Q *décrit une droite quelconque* D *du plan ;*

2° *De montrer que la tangente au lieu en un point quelconque* P *passe par le point où la droite* D *rencontre la tangente en* I *à l'hyperbole* (H).

387. *On donne une hyperbole équilatère* H, *rapportée à ses asymptotes,* $2xy - h^2 = 0$.

A tout point P *du plan correspond un point* P′ *conjugué du premier sur le diamètre qui y passe.*

1° *Démontrer que si le point* P *décrit une droite* D, *le point* P′ *décrit une conique* C. *Démontrer que les coniques* C *correspondant aux droites* D *qui passent par un point* M *se coupent en deux points fixes. Calculer les coordonnées de ces points.*

2° *Dans quel cas la droite* D *est-elle tangente à la conique* C *correspondante? Trouver l'enveloppe des coniques* C *dans ce cas. Indiquer dans quel cas la droite* D *coupe la conique* C *correspondante en des points réels.*

3° *Former l'équation de la droite* Δ *menée par le centre d'une conique* C *parallèlement à la droite* D *correspondante. Trouver combien il passe par un point de droites* Δ *telles que les coniques* C *soient tangentes aux droites* D. *Trouver le lieu des projections de l'origine sur les droites* Δ *réalisant cette dernière condition.*

388. *Une droite* (Δ) *coupe une hyperbole en* M *et* M' *et les asymptotes* OS *et* OS' *de cette hyperbole en* N *et* N'.

Démontrer que la parallèle menée par N *à la tangente en* M *et la parallèle menée par* M' *à l'asymptote* OS' *se coupent en un point du diamètre conjugué de* (Δ).

389. *Soient* A, B, C *trois points d'une hyperbole. La droite* BC *rencontre l'une des asymptotes* (Δ) *au point* I; *par le point* I *on mène une droite* (D) *parallèle à* AB, *et par le point* A *une droite* (D') *parallèle à* (Δ). *Démontrer que la droite joignant le point* C *au point de rencontre de* (D) *et* (D') *est parallèle à la seconde asymptote.*

390. *La normale en un point* A *d'une hyperbole équilatère rencontre la courbe en un autre point* B, *l'axe transverse au point* M *et l'axe non transverse au point* N; *soit* Q *le milieu de* AB. *Sur cette normale on détermine le point* P *par la relation* $\overline{MP} = \overline{QN}$. *Démontrer que le point* P *est le point de contact de la normale et de la développée.*

391. *La normale en un point* M *d'une hyperbole équilatère rencontre les asymptotes aux points* N *et* N'. *Trouver le lieu du milieu de* NN'.

392. *D'un point d'une hyperbole on mène une tangente* MT *au cercle décrit sur l'axe transverse comme diamètre, puis, par le même point* M *on mène une parallèle à l'une des asymptotes, qui rencontre l'axe transverse au point* P. *Démontrer que*

$$MP = MT.$$

393. *On considère une hyperbole (H) ayant pour asymptotes Ox et Oy, et un point M de cette courbe. Par ce point on mène une parallèle à Ox, qui rencontre Oy au point P, et on prend le point Q symétrique de P par rapport à M. Par le point Q on mène une parallèle à Oy, qui rencontre l'hyperbole au point R, et par R on mène une droite (D) parallèle à Ox. Enfin, par le point M on mène une transversale quelconque (Δ) qui rencontre l'hyperbole en S et la droite QR en T.*

1° *Démontrer que les points S et T sont équidistants de la droite (D).*

2° *On mène la tangente au point S, et on prend le point U où cette tangente rencontre Oy. Montrer que la parallèle à (Δ) menée par U et la droite QR se coupent sur Ox.*

III. — Parabole.

394. *Si un triangle est circonscrit à une parabole, le point de concours des hauteurs est situé sur la directrice.*

La tangente à la parabole $y^2 - 2px = 0$ au point (x_1, y_1) a pour équation $yy_1 - p(x + x_1) = 0$, ou en remplaçant x_1 par $\dfrac{y_1^2}{2p}$, $2px - 2yy_1 + y_1^2 = 0$.

Considérons trois tangentes

$$P_1 \equiv 2px - 2yy_1 + y_1^2 = 0,$$
$$P_2 \equiv 2px - 2yy_2 + y_2^2 = 0,$$
$$P_3 \equiv 2px - 2yy_3 + y_3^2 = 0,$$

formant un triangle circonscrit à la parabole. Nous allons démontrer qu'une hauteur quelconque de ce triangle rencontre la directrice $x + \dfrac{p}{2} = 0$ en un point dont l'ordonnée est fonction symétrique de y_1, y_2, y_3. Il en résultera bien que les trois hauteurs rencontrent la directrice au même point.

La hauteur issue du point de rencontre des côtés $P_2 = 0$, $P_3 = 0$ a une équation de la forme $P_2 + \lambda P_3 = 0$; on détermine λ en écrivant que cette droite est perpendiculaire à $P_1 = 0$. On trouve $\lambda = -\frac{p^2 + y_1 y_2}{p^2 + y_1 y_3}$; par suite l'équation de la hauteur est

$$P_2 - \frac{p^2 + y_1 y_2}{p^2 + y_1 y_3} P_3 = 0,$$

ou

$$(p^2 + y_1 y_3)(2px - 2yy_2 + y_2^2) \\ - (p^2 + y_1 y_2)(2px - 2yy_3 + y_3^2) = 0.$$

Les coefficients de x et de y, le terme indépendant sont divisibles par $y_2 - y_3$; après suppression de ce facteur il reste

$$2pxy_1 + 2p^2 y - p^2(y_2 + y_3) - y_1 y_2 y_3 = 0.$$

On vérifie aisément que l'ordonnée du point de rencontre de cette droite et de la directrice est symétrique par rapport à y_1, y_2, y_3.

395. *Lieu du milieu d'une corde de longueur constante inscrite dans une parabole.*

Soit $y^2 - 2px = 0$ l'équation de la parabole, et soit

$$x = my + n$$

l'équation d'une droite rencontrant la courbe en deux points M' et M'', tels que la distance $M'M''$ soit égale à la constante donnée l.

Les ordonnées y' et y'' des points M' et M'' sont racines de l'équation

$$y^2 - 2pmy - 2pn = 0,$$

et les abscisses correspondantes x' et x'' sont

$$x' = my' + n, \qquad x'' = my'' + n.$$

On doit avoir

$$(x'-x'')^2+(y'-y'')^2=l^2,$$

ou

$$(1+m^2)(y'-y'')^2=l^2.$$

D'autre part,

$$(y'-y'')^2=(y'+y'')^2-4y'y''=4p^2m^2+8pn\,;$$

on a donc

$$(1) \qquad 4p(1+m^2)(pm^2+2n)=l^2.$$

Le milieu M de la corde M'M'' est à l'intersection de cette corde et de son diamètre conjugué. Par suite, les coordonnées du point M sont définies par les équations

$$(2) \qquad x=my+n, \qquad y=pm\,;$$

nous aurons le lieu de ce point en éliminant m et n entre les équations (1) et (2).

Des équations (2) on tire $m=\dfrac{y}{p}$, $n=x-\dfrac{y^2}{p}$, et en portant ces valeurs dans (1), on a pour équation du lieu

$$x=\frac{1}{8p}\left(4y^2+\frac{p^2l^2}{y^2+p^2}\right).$$

Pour construire cette courbe, nous faisons varier y et nous considérons x comme fonction de y. Si on change y en $-y$, x ne change pas, la courbe est donc symétrique par rapport à Ox, et il suffit de donner à y des valeurs positives.

On a

$$\frac{dx}{dy}=\frac{4(y^2+p^2)^2-p^2l^2}{4p(y^2+p^2)^2}\cdot y.$$

Le numérateur s'annule pour $y=0$, et pour les valeurs de

y qui vérifient l'équation $2(y^2+p^2)=+pl$. Ces valeurs n'existent que si $l>2p$.

Plaçons-nous d'abord dans cette hypothèse. Quand y croît de 0 à $y_0=\sqrt{\frac{p}{2}(l-2p)}$, x décroît de $\frac{l^2}{8p}$ à une certaine valeur positive x_0; puis quand y croît de y_0 à $+\infty$, x croît de x_0 à $+\infty$.

Soit x_1 l'abscisse du point de la parabole qui a pour ordonnée y; nous avons $x_1=\frac{y^2}{2p}$, et

$$x-x_1=\overline{M_1M}=\frac{pl^2}{8(y^2+p^2)}.$$

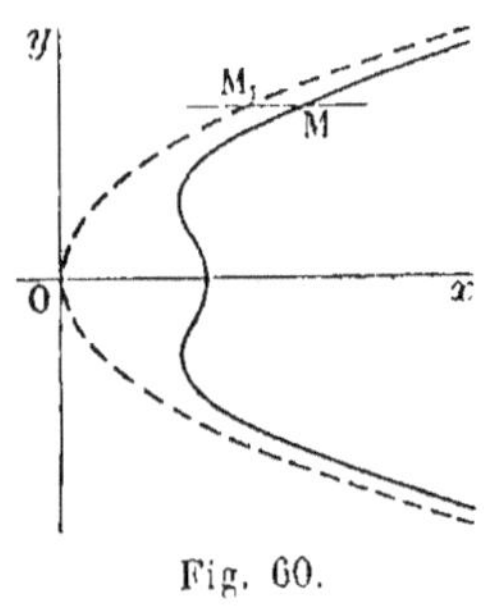

Fig. 60.

Cette relation nous montre que la courbe est tout entière à l'intérieur de la parabole, et asymptote à cette parabole, puisque M_1M tend vers zéro quand y augmente indéfiniment.

Si $l<2p$, x croît constamment et le lieu affecte la forme d'une parabole, située toujours à l'intérieur de la parabole donnée et asymptote à celle-ci.

396. *Par le sommet* O *de la parabole* $y^2-2px=0$ *on mène une droite quelconque qui rencontre la courbe au point* M; *on abaisse* MN *perpendiculaire sur l'axe des* x, *et on construit la droite* Δ, *symétrique de* OM *par rapport à* MN. *Cette droite* Δ *rencontre la parabole au point* M *et en un autre point* P.

1° *Former l'équation de la droite* Δ *en fonction du coefficient angulaire* t *de la droite* OM.

2° *Par un point* $A(x_0, y_0)$ *du plan passent deux droites* Δ, *qui coupent la parabole respectivement aux points* M′, P′ *et* M″, P″. *Former les équations des droites* M′M″, P′P″, *et déterminer les coordonnées du point de rencontre* B *de ces deux droites.*

3° *A tout point* A *du plan correspond ainsi un point* B; *montrer qu'au point* B *correspond le point* A.

1° Les coordonnées du point M sont $x = \frac{2p}{t^2}$, $y = \frac{2p}{t}$, et l'équation de Δ s'écrit

$$y - \frac{2p}{t} = -t\left(x - \frac{2p}{t^2}\right),$$

ou

$$(\Delta) \qquad t^2x + ty - 4p = 0.$$

2° Si on écrit que cette droite passe par le point A (x_0, y_0), on obtient l'équation

$$(1) \qquad t^2x_0 + ty_0 - 4p = 0,$$

qui est du deuxième degré par rapport à t. A chaque racine de cette équation correspond une droite (Δ) passant par le point A.

Ces deux droites ne sont réelles que si l'on a $y_0^2 + 16px_0 > 0$, c'est-à-dire si le point A est à l'extérieur de la parabole

$$y^2 + 16px = 0.$$

Cette parabole est d'ailleurs l'enveloppe des droites Δ.

Soient t' et t'' les racines de l'équation (1). Les coordonnées des points M' et M'' sont alors

$$\text{M}'\begin{cases} x' = \frac{2p}{t'^2}, \\ y' = \frac{2p}{t'}; \end{cases} \qquad \text{M}''\begin{cases} x'' = \frac{2p}{t''^2}, \\ y'' = \frac{2p}{t''}, \end{cases}$$

et on en déduit aisément que l'équation de M'M'' est

$$t't''x - (t' + t'')y + 2p = 0,$$

ou, comme l'on a $t't'' = -\frac{4p}{x_0}$, $t' + t'' = -\frac{y_0}{x_0}$,

$$(\text{M}'\text{M}'') \qquad 4px - yy_0 - 2px_0 = 0.$$

D'autre part, la droite Δ rencontre la parabole d'abord au point M, puis en un autre point P dont les coordonnées sont

$$x = \frac{8p}{t^2}, \qquad y = -\frac{4p}{t}.$$

On en conclut que l'équation de P'P'' peut s'écrire

$$(\text{P'P''}) \qquad 2px + yy_0 - 4px_0 = 0.$$

Par suite, les coordonnées du point B sont

$$x_1 = x_0, \qquad y_1 = \frac{2px_0}{y_0}.$$

3° On déduit de là

$$x_0 = x_1, \qquad y_0 = \frac{2px_1}{y_1},$$

ce qui démontre la proposition.

397. *Par le foyer* F *d'une parabole on mène une sécante qui rencontre la parabole aux points* M *et* M'.

1° *Démontrer que les normales en* M *et* M' *sont rectangulaires ;*

2° P *désignant le point de rencontre des normales en* M *et* M', *montrer que la parallèle à l'axe de la parabole menée par le point* P *passe par le milieu de* MM' ;

3° *Quand la sécante* MM' *tourne autour du point* F, *le point* P *décrit une parabole ayant même axe que la parabole donnée.*

Soient y_1, y_2 les ordonnées des deux points M, M' de la parabole $y^2 - 2px = 0$.

Pour que la droite MM' passe par le foyer, il faut qu'on ait $y_1y_2 = -p^2$, et les coordonnées du point P sont

$$x = p + \frac{y_1^2 + y_2^2 + y_1y_2}{2p}, \qquad y = \frac{y_1 + y_2}{2}.$$

Le lieu du point P est la parabole

$$4y^2 - 2px + 3p^2 = 0.$$

398. *Le lieu des projections du foyer d'une parabole sur les normales à la courbe se compose des droites isotropes du foyer et d'une parabole.*

399. *On donne une parabole* $y^2 - 2px = 0$ *et une droite* (D) *ayant pour équation* $ux + vy + w = 0$, *et rencontrant la parabole aux points* A *et* B. *Calculer les coordonnées du point de rencontre* M *des normales en* A *et* B.

En déduire le lieu de ce point lorsque la droite (D) *se déplace parallèlement à elle-même ou passe par un point fixe.*

Si on désigne par x_1, y_1 et x_2, y_2 les coordonnées des points A et B, on trouve pour les coordonnées de M

$$x = p + \frac{x_1 y_1 - x_2 y_2}{y_1 - y_2}, \qquad y = \frac{y_1 y_2 (x_2 - x_1)}{p(y_1 - y_2)};$$

on peut y remplacer x_1 par $-\frac{vy_1 + w}{u}$, x_2 par $-\frac{vy_2 + w}{u}$, et on obtient

$$x = p - \frac{w}{u} - \frac{v}{u}(y_1 + y_2), \qquad y = \frac{vy_1 y_2}{up}.$$

Comme y_1 et y_2 sont racines de l'équation

$$uy^2 + 2pvy + 2pw = 0,$$

les valeurs de x et de y s'écrivent

$$x = p - \frac{w}{u} + \frac{2pv^2}{u^2}, \qquad y = \frac{2vw}{u^2}.$$

Si la droite (D) se déplace parallèlement à elle-même, le lieu du point M est une droite.

Si la droite (D) passe par un point fixe (a, b), le lieu du point M est une parabole dont les équations paramétriques sont, en posant $\frac{v}{u} = t$,

$$x = p + a + bt + 2pt^2, \qquad y = -2(at + bt^2).$$

400. *Lieu du centre d'un triangle équilatéral dont les côtés sont normaux à une parabole.*

En posant $\operatorname{tg} \varphi = \lambda$ et $\operatorname{tg} \frac{\varphi}{3} = m$, on a la relation connue

$$\lambda = \frac{3m - m^3}{1 - 3m^2},$$

ou

$$m^3 - 3\lambda m^2 - 3m + \lambda = 0.$$

Cette équation du troisième degré admet pour racines les coefficients angulaires des côtés d'un triangle équilatéral, les axes de coordonnées étant supposés rectangulaires ; si l'on désigne par m_1, m_2, m_3 ses trois racines, on aura

$$(1) \qquad \Sigma m_1 = 3\lambda, \qquad \Sigma m_1 m_2 = -3, \qquad m_1 m_2 m_3 = -\lambda.$$

Considérons alors trois normales à la parabole $y^2 - 2px = 0$, parallèles à ces directions ; leurs équations sont

$$y = m_1(x - p) - \frac{pm_1^3}{2},$$

$$y = m_2(x - p) - \frac{pm_2^3}{2},$$

$$y = m_3(x - p) - \frac{pm_3^3}{2}.$$

En résolvant les deux premières, on a

$$x = p + \frac{p}{2}(m_1^2 + m_1 m_2 + m_2^2),$$

$$y = \frac{p}{2} m_1 m_2 (m_1 + m_2);$$

ce sont les coordonnées d'un des sommets du triangle équilatéral formé par les trois normales ; on aura les autres en permutant les indices.

Les coordonnées X, Y du centre du triangle sont alors obtenues en ajoutant respectivement les valeurs de x et celles de y, et en divisant ces sommes par 3.

On trouve ainsi

$$3\,X = 3p + \frac{p}{2}\left[2\Sigma m_1^2 + \Sigma m_1 m_2\right]$$

$$= 3p + \frac{p}{2}\left[2(\Sigma m_1)^2 - 3\Sigma m_1 m_2\right],$$

ou, en tenant compte des formules (1),

$$\text{(2)} \qquad X = \frac{5p}{2} + 3p\lambda^2.$$

De même,

$$3Y = \frac{p}{2}\Sigma m_1^2 m_2 = \frac{p}{2}(\Sigma m_1 . \Sigma m_1 m_2 - 3 m_1 m_2 m_3),$$

ou

$$Y = -p\lambda.$$

Le lieu demandé est donc la parabole

$$3y^2 - pX + \frac{5p^2}{2} = 0.$$

401. *Soient* O *le sommet d'une parabole et* M *un point* *quelconque de la courbe. Démontrer que la perpendiculaire à OM menée par le point M est normale à une parabole fixe.*

402. *La normale en un point M d'une parabole rencontre la courbe en un autre point P. Démontrer qu'entre les angles aigus α et β que fait cette normale avec l'axe de la courbe et avec la tangente au point P on a la relation* $\operatorname{tg} \alpha = 2 \operatorname{tg} \beta$.

403. *La normale en un point M d'une parabole rencontre cette courbe en un deuxième point N et l'axe au point P. Par le point Q, milieu de MN, on mène une parallèle à l'axe, et du point M on abaisse la perpendiculaire MR sur cette droite.*

1° *Démontrer que PR est perpendiculaire à MN ;*

2° *Trouver le lieu du point R lorsque le point M décrit la parabole.*

404. *La tangente en un point M d'une parabole rencontre la directrice au point T. On demande :*

1° *Le lieu du symétrique de T par rapport à M ;*

2° *Le lieu du symétrique de M par rapport à T.*

Si on prend pour axes de coordonnées l'axe de la parabole et sa directrice, l'équation de la parabole est $y^2 - 2px + p^2 = 0$.

Le premier lieu a pour équation $y^2 = \dfrac{p(3x - 2p)^2}{4(x - p)}$, et le deuxième $y^2 = -\dfrac{p^3}{2x + p}$.

405. *Soient O le sommet, F le foyer de la parabole* $y^2 - 2px = 0$. *On considère un point variable M sur cette courbe. La perpendiculaire menée en O à OM rencontre la tangente et la normale en M aux points T et N. La perpendiculaire menée en F à FM rencontre la tangente et la* *normale en* M *aux points* T′ *et* N′. *Lieux des points* T, N, T′, N′.

Lieu de T : $y^2 = -\dfrac{x^3}{2(x+p)}$.

Lieu de N : $y^2 = \dfrac{x^2(x-2p)}{4p}$.

Lieu de T′ : $x + \dfrac{p}{2} = 0$.

Lieu de N′ : $y^2 = \dfrac{x(x-p)^2}{4p}$.

406. 1° *Lieu des points* P *d'un plan d'où l'on voit une parabole donnée dans ce plan sous un angle constant* α.

2° *Enveloppe des cordes de contact des tangentes issues de chacun de ces points* P.

Le lieu du point P est une hyperbole qui a même foyer et même directrice que la parabole et dont l'excentricité est $\dfrac{1}{\cos\alpha}$.

L'enveloppe des cordes de contact est une ellipse qui a aussi même foyer et même directrice que la parabole et dont l'excentricité est égale à $\cos\alpha$.

407. *La tangente au point* M *d'une parabole rencontre la tangente au sommet en un point* N. *On joint le sommet* O *au point* M, *on mène par* N *une parallèle à* OM *et par* O *une parallèle à* MN ; *ces deux droites se rencontrent en un point* M′. *En supposant que le point* M *décrive la parabole, on demande :*

1° *L'enveloppe de* M′N ;

2° *Le lieu du point* M′ ;

3° *L'enveloppe de la droite* MM′ ;

4° *Le lieu du centre du cercle circonscrit au triangle* OMN.

En désignant par $y^2 - 2px = 0$ l'équation de la parabole donnée, on trouve

$$1^\circ\ y^2 - 4px = 0 ; \qquad 2^\circ\ 2y^2 + px = 0 ; \qquad 3^\circ\ 2y^2 - 3px = 0 ;$$
$$4^\circ\ 8y^2 - 2px + p^2 = 0.$$

408. *On joint le sommet* O *d'une parabole à un point* M *variable de la courbe, on abaisse* MP *perpendiculaire à la tangente au sommet, on joint le point* P *au foyer* F *et au point de rencontre* D *de la directrice et de l'axe, puis on abaisse* PQ *perpendiculaire sur* OM, *et on désigne par* R *le symétrique de* P *par rapport à* Q.

1° *Le lieu du point de rencontre de* PF *et* OM *est une ellipse ;*

2° *Le lieu du point de rencontre de* PD *et* OM *est une hyperbole ;*

3° *Le lieu du point* Q *est un cercle ;*

4° *Le lieu du point* R *est une strophoïde.*

409. *D'un point* P *on mène les tangentes* PM *et* PM' *à une parabole, et on joint les points de contact* M *et* M' *au foyer* F. *Établir la relation*

$$\frac{\overline{PM}^2}{\overline{PM'}^2} = \frac{FM}{FM'}.$$

Soient (x_1, y_1) et (x_2, y_2) les coordonnées des points M et M', ces nombres vérifiant les relations

$$(1) \qquad y_1^2 - 2px_1 = 0, \qquad y_2^2 - 2px_2 = 0.$$

On aura les coordonnées du point P en résolvant les équations des tangentes en M et M' ; on obtient ainsi, en utilisant les relations (1),

$$x = \frac{y_1 y_2}{2p}, \qquad y = \frac{y_1 + y_2}{2},$$

et on en déduit sans difficulté

$$\frac{\overline{PM}^2}{\overline{PM'}^2} = \frac{y_1^2 + p^2}{y_2^2 + p^2} = \frac{2x_1 + p}{2x_2 + p}.$$

La proposition est alors établie, car on a $FM = x_1 + \frac{p}{2}$, $FM' = x_2 + \frac{p}{2}$.

410. *D'un point* T *on mène à une parabole les tangentes* TA, TB; *par le point* B *on abaisse la perpendiculaire* BC *sur la normale en* A. *On joint* TC *et on mène* TE *perpendiculaire à* TC; *cette perpendiculaire rencontre la normale en* A *au point* E. *Démontrer que le point* E *est sur la directrice de la parabole.*

411. *Sur l'axe d'une parabole on prend deux points fixes équidistants du foyer. Démontrer que la différence des carrés des distances de ces points à une tangente quelconque à la parabole est constante.*

Inversement, trouver l'enveloppe des droites dont la différence des carrés des distances à deux points fixes est constante.

412. *On donne une parabole* (P). *Soit* M *un point de cette courbe; soit* N *le point où la normale en* M *à la parabole rencontre l'axe de cette courbe; soit* M' *le point symétrique du point* M *par rapport au point* N. *Quand* M *décrit la parabole* (P), *le point* M' *décrit une seconde parabole* (P').

Soient A *et* B *les points où la tangente en* M *à la parabole* (P) *est rencontrée par les tangentes à la parabole* (P') *aux points où celle-ci est coupée par la droite* MN.

Trouver les lieux des points A *et* B.

La parabole (P') a pour équation $y^2 - 2px + 4p^2 = 0$. Les lieux de A et B ont respectivement pour équation

$$2y^2(x - p) + p^3 = 0, \qquad 6y^2(x + p) - p(6x + p)^2 = 0.$$

413. *La tangente en un point* M *d'une parabole rencontre l'axe de cette courbe en un point* M' ; *soit* F' *le symétrique du foyer* F *par rapport à la droite* MM'.

On demande de trouver et de construire les lieux des centres des cercles circonscrits aux triangles MFF', M'FF', MM'F, MM'F'.

L'équation de la parabole donnée étant $y^2 - 2px = 0$, on trouve pour équations des lieux demandés

$$y^2 = \frac{p(6x+p)^2}{4(4x+p)}, \qquad y^2 = -\frac{p(2x-p)^2}{4(4x-p)},$$

$$y^2 = -\frac{(4x-p)(2x-p)^2}{4p}, \qquad y^2 = \frac{(4x+p)(2x-p)^2}{4p}.$$

414. *Étant donnée une parabole* $y^2 - 2px = 0$ *rapportée à son axe et à la tangente au sommet, par un point* A *de l'axe on mène une sécante* APQ *qui coupe la parabole aux points* P *et* Q *et la tangente au sommet au point* I ; *soient* PP', QQ' *les perpendiculaires abaissées des points* P *et* Q *sur l'axe.*

1° *Démontrer les relations segmentaires*

$$\frac{\overline{IP}}{\overline{IA}} = \frac{\overline{IA}}{\overline{IQ}} = -\frac{\overline{P'P}}{\overline{Q'Q}}.$$

2° *Lieu du point de rencontre* M *des droites* QP' *et* PQ' *lorsque la sécante* APQ *tourne autour du point* A ;

3° *Lieu du point* N, *pied de la perpendiculaire abaissée du point* M *sur la sécante* APQ. *Construire ce lieu.*

Si on désigne par a l'abscisse du point A, le lieu du point M est la droite $x + a = 0$, et celui du point N a pour équation

$$xy^2 + (x+a)(x-a)^2 = 0.$$

On construit aisément ce lieu en résolvant l'équation par rapport à y,

$$y = \pm (x - a)\sqrt{-\frac{x+a}{x}}.$$

415. *Étant données deux paraboles P et P_1 ayant même axe et même sommet, trouver et construire le lieu du point de rencontre d'une tangente T à la parabole P avec une tangente T_1 à la parabole P_1 qui soit perpendiculaire à T.*

Équations de P et P_1 :

$$y^2 - 2px = 0, \qquad y^2 - 2p_1x = 0.$$

Équations de T et T_1 :

$$y = mx + \frac{p}{2m}, \qquad y = -\frac{x}{m} - \frac{p_1m}{2}.$$

En résolvant ces deux équations, on a les coordonnées d'un point du lieu en fonction de m :

$$(1) \qquad x = -\frac{p + p_1m^2}{2(1 + m^2)}, \qquad y = \frac{p - p_1m^4}{2m(1 + m^2)};$$

et en éliminant m entre ces deux équations, on a l'équation cartésienne

$$(2) \qquad 4y^2(2x + p)(2x + p_1) + (4x^2 - pp_1)^2 = 0.$$

On peut construire cette courbe soit à l'aide de l'équation (2), soit en conservant les équations (1).

416. *Par un point M d'une parabole donnée, on mène deux cordes MM_1 et MM_2 également inclinées sur l'axe. Soient I le milieu de la corde M_1M_2 et H, K les projections de M et de I sur l'axe.*

1° *Montrer que la figure* MIHK *est un parallélogramme ;*

2° *Trouver l'enveloppe de* M_1M_2 *et le lieu du point* I *quand la direction de* MM_1 *reste fixe et que le point* M *décrit la parabole donnée.*

On vérifiera que le point I est le point de contact de la droite M_1M_2 et de son enveloppe. Cette enveloppe est une parabole égale à la parabole donnée et ayant même axe.

417. *On considère une parabole variable* (P) *ayant un foyer fixe* O *et un axe fixe* Ox.

Par le foyer O *on mène une sécante qui rencontre la courbe en deux points* M *et* N, *tels que la corde* MN *ait une longueur constante égale à* $2a$. *On demande :*

1° *Le lieu du milieu de* MN ;

2° *Le lieu des points* M *et* N ;

3° *L'enveloppe du cercle décrit sur* MN *comme diamètre ;*

4° *De montrer que le diamètre du cercle perpendiculaire à* MN *passe par un point fixe.*

En prenant comme axes Ox et une perpendiculaire au point O, et en considérant seulement les paraboles qui tournent leur concavité vers les x positifs, on trouvera :

1° Le cercle $x^2+y^2-ax=0$;

2° La courbe $(x^2+y^2)^2-2ax(x^2+y^2)-a^2y^2=0$, ou, en coordonnées polaires, $\rho=a(1+\cos\omega)$;

3° Deux cercles concentriques,

$$x^2+y^2-ax-2a^2=0, \qquad x^2+y^2-ax=0 ;$$

4° Le point fixe de coordonnées $x=a$, $y=0$.

418. *Le lieu des projections d'un point* A *sur les tangentes à une parabole est une cubique circulaire ayant un point double au point* A, *les tangentes en ce point étant perpendiculaires aux tangentes issues du point* A *à la parabole.*

L'asymptote de la cubique est perpendiculaire à l'axe de la parabole.

Dans le cas particulier où le point A *est le foyer, la cubique se décompose en trois droites : la tangente au sommet de la parabole et les droites isotropes du point* A.

Inversement, toute cubique circulaire à point double peut être considérée comme le lieu des projections de son point double sur les tangentes à une parabole.

419. *On considère deux paraboles* (P) *et* (Q) *rapportées à deux axes rectangulaires* Ox, Oy, *ayant l'une et l'autre le point* O *comme foyer et la droite* Ox *comme axe. Soit* (Δ) *la parallèle à* Oy *équidistante des directrices de ces paraboles ; par un point* M *de* (Δ) *on mène les tangentes* MA, MB *à la parabole* (P) *et les tangentes* MA′, MB′ *à la parabole* (Q), *les lettres* A, B, A′, B′ *désignant les points de contact de ces tangentes.*

1° *Montrer que les ordonnées des points* A *et* B *sont les mêmes que celles des points* A′ *et* B′ *(dans la suite on appellera* A′ *le point qui a même ordonnée que le point* A). *Vérifier que les droites* AA′, BB′ *sont équidistantes du point* M *et que les droites* AB, A′B′ *se coupent sur* (Δ) ;

2° *Démontrer que* MB′ *est perpendiculaire à* MA, *que* MA′ *est perpendiculaire à* MB *et que les droites* AB′ *et* BA′ *passent par le foyer* O. *Former l'équation du faisceau* (F) *de ces droites* AB′ *et* BA′. *Trouver la relation qui doit exister entre les ordonnées de deux points* M *et* M′ *de* (Δ) *pour que le faisceau* (F) *correspondant à* M *et le faisceau* (F′) *correspondant à* M′ *aient une droite commune ;*

3° *Les normales à la parabole* (P) *dont les pieds sont* A *et* B *se coupent au point* C ; *les normales à la parabole* (Q) *dont les pieds sont* A′ *et* B′ *se coupent au point* D. *Trouver les équations des lieux décrits par les points* C *et* D *lorsque* M *parcourt* (Δ) *et construire les courbes correspondantes.*

CHAPITRE VIII

COORDONNÉES POLAIRES

420. *Trouver le lieu des points d'où l'on peut mener deux normales rectangulaires à une ellipse.*

Soient M un point du lieu, MA, MB les deux normales rectangulaires issues de ce point ; les tangentes en A et B sont aussi perpendiculaires ; elles se coupent en un point P, sur le cercle de Monge relatif à l'ellipse donnée. La figure MAPB est un rectangle, les diagonales AB, PM se coupent en leur milieu I ; par suite, la droite PM passe par le centre O de l'ellipse.

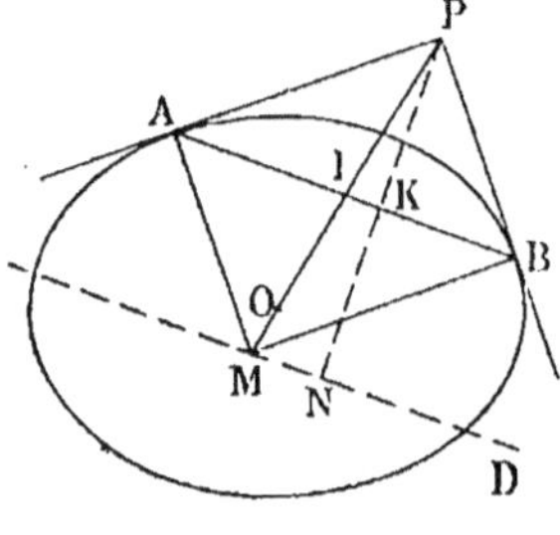

Fig. 61.

Il résulte de là qu'à tout point P du cercle de Monge on peut faire correspondre un point M du lieu qui sera déterminé par l'intersection de la droite OP et de la droite D, homothétique de AB, le centre d'homothétie étant le point P et le rapport d'homothétie étant égal à 2.

Soit $\frac{x^2}{a^2} + \frac{y^2}{b^2} - 1 = 0$ l'équation de l'ellipse rapportée à ses axes, et soient α, β les coordonnées du point P ; nous avons

$$(1) \qquad \alpha^2 + \beta^2 = a^2 + b^2.$$

La droite OP a pour équation

$$(2) \qquad \frac{y}{x} = \frac{\beta}{\alpha}.$$

Pour avoir l'équation de la droite (D), nous remarquons que si x, y désignent les coordonnées d'un point quelconque N de cette droite, le milieu K de PN a pour coordonnées $\frac{\alpha + x}{2}$, $\frac{\beta + y}{2}$, et ce point doit être sur la droite AB, polaire du point P par rapport à l'ellipse, dont l'équation est $\frac{\alpha x}{a^2} + \frac{\beta y}{b^2} - 1 = 0$.

On doit donc avoir

$$(3) \qquad \frac{\alpha(\alpha + x)}{2a^2} + \frac{\beta(\beta + y)}{2b^2} - 1 = 0,$$

c'est l'équation de la droite (D).

On aura le lieu du point M en éliminant α, β entre les équations (1), (2), (3).

Des deux premières on tire

$$\frac{\alpha}{x} = \frac{\beta}{y} = \pm \frac{\sqrt{\alpha^2 + \beta^2}}{\sqrt{x^2 + y^2}} = \pm \sqrt{\frac{a^2 + b^2}{x^2 + y^2}},$$

ou

$$\alpha = kx, \qquad \beta = ky,$$

en posant $k = \pm \sqrt{\frac{a^2 + b^2}{x^2 + y^2}}$.

Remplaçons α par kx, β par ky dans la relation (3), nous avons

$$k(k + 1)(b^2x^2 + a^2y^2) - 2a^2b^2 = 0,$$

ou

$$k^2(b^2x^2 + a^2y^2) - 2a^2b^2 = -k(b^2x^2 + a^2y^2).$$

Remplaçons maintenant k par sa valeur, nous obtenons

$$\frac{a^2 + b^2}{x^2 + y^2}(b^2x^2 + a^2y^2) - 2a^2b^2 = \pm \sqrt{\frac{a^2 + b^2}{x^2 + y^2}}(b^2x^2 + a^2y^2),$$

ou, en chassant le dénominateur,

$$(b^2 - a^2)(b^2x^2 - a^2y^2) = \pm\sqrt{(a^2 + b^2)(x^2 + y^2)}(b^2x^2 + a^2y^2),$$

ou, enfin, en élevant au carré et en remplaçant $a^2 - b^2$ par c^2,

$$(a^2 + b^2)(x^2 + y^2)(b^2x^2 + a^2y^2)^2 - c^4(b^2x^2 - a^2y^2)^2 = 0.$$

On voit ainsi que le lieu est une courbe du sixième degré, symétrique par rapport aux deux axes, ayant un point quadruple à l'origine.

Nous la construirons aisément en passant aux coordonnées polaires. Si nous remplaçons x par $\rho \cos\omega$, y par $\rho \sin\omega$, l'équation devient

$$(a^2 + b^2)\rho^6(b^2\cos^2\omega + a^2\sin^2\omega)^2 = c^4\rho^4(b^2\cos^2\omega - a^2\sin^2\omega)^2,$$

ou

$$\rho = \pm\frac{c^2}{\sqrt{a^2 + b^2}} \cdot \frac{b^2\cos^2\omega - a^2\sin^2\omega}{b^2\cos^2\omega + a^2\sin^2\omega}.$$

Il est inutile de conserver le double signe. En effet, si l'on considère les deux équations

$$\rho = \frac{c^2}{\sqrt{a^2 + b^2}} \cdot \frac{b^2\cos^2\omega - a^2\sin^2\omega}{b^2\cos^2\omega + a^2\sin^2\omega},$$

$$\rho = -\frac{c^2}{\sqrt{a^2 + b^2}} \cdot \frac{b^2\cos^2\omega - a^2\sin^2\omega}{b^2\cos^2\omega + a^2\sin^2\omega},$$

on voit que l'une se déduit de l'autre en y changeant ρ en $-\rho$ et ω en $\pi + \omega$. Par suite, ces deux équations représentent la même courbe.

Nous conservons seulement l'équation

$$\rho = \frac{c^2}{\sqrt{a^2 + b^2}} \cdot \frac{b^2\cos^2\omega - a^2\sin^2\omega}{b^2\cos^2\omega + a^2\sin^2\omega}.$$

Comme le second membre ne contient que les lignes trigonométriques de ω, on obtient toute la courbe en faisant varier ω dans un intervalle quelconque d'étendue égale à 2π.

Si l'on change ω en $\pi + \omega$, ρ ne change pas ; donc la courbe est symétrique par rapport au pôle. Il suffira de faire varier ω dans un intervalle quelconque (i) d'étendue égale à π, de construire la branche de courbe correspondante, puis de prendre la symétrique de cette branche par rapport au pôle.

Si l'on change ω en $-\omega$, ρ ne change pas ; donc, la courbe est symétrique par rapport à Ox. Cherchons alors à décomposer l'intervalle (i) en deux intervalles tels qu'à toute valeur α de l'un d'eux corresponde la valeur $-\alpha$ de l'autre ; et il suffira de faire varier ω dans l'un de ces intervalles. Nous prendrons pour (i) l'intervalle $\left(-\frac{\pi}{2}, +\frac{\pi}{2}\right)$ qui se décompose en $\left(-\frac{\pi}{2}, 0\right)$ et $\left(0, +\frac{\pi}{2}\right)$.

En résumé, nous ferons varier ω de 0 à $+\frac{\pi}{2}$, nous construirons la branche de courbe correspondante, soit (γ) ; puis, nous tracerons la branche (γ_1) symétrique de (γ) par rapport à Ox, et enfin les symétriques des courbes (γ) et (γ_1) par rapport au pôle ; et nous aurons ainsi toute la courbe.

La dérivée de ρ par rapport à ω est

$$\rho' = -\frac{c^2}{\sqrt{a^2+b^2}} \cdot \frac{4a^2b^2 \sin\omega \cos\omega}{(b^2\cos^2\omega + a^2\sin^2\omega)^2} ;$$

elle est toujours négative dans l'intervalle $\left(0, \frac{\pi}{2}\right)$. Donc quand ω croît de 0 à $\frac{\pi}{2}$, ρ décroît de $\frac{c^2}{\sqrt{a^2+b^2}}$ à $-\frac{c^2}{\sqrt{a^2+b^2}}$ en s'annulant pour la valeur $\omega = \alpha$, telle que $\operatorname{tg}\alpha = \frac{b}{a}$.

On obtient ainsi la branche de courbe AOB (tracée en trait plein) ; elle est tangente à l'origine à la droite OT qui fait l'angle α avec Ox.

L'angle V que fait la tangente avec le rayon vecteur est donné par la formule

$$\operatorname{tg} V = \frac{\rho}{\rho'},$$

ou

$$\operatorname{tg} V = -\frac{(b^2 \cos^2 \omega - a^2 \sin^2 \omega)(b^2 \cos^2 \omega + a^2 \sin^2 \omega)}{4a^2b^2 \sin \omega \cos \omega}.$$

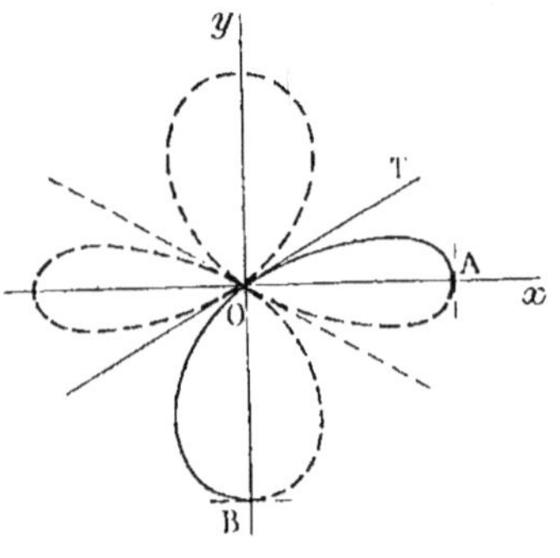

Fig. 62.

Aux points A et B $\operatorname{tg} V$ est infini, V est égal à $\frac{\pi}{2}$, la tangente est perpendiculaire au rayon vecteur.

En achevant par symétrie comme il a été dit plus haut, nous obtenons la figure 62.

421. *Trouver le lieu des points d'où l'on peut mener deux normales rectangulaires à une hyperbole.*

Les calculs sont les mêmes que pour l'ellipse; il suffit de changer b^2 en $-b^2$.

L'équation du lieu est, en coordonnées rectilignes,

$$(a^2 - b^2)(x^2 + y^2)(b^2x^2 - a^2y^2)^2 - c^4 (b^2x^2 + a^2y^2)^2 = 0,$$
$$(c^2 = a^2 + b^2)$$

et, en coordonnées polaires,

$$\rho = \frac{c^2}{\sqrt{a^2 - b^2}} \cdot \frac{b^2 \cos^2 \omega + a^2 \sin^2 \omega}{b^2 \cos^2 \omega - a^2 \sin^2 \omega}.$$

Cette courbe n'est réelle que si a est plus grand que b; et ceci était à prévoir, car c'est la condition pour que le cercle de Monge soit réel.

Nous supposons cette condition remplie. Nous avons

$$\rho' = \frac{c^2}{\sqrt{a^2 - b^2}} \cdot \frac{4a^2b^2 \sin\omega \cos\omega}{(b^2\cos^2\omega - a^2\sin^2\omega)^2}.$$

Comme pour l'ellipse, nous faisons varier ω de 0 à $\frac{\pi}{2}$. Cette fois, ρ' est positif dans l'intervalle, donc ρ est une fonction croissante. Cette fonction est discontinue pour la valeur $\omega = \alpha$, telle que $\operatorname{tg}\alpha = \frac{b}{a}$.

On a le tableau de variation suivant:

ω	0	croît	α		croît	$\frac{\pi}{2}$
ρ	$\frac{c^2}{\sqrt{a^2 - b^2}}$	croît	$+\infty$	$-\infty$	croît	$-\frac{c^2}{\sqrt{a^2 - b^2}}$

et on en déduit les branches de courbe AL et L'B (fig. 63).

Pour obtenir l'asymptote correspondante, il faut chercher la limite de

$$x' = \rho \sin(\omega - \alpha) = \frac{c^2}{\sqrt{a^2 - b^2}} \cdot \frac{b^2\cos^2\omega + a^2\sin^2\omega}{b^2\cos^2\omega - a^2\sin^2\omega} \cdot \sin(\omega - \alpha),$$

quand ω tend vers α.

Nous avons $\operatorname{tg}\alpha = \frac{b}{a}$, et par suite $\cos\alpha = \frac{a}{c}$, $\sin\alpha = \frac{b}{c}$; on peut donc écrire

$$x' = \frac{c^2}{\sqrt{a^2 - b^2}} \cdot \frac{\sin^2\alpha\cos^2\omega + \cos^2\alpha\sin^2\omega}{\sin^2\alpha\cos^2\omega - \cos^2\alpha\sin^2\omega} \cdot \sin(\omega - \alpha),$$

ou, en remarquant que

$$\sin^2\alpha\cos^2\omega - \cos^2\alpha\sin^2\omega = \sin(\alpha - \omega)\sin(\alpha + \omega),$$

$$x' = -\frac{c^2}{\sqrt{a^2 - b^2}} \cdot \frac{\sin^2\alpha\cos^2\omega + \cos^2\alpha\sin^2\omega}{\sin(\omega + \alpha)}.$$

Pour $\omega = \alpha$, x' prend la valeur

$$d = -\frac{c^2 \sin \alpha \cos \alpha}{\sqrt{a^2 - b^2}} = -\frac{ab}{\sqrt{a^2 - b^2}}.$$

Pour construire l'asymptote, nous traçons la demi-droite Ox' qui fait avec la demi-droite Ox l'angle $\alpha + \frac{\pi}{2}$, et nous prenons sur cette demi-droite un point H, tel que la valeur algébrique du vecteur $\overline{OH}$, sens positif Ox', soit égale à $-\frac{ab}{\sqrt{a^2 - b^2}}$; puis, par le point H nous menons la droite Δ perpendiculaire à Ox', c'est l'asymptote.

Cherchons les points où cette asymptote rencontre Ox et Oy. On sait que l'équation de l'asymptote est

$$\rho \sin (\omega - \alpha) = d, \qquad \text{ou} \qquad \rho \sin (\omega - \alpha) = -\frac{ab}{\sqrt{a^2 - b^2}} ;$$

pour $\omega = 0$, nous avons

$$-\rho \sin \alpha = -\frac{ab}{\sqrt{a^2 - b^2}}, \qquad \text{ou} \qquad \rho = \frac{ac}{\sqrt{a^2 - b^2}},$$

et pour $\omega = \frac{\pi}{2}$, $\quad \rho = \frac{-bc}{\sqrt{a^2 - b^2}}.$

Par suite l'asymptote rencontre Ox au point C tel que $\overline{OC} = \frac{ac}{\sqrt{a^2 - b^2}}$; le point est entre O et A, puisque

$$\overline{OA} = \frac{c^2}{\sqrt{a^2 - b^2}},$$

et $a < c$.

De même, l'asymptote rencontre Oy au point D défini par

$$\overline{OD} = -\frac{bc}{\sqrt{a^2 - b^2}},$$

et ce point est situé entre O et B.

Pour déterminer la position de la courbe par rapport à l'asymptote, nous cherchons le signe de

$$x' - d = \frac{c^2}{\sqrt{a^2 - b^2}}\left[\sin\alpha\cos\alpha - \frac{\sin^2\alpha\cos^2\omega + \cos^2\alpha\sin^2\omega}{\sin(\omega+\alpha)}\right],$$

pour les valeurs de ω voisines de α.

Pour ces valeurs, $\sin(\omega + \alpha)$ est positif, donc $x' - d$ a le signe de

$$f(\omega) = \sin\alpha\cos\alpha\sin(\omega+\alpha) - \sin^2\alpha\cos^2\omega - \cos^2\alpha\sin^2\omega.$$

Cette fonction est nulle pour $\omega = \alpha$; pour déterminer son signe, nous allons chercher le sens de sa variation aux environs de α, et pour cela nous calculerons la valeur de la dérivée pour $\omega = \alpha$.

Nous avons

$$f'(\omega) = \sin\alpha\cos\alpha\cos(\omega+\alpha) - \cos 2\alpha\sin 2\omega,$$

$$f'(\alpha) = -\sin\alpha\cos\alpha\cos 2\alpha,$$

et cette quantité est négative puisque $\alpha < \frac{\pi}{4}$.

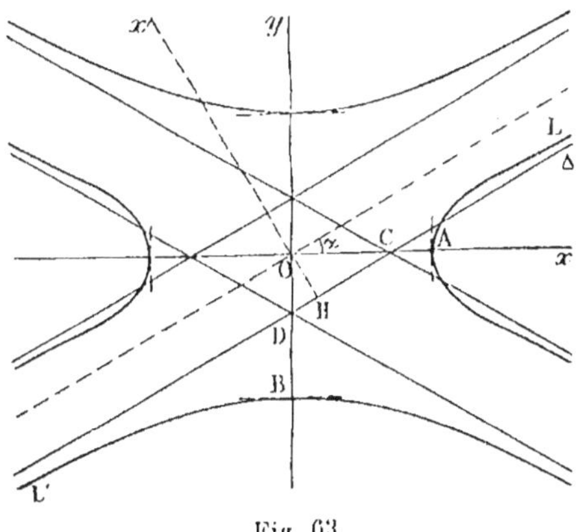

Fig. 63.

Donc pour $\omega = \alpha$, la fonction $f(\omega)$ est décroissante. On en conclut que $x' - d > 0$ pour $\omega < \alpha$, et $x' - d < 0$ pour $\omega > \alpha$.

Par suite, la branche de courbe AL qui correspond à $\omega < \alpha$ est par rapport à l'asymptote du côté des x' positifs, et la branche AL' du côté des x' négatifs.

422. *On donne un cercle et un diamètre fixe* OA. *On mène la tangente en un point* P *variable du cercle, et on demande le lieu du point de rencontre de cette tangente et des bissectrices de l'angle* AOP.

Prenons pour axes OA et la tangente au point O, et posons $OA = a$. L'équation du cercle est

$$x^2 + y^2 - ax = 0.$$

Soit $y = tx$ l'équation de la droite OP, les coordonnées du point P sont $\frac{a}{1+t^2}$, $\frac{at}{1+t^2}$ et la tangente en ce point a pour équation

$$x(1 - t^2) + 2ty - a = 0.$$

D'autre part, l'ensemble des bissectrices de l'angle OAP est représenté par l'équation

$$\frac{(y - tx)^2}{1+t^2} = y^2, \qquad \text{ou} \qquad t(x^2 - y^2) - 2xy = 0.$$

En éliminant t entre ces deux équations, on obtient pour équation du lieu

$$(x^2 + y^2)(x^3 - 3xy^2) - a(x^2 - y^2)^2 = 0.$$

Le lieu est une courbe du cinquième degré qui a un point quadruple à l'origine.

Si l'on passe en coordonnées polaires, on obtient

$$\rho^5(\cos^3\omega - 3\cos\omega\sin^2\omega) - a\rho^4(\cos^2\omega - \sin^2\omega)^2 = 0,$$

ou

$$\rho \cos 3\omega - a \cos^2 2\omega = 0,$$

ou enfin
$$\rho = \frac{a \cos^2 2\omega}{\cos 3\omega}.$$

On peut d'ailleurs obtenir cette équation directement. Soit OM la bissectrice de l'angle AOP, et soient ρ, ω les coordonnées polaires du point M. Dans le triangle OPM, on a

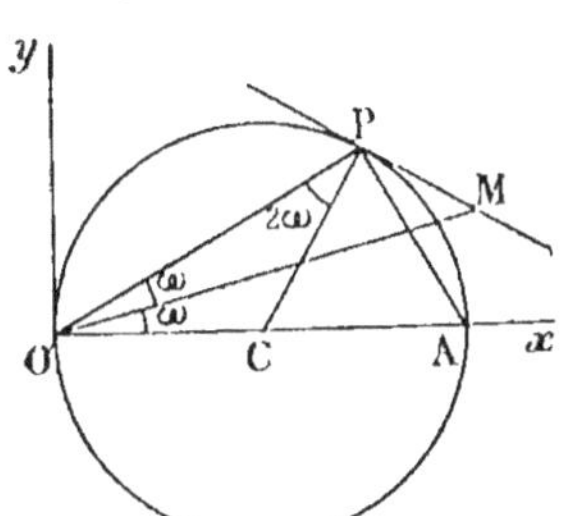

Fig. 64.

$$\frac{OM}{OP} = \frac{\sin \widehat{OPM}}{\sin \widehat{OMP}}.$$

Or

$$OP = OA \cos 2\omega = a \cos 2\omega,$$

$$\widehat{OPM} = 2\omega + \frac{\pi}{2}, \qquad \widehat{OMP} = \pi - \omega - \left(2\omega + \frac{\pi}{2}\right) = \frac{\pi}{2} - 3\omega.$$

La relation précédente devient donc

$$\frac{\rho}{a \cos 2\omega} = \frac{\cos 2\omega}{\cos 3\omega},$$

ou

$$\rho = \frac{a \cos^2 2\omega}{\cos 3\omega}.$$

On démontrera aussi facilement que cette équation est vérifiée par les coordonnées du point de rencontre de la tangente en P et de la seconde bissectrice de l'angle AOP.

Pour construire cette courbe nous remarquons que si l'on change ω en $\omega + \pi$, ρ se change en $-\rho$; par suite à des valeurs de ω différant de π correspond le même point de la courbe. Donc, on aura toute la courbe en faisant varier ω dans un intervalle quelconque d'étendue égale à π, par exemple $\left(-\frac{\pi}{2}, +\frac{\pi}{2}\right)$.

Si l'on change ω en $-\omega$, ρ ne change pas, donc la courbe est symétrique par rapport à Ox, et par suite, il suffira de faire varier ω dans l'intervalle $\left(0, \frac{\pi}{2}\right)$, de construire la branche de courbe correspondante, et de prendre la symétrique par rapport à Ox.

La fonction ρ est discontinue pour $\omega = \frac{\pi}{6}$ et s'annule pour $\omega = \frac{\pi}{4}$; figurons le tableau donnant les signes et les valeurs remarquables de cette fonction

ω	0		$\frac{\pi}{6}$		$\frac{\pi}{4}$		$\frac{\pi}{2}$
ρ	a	$+$	$+\infty \mid -\infty$		0	$-$	$-\infty$

On en déduit les branches de courbes AL, L_1O, OL_2, les deux dernières étant tangentes à l'origine à la droite $\omega = \frac{\pi}{4}$.

Pour avoir la tangente au point A, nous calculons ρ', dérivée de ρ par rapport à ω; nous avons

$$\rho' = \frac{a \cos 2\omega \sin \omega (\cos^4 \omega + 12 \cos^2 \omega \sin^2 \omega + 3 \sin^4 \omega)}{\cos^2 3\omega}.$$

Pour $\omega = 0$, $\rho' = 0$, donc $\frac{\rho}{\rho'}$ est infini; par suite la tangente au point A est perpendiculaire à OA.

Asymptotes. 1° ρ est infini d'abord pour $\omega = \frac{\pi}{6}$. Cherchons la limite de

$$x' = \rho \sin\left(\omega - \frac{\pi}{6}\right) = \frac{a \cos^2 2\omega \sin\left(\omega - \frac{\pi}{6}\right)}{\cos 3\omega}.$$

Posons $\omega = \frac{\pi}{6} + \theta$, nous avons

$$x' = a \cos^2\left(\frac{\pi}{3} + 2\theta\right) \cdot \frac{\sin \theta}{-\sin 3\theta}.$$

Quand ω tend vers $\frac{\pi}{6}$, θ tend vers zéro, le rapport $\frac{\sin\theta}{\sin 3\theta}$ a pour limite $\frac{1}{3}$, et par suite

$$\lim . x' = -\frac{a}{3}\cos^2\frac{\pi}{3} = -\frac{a}{12}.$$

Traçons la demi-droite Ox' qui fait avec Ox l'angle $\frac{\pi}{6} + \frac{\pi}{2}$, et prenons sur cette demi-droite le point H, tel que

$$\overline{OH} = -\frac{a}{12}.$$

Puis par le point H menons une parallèle à la direction asymptotique $\omega = \frac{\pi}{6}$, ou une perpendiculaire à OH, nous obtenons ainsi l'asymptote.

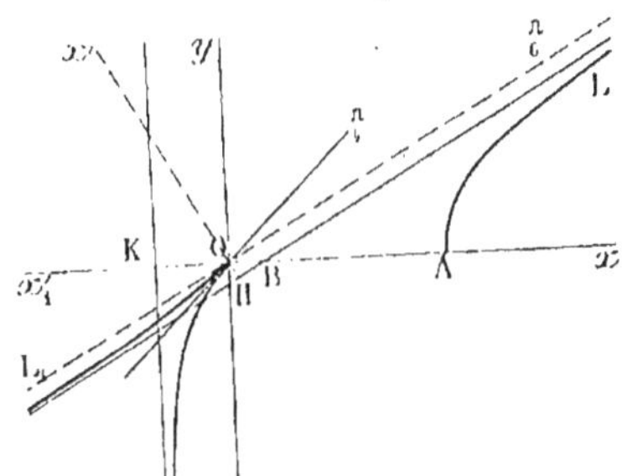

Fig. 65.

L'équation de l'asymptote étant

$$\rho \sin\left(\omega - \frac{\pi}{6}\right) = -\frac{a}{12},$$

nous voyons que cette droite rencontre Ox au point B qui a pour abscisse $\frac{a}{6}$.

Pour avoir la position de la courbe par rapport à l'asymptote, il faut chercher le signe de $x' + \frac{a}{12}$ pour les valeurs de ω voisines de $\frac{\pi}{6}$, ou pour les valeurs de θ voisines de 0.

Nous avons trouvé

$$x' = -a\cos^2\left(\frac{\pi}{3} + 2\theta\right)\frac{\sin\theta}{\sin 3\theta}.$$

Remplaçons $\sin 3\theta$ par sa valeur $3\cos^2\theta\sin\theta - \sin^3\theta$, nous avons

$$x' + \frac{a}{12} = +\frac{a\cos^2\left(\frac{\pi}{3} + 2\theta\right)}{\sin^2\theta - 3\cos^2\theta} + \frac{a}{12}$$

ou

$$x' + \frac{a}{12} = a \cdot \frac{12 \cos^2\left(\frac{\pi}{3} + 2\theta\right) + (\sin^2\theta - 3\cos^2\theta)}{12(\sin^2\theta - 3\cos^2\theta)}.$$

Le numérateur du second membre est une fonction de θ, nulle pour $\theta = 0$. On voit facilement que sa dérivée est négative pour $\theta = 0$, donc ce numérateur est une fonction décroissante ; il est positif pour $\theta < 0$, négatif pour $\theta > 0$. Comme le dénominateur est négatif pour les valeurs de θ voisines de zéro, on en conclut que $x' + \frac{a}{12}$ est négatif pour $\theta < 0$, ou $\omega < \frac{\pi}{6}$, et positif pour $\theta > 0$ ou $\omega > \frac{\pi}{6}$.

Par suite, la branche de courbe AL est par rapport à l'asymptote du côté des x' négatifs, et la branche OL_1 du côté des x' positifs.

2° Considérons maintenant la branche OL_2 correspondant à $\omega = \frac{\pi}{2}$. Nous avons

$$x' = \rho \sin\left(\omega - \frac{\pi}{2}\right) = -\frac{a \cos^2 2\omega \cos\omega}{\cos 3\omega},$$

ou, en remplaçant $\cos 3\omega$ par $\cos^3\omega - 3\cos\omega \sin^2\omega$,

$$x' = -\frac{a \cos^2 2\omega}{\cos^2\omega - 3\sin^2\omega},$$

dont la limite est $\frac{a}{3}$ pour $\omega = \frac{\pi}{2}$.

Nous menons alors la demi-droite Ox'_1 qui fait avec Ox l'angle $\frac{\pi}{2} + \frac{\pi}{2}$ ou π, et nous prenons sur cette demi-droite le point K, défini par $\overline{OK} = \frac{a}{3}$; puis, par le point K nous menons la perpendiculaire à OK, et nous avons l'asymptote.

Pour avoir la position de la courbe par rapport à l'asymptote, nous écrivons

$$x' - \frac{a}{3} = -\frac{a\cos^2 2\omega}{\cos^2\omega - 3\sin^2\omega} - \frac{a}{3}$$

$$= a \cdot \frac{3\cos^2 2\omega + \cos^2\omega - 3\sin^2\omega}{3(3\sin^2\omega - \cos^2\omega)}.$$

La méthode employée précédemment pour avoir le signe du numérateur $f(\omega) = 3\cos^2 2\omega + \cos^2\omega - 3\sin^2\omega$ pour les valeurs de ω voisines de $\frac{\pi}{2}$ ne réussit pas ici, car $f'(\omega)$ est nulle pour $\omega = \frac{\pi}{2}$. Mais on peut remplacer $\cos 2\omega$ par

$$2\cos^2\omega - 1$$

et l'on a

$$f(\omega) = 4\cos^2\omega(3\cos^2\omega - 2)$$

et

$$x' - \frac{a}{3} = 4a \cdot \frac{\cos^2\omega(3\cos^2\omega - 2)}{3(3\sin^2\omega - \cos^2\omega)}.$$

Ceci montre que pour les valeurs de ω voisines de $\frac{\pi}{2}$, $x' - \frac{a}{3}$ est négatif ; par suite, la courbe est par rapport à l'asymptote du côté des x'_1 négatifs.

On voit également que $x' - \frac{a}{3}$ est nul pour $\cos^2\omega = \frac{2}{3}$ ou $\cos\omega = \pm\sqrt{\frac{2}{3}}$; à ces valeurs de ω correspondent les points de rencontre de la courbe et de l'asymptote.

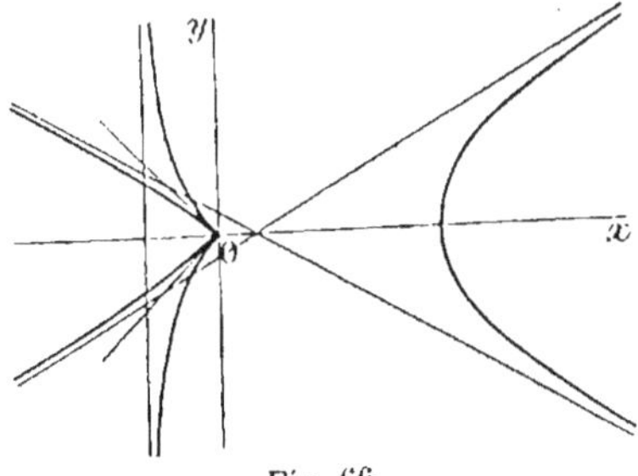

Fig. 66.

En achevant par symétrie par rapport à Ox, on obtient la courbe ci-dessus.

423. *On donne une circonférence et un diamètre* AB. *D'un point* M *mobile sur la circonférence on abaisse* MP *perpendiculaire sur* AB, *puis on prend sur* AM *les longueurs* MN = MN' = MP. *Trouver le lieu des points* N *et* N'.

On trouve sans difficulté que l'équation du lieu en coordonnées polaires est

$$\rho = 2R \cos \omega (1 \pm \sin \omega),$$

le point A étant le pôle et AB l'axe polaire.

Il n'est pas nécessaire de conserver les deux signes, car les deux équations

$$\rho = 2R \cos \omega (1 + \sin \omega), \qquad \rho = 2R \cos \omega (1 - \sin \omega)$$

se déduisent l'une de l'autre en changeant ρ en $-\rho$ et ω en $\pi + \omega$; elles représentent donc la même courbe.

La construction de cette courbe ne présente aucune difficulté.

Proposons-nous de trouver l'équation en coordonnées rectilignes. Pour cela, nous remplaçons $\cos \omega$ par $\frac{x}{\rho}$, $\sin \omega$ par $\frac{y}{\rho}$; nous avons

$$\rho = 2R \frac{x}{\rho} \left(1 + \frac{y}{\rho}\right)$$

ou

$$\rho^3 = 2Rx(\rho + y).$$

Faisons disparaître les puissances impaires de ρ en écrivant

$$\rho(\rho^2 - 2Rx) = 2Rxy,$$

puis en élevant au carré. Nous avons

$$\rho^2(\rho^2 - 2Rx)^2 = 4R^2x^2y^2,$$

et nous remplaçons ρ^2 par $x^2 + y^2$. Nous obtenons ainsi

$$(x^2 + y^2)(x^2 + y^2 - 2Rx)^2 - 4R^2x^2y^2 = 0.$$

Cette méthode est toujours applicable lorsque ρ est une fonction rationnelle de $\cos\omega$ et de $\sin\omega$.

424. *On donne un axe polaire Ox et un point A sur cet axe. On considère une conique variable ayant pour foyer le point O, dont la directrice correspondante passe par le point A, et dont l'excentricité est constante et égale à e. Trouver le lieu des points de rencontre de cette conique et de la droite symétrique de OA par rapport à l'axe focal.*

Soient ABC la directrice d'une des coniques, OB l'axe focal, OC la symétrique de OA par rapport à OB. Posons $OA = a$, et désignons par ρ, ω les coordonnées d'un point M du lieu.

Abaissons MP perpendiculaire sur la directrice ; nous avons

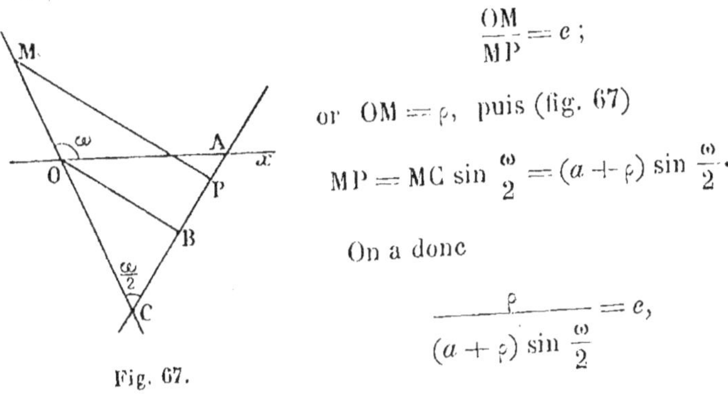

Fig. 67.

$$\frac{OM}{MP} = e\,;$$

or $OM = \rho$, puis (fig. 67)

$$MP = MC \sin\frac{\omega}{2} = (a + \rho)\sin\frac{\omega}{2}.$$

On a donc

$$\frac{\rho}{(a+\rho)\sin\frac{\omega}{2}} = e,$$

ou

$$(1) \qquad \rho = \frac{ae\sin\frac{\omega}{2}}{1 - e\sin\frac{\omega}{2}}.$$

Considérons maintenant la fig. 68 ; nous avons

$$MP = MC\cos\frac{\omega}{2} = (a - \rho)\cos\frac{\omega}{2},$$

ce qui donne pour équation du lieu

$$(2) \qquad \rho = \frac{ae \cos \frac{\omega}{2}}{1 + e \cos \frac{\omega}{2}}.$$

Mais cette équation se déduit de l'équation (1) en y changeant ω en $\omega - \pi$ et ρ en $-\rho$; par suite les équations (1) et (2) représentent la même courbe.

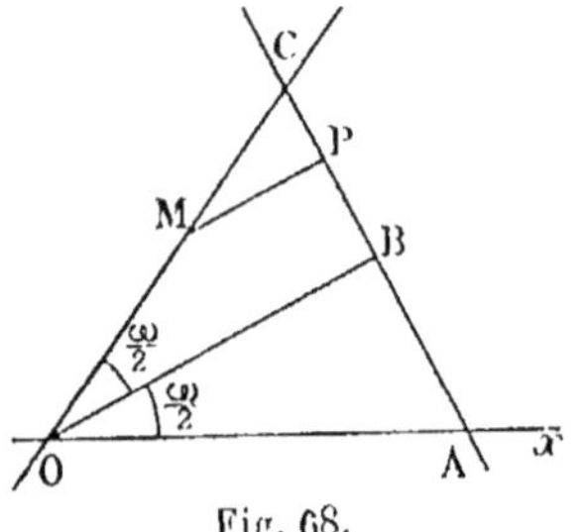

Fig. 68.

Il en serait de même pour tous les autres cas de figure.

Nous discuterons l'équation (1), qui peut s'écrire, en posant $k = \frac{1}{e}$,

$$\rho = \frac{a \sin \frac{\omega}{2}}{k - \sin \frac{\omega}{2}}.$$

Si l'on change ω en $4\pi + \omega$, ρ ne change pas ; donc, pour avoir toute la courbe, il suffit de faire varier ω dans un intervalle arbitraire (i) d'étendue égale à 4π. Si l'on change ω en $2\pi - \omega$, ρ ne change pas, donc la courbe est symétrique par rapport à Ox. Pour éviter de construire des portions de courbe symétriques, il faut décomposer l'intervalle (i) en deux intervalles tels qu'à toute valeur α du premier corresponde la valeur $2\pi - \alpha$ du second, ou qu'à toute valeur $\pi - \theta$ du premier corresponde la valeur $\pi + \theta$ du second. Nous prendrons pour intervalle (i) l'intervalle $(\pi - 2\pi, \pi + 2\pi)$, et nous le décomposerons en deux $(\pi - 2\pi, \pi)$ et $(\pi, \pi + 2\pi)$. On voit alors immédiatement qu'à toute valeur $\pi - \theta$ du premier correspond la valeur $\pi + \theta$ du deuxième.

Il suffira donc de faire varier ω dans l'un de ces intervalles, par exemple le premier $(-\pi, +\pi)$, de construire la courbe correspondante, puis de prendre la symétrique par rapport à Ox.

La fonction ρ est discontinue pour les racines de l'équation

$k - \sin\frac{\omega}{2} = 0$; cette équation admet des racines seulement si $k \leqslant 1$, ou si $e \geqslant 1$.

Enfin on a

$$\rho' = \frac{ak\cos\frac{\omega}{2}}{2\left(k - \sin\frac{\omega}{2}\right)^2}.$$

Premier cas : $e < 1$, ou $k > 1$. On a les variations suivantes :

ω	$-\pi$		0		$+\pi$
ρ	$-\frac{a}{k+1}$	croît	0	croît	$\frac{a}{k-1}$

la courbe correspondante est figurée en trait plein (fig. 69).

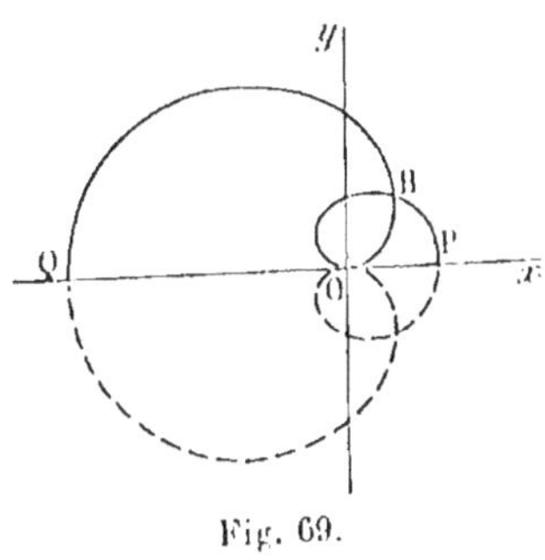

Fig. 69.

Les tangentes aux points P et Q sont perpendiculaires à Ox.

La construction de la courbe fait apparaître un point double H, qu'il est facile de déterminer. Ce point correspond en effet à deux valeurs distinctes de ω, l'une comprise entre $-\pi$ et $-\frac{\pi}{2}$, l'autre entre 0 et $\frac{\pi}{2}$: ces deux valeurs diffèrent de π et donnent pour ρ des valeurs égales et de signes contraires.

Soit φ la valeur comprise entre 0 et $\frac{\pi}{2}$, l'autre est $\varphi - \pi$; les valeurs de ρ correspondantes sont

$$\rho_1 = \frac{a\sin\frac{\varphi}{2}}{k - \sin\frac{\varphi}{2}}, \qquad \rho_2 = \frac{a\sin\frac{\varphi - \pi}{2}}{k - \sin\frac{\varphi - \pi}{2}} = \frac{-a\cos\frac{\varphi}{2}}{k + \cos\frac{\varphi}{2}},$$

et l'on doit avoir $\rho_1 + \rho_2 = 0$, ou

$$2 \sin \frac{\varphi}{2} \cos \frac{\varphi}{2} = k\left(\cos \frac{\varphi}{2} - \sin \frac{\varphi}{2}\right).$$

Élevons au carré, nous avons

$$4 \sin^2 \frac{\varphi}{2} \cos^2 \frac{\varphi}{2} = k^2\left(1 - 2 \sin \frac{\varphi}{2} \cos \frac{\varphi}{2}\right),$$

ou

$$\sin^2 \varphi + k^2 \sin \varphi - k^2 = 0.$$

Cette équation en $\sin \varphi$ admet une racine comprise entre 0 et 1 ; il lui correspond un angle φ compris entre 0 et $\frac{\pi}{2}$; c'est la valeur de ω correspondant au point double.

En achevant par symétrie par rapport à Ox, on obtient toute la courbe.

Deuxième cas. $e = 1$, ou $k = 1$.

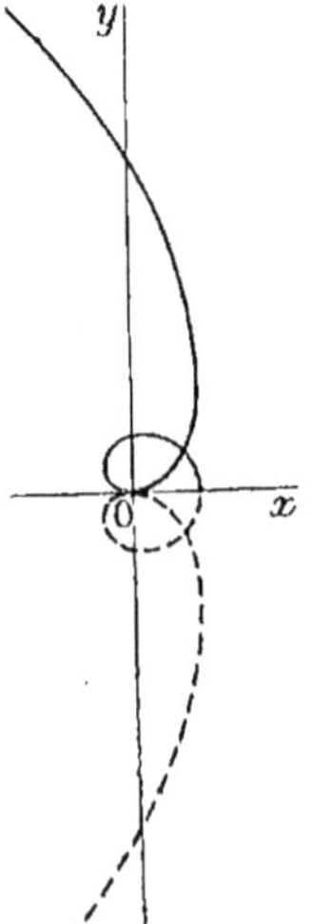

Fig. 70.

ω	$-\pi$		0		π
ρ	$-\frac{a}{2}$	croît	0	croît	$+\infty$

La branche infinie est parabolique, car on a

$$x' = \rho \sin(\omega - \pi) = -\frac{a \sin \frac{\omega}{2} \sin \omega}{1 - \sin \frac{\omega}{2}},$$

et si l'on pose $\omega = \pi - \theta$, on a

$$x' = -\frac{a \cos \frac{\theta}{2} \sin \theta}{1 - \cos \frac{\theta}{2}} = -\frac{a \cos \frac{\theta}{2} \sin \theta}{2 \sin^2 \frac{\theta}{4}},$$

et l'on voit que x' est infini pour $\theta = 0$.

TROISIÈME CAS. $e > 1$, ou $k < 1$.

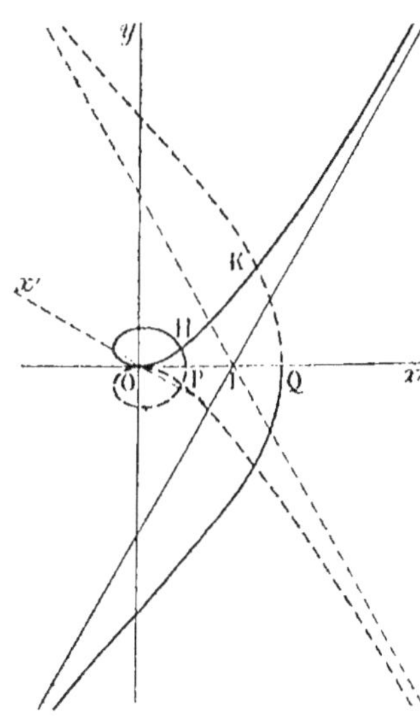

Fig. 71.

On peut alors trouver un angle aigu $\frac{\alpha}{2}$ tel que l'on ait $\sin\frac{\alpha}{2} = k$; $\frac{\alpha}{2}$ étant compris entre 0 et $\frac{\pi}{2}$, α sera compris entre 0 et π.

Nous avons

$$\rho = \frac{a \sin\frac{\omega}{2}}{\sin\frac{\alpha}{2} - \sin\frac{\omega}{2}},$$

et les variations suivantes :

ω	$-\pi$		0		α		π
ρ	$-\dfrac{a}{\sin\frac{\alpha}{2}+1}$	croît	0	croît	$+\infty \mid -\infty$	croît	$\dfrac{a}{\sin\frac{\alpha}{2}-1}$

Nous avons construit la courbe en supposant $\alpha < \frac{\pi}{2}$ ou $k < \frac{1}{\sqrt{2}}$.

Cette fois, il y a une asymptote ; on a, en effet,

$$x' = \rho \sin(\omega - \alpha) = \frac{a \sin\frac{\omega}{2} \sin(\omega - \alpha)}{\sin\frac{\alpha}{2} - \sin\frac{\omega}{2}}.$$

Remplaçons $\sin(\omega - \alpha)$ par $2 \cdot \sin\frac{\omega - \alpha}{2} \cos\frac{\omega - \alpha}{2}$, puis par $4 \sin\frac{\omega-\alpha}{4}\cos\frac{\omega-\alpha}{4}\cos\frac{\omega-\alpha}{2}$, et $\sin\frac{\alpha}{2}-\sin\frac{\omega}{2}$ par $2\sin\frac{\alpha-\omega}{4}\cos\frac{\alpha+\omega}{4}$. On peut alors diviser haut et bas par $2\sin\frac{\omega-\alpha}{4}$, et on a

$$x' = \frac{-2a\sin\frac{\omega}{2}\cos\frac{\omega-\alpha}{4}\cos\frac{\omega-\alpha}{2}}{\cos\frac{\alpha+\omega}{4}}.$$

Pour $\omega=\alpha$, x' a pour limite $-2a\operatorname{tg}\frac{\alpha}{2}$. L'équation de l'asymptote est $\rho\sin(\omega-\alpha)=-2a\operatorname{tg}\frac{\alpha}{2}$: cette droite rencontre Ox en un point I ayant pour abscisse $\frac{a}{\cos^2\frac{\alpha}{2}}$; ce point est compris entre P et Q.

On a

$$x'+2a\operatorname{tg}\frac{\alpha}{2}=2a\frac{\operatorname{tg}\frac{\alpha}{2}\cos\frac{\omega+\alpha}{4}-\sin\frac{\omega}{2}\cos\frac{\omega-\alpha}{4}\cos\frac{\omega-\alpha}{2}}{\cos\frac{\alpha+\omega}{4}}.$$

On voit sans peine que le second membre est positif pour $\omega<\alpha$ et négatif pour $\omega>\alpha$; ce qui permet de placer la courbe par rapport à l'asymptote.

Le point double H se détermine comme précédemment. Mais en achevant la courbe par symétrie, on fait apparaître un autre point double K, qui est donné par deux valeurs de ω, l'une comprise entre 0 et $\frac{\pi}{2}$, l'autre entre π et $\pi+\frac{\pi}{2}$. Si nous désignons la première par β, l'autre sera $\pi+\beta$, et en écrivant que les valeurs de ρ correspondantes sont égales et de signes contraires, nous avons

$$\frac{a\sin\frac{\beta}{2}}{\sin\frac{\alpha}{2}-\sin\frac{\beta}{2}}+\frac{a\cos\frac{\beta}{2}}{\sin\frac{\alpha}{2}-\cos\frac{\beta}{2}}=0$$

ou

$$\sin\frac{\alpha}{2}\left(\sin\frac{\beta}{2}+\cos\frac{\beta}{2}\right)=2\sin\frac{\beta}{2}\cos\frac{\beta}{2},$$

ou encore, en élevant au carré,

$$\sin^2\frac{\alpha}{2}(1+\sin\beta)=\sin^2\beta.$$

C'est une équation du deuxième degré en $\sin\beta$, qui admet une racine comprise entre 0 et 1, à laquelle correspond un angle β compris entre 0 et $\frac{\pi}{2}$. Cet angle est l'angle polaire du point K.

Remarque. — Proposons-nous de chercher l'équation de la courbe en coordonnées rectilignes.

De l'équation en coordonnées polaires $\rho=\dfrac{a\sin\frac{\omega}{2}}{k-\sin\frac{\omega}{2}}$ nous tirons $\sin\frac{\omega}{2}=\frac{k\rho}{\rho+a}$, et nous portons cette valeur dans la relation

$$\cos\omega=1-2\sin^2\frac{\omega}{2},$$

ce qui nous donne

$$\frac{x}{\rho}=1-\frac{2k^2\rho^2}{(\rho+a)^2},$$

ou

$$x(\rho+a)^2=\rho(\rho+a)^2-2k^2\rho^3.$$

Mettons dans le premier membre les puissances impaires de ρ et dans le deuxième les puissances paires, nous avons

$$(2k^2-1)\rho^3+a\rho(2x-a)=\rho^2(2a-x)-a^2x,$$

ou

$$\rho\left[(2k^2-1)\rho^2+a(2x-a)\right]=\rho^2(2a-x)-a^2x,$$

et, en élevant au carré,

$$\rho^2\left[(2k^2-1)\rho^2+a(2x-a)\right]^2=\left[\rho^2(2a-x)-a^2x\right]^2.$$

Il n'y a plus qu'à remplacer ρ^2 par x^2+y^2, et on obtient

$$(x^2+y^2)\left[(2k^2-1)(x^2+y^2)+a(2x-a)\right]^2$$
$$=\left[(x^2+y^2)(2a-x)-a^2x\right]^2.$$

La courbe est du sixième degré.

425. *On donne deux axes rectangulaires* Ox, Oy *et une parabole ayant pour foyer le point* O *et pour axe* Ox. *On prend un point* M *variable sur cette courbe ; on le projette en* H *sur* Ox, *et on considère le point* A *symétrique de* O *par rapport à* H.

On demande :

1° *Le lieu de la projection du point* O *sur* MA ;

2° *Le lieu de la projection du point* A *sur* MO ;

3° *Le lieu du point de concours des hauteurs du triangle* OAM.

On construira les courbes obtenues en coordonnées polaires.

L'équation de la parabole est de la forme $y^2-2px-p^2=0$, p désignant le paramètre.

Soient x_0, y_0 les coordonnées du point M, nous avons

$$(1)\qquad y_0^2-2px_0-p^2=0\,;$$

le coefficient angulaire de OM étant $\frac{y_0}{x_0}$, celui de AM est $-\frac{y_0}{x_0}$, et l'équation de AM s'écrit $\frac{y-y_0}{x-x_0}=-\frac{y_0}{x_0}$, ou

$$(2)\qquad xy_0+yx_0-2x_0y_0=0.$$

Enfin, la perpendiculaire menée à cette droite par l'origine a pour équation

$$(3)\qquad xx_0-yy_0=0.$$

On obtiendra le lieu de la projection du point O sur AM en éliminant x_0, y_0 entre les équations (1), (2), (3).

Des deux dernières on tire

$$x_0 = \frac{x^2+y^2}{2x}, \qquad y_0 = \frac{x^2+y^2}{2y},$$

et en portant ces valeurs dans la relation (1), on obtient pour équation du lieu

$$x(x^2+y^2)^2 - 4py^2(x^2+y^2) - 4p^2xy^2 = 0.$$

Passons en coordonnées polaires, et pour cela remplaçons x par $\rho\cos\omega$, y par $\rho\sin\omega$. L'équation devient, après avoir divisé par ρ^3,

$$\rho^2\cos\omega - 4p\rho\sin^2\omega - 4p^2\cos\omega\sin^2\omega = 0.$$

Résolvons par rapport à ρ, nous obtenons

$$\rho = \frac{2p\sin\omega(\sin\omega \pm 1)}{\cos\omega}.$$

Or, si on considère les deux équations

$$\rho = \frac{2p\sin\omega(\sin\omega+1)}{\cos\omega}, \qquad \rho = \frac{2p\sin\omega(\sin\omega-1)}{\cos\omega},$$

on voit que l'une se déduit de l'autre en changeant ω en $\pi+\omega$ et ρ en $-\rho$; il en résulte que ces deux équations représentent la même courbe. Il suffira de discuter l'une d'elles, par exemple,

$$\rho = \frac{2p\sin\omega(\sin\omega+1)}{\cos\omega}.$$

Pour avoir toute la courbe il faut faire varier ω dans un intervalle d'étendue égale à 2π. Si l'on change ω en $\pi-\omega$, ρ change de signe ; donc la courbe est symétrique par rapport à Ox. Nous ferons varier ω de $-\frac{\pi}{2}$ à $+\frac{\pi}{2}$, et nous prendrons la symétrique de la portion de courbe obtenue par rapport à l'axe des x.

Pour $\omega = -\frac{\pi}{2}$, ρ se présente sous la forme indéterminée $\frac{0}{0}$; mais on peut remarquer qu'on a

$$\frac{1+\sin\omega}{\cos\omega} = \frac{1+\sin\omega}{\sqrt{1-\sin^2\omega}} = \sqrt{\frac{1+\sin\omega}{1-\sin\omega}},$$

ce qui montre que ρ est nul pour $\omega = -\frac{\pi}{2}$.

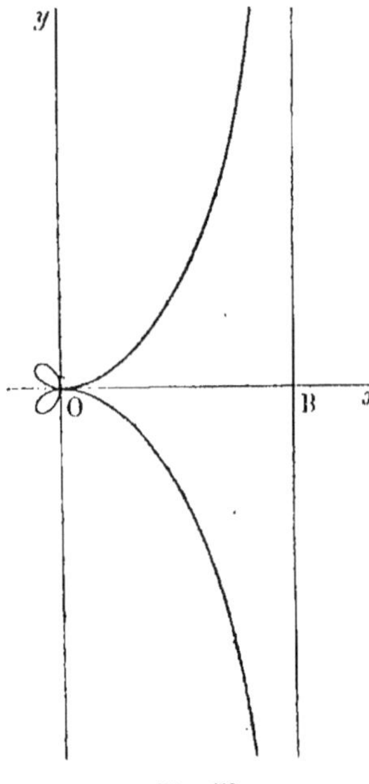

Fig. 72.

Quand ω croît de $-\frac{\pi}{2}$ à 0, ρ demeure négatif et reprend la valeur 0 pour $\omega = 0$. Quand ω croît de 0 à $\frac{\pi}{2}$, ρ est positif et varie de 0 à $+\infty$.

La limite de $\rho\sin\left(\omega - \frac{\pi}{2}\right)$ ou de $-\rho\cos\omega$ est égale à $-4p$; on en déduit que la courbe admet une asymptote parallèle à Oy et rencontrant Ox au point B, qui a pour abscisse $4p$.

On vérifiera aisément que la courbe est tout entière à gauche de l'asymptote.

Remarque. On peut obtenir directement l'équation du lieu en coordonnées polaires. Désignons en effet par ρ et ω les coordonnées polaires d'un point P du lieu, $\omega = \widehat{AOP}$, $\rho = OP$, et soient r, α celles du point M, $\alpha = \widehat{AOM} = \widehat{OAM}$, $r = OM$.

L'équation polaire de la parabole étant $\rho = \frac{p}{1-\cos\omega}$, nous avons $r = \frac{p}{1-\cos\alpha}$.

On voit aisément que l'on a

$$OP = OA \cos\omega = 2OH \cos\omega = 2OM \cos\alpha \cos\omega$$

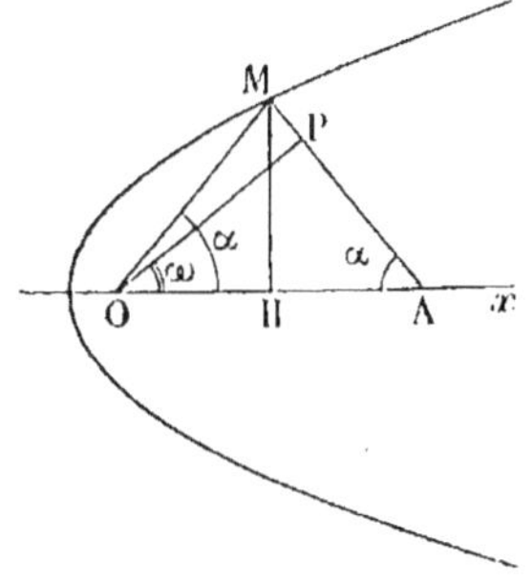

Fig. 73.

ou

$$\rho = 2r \cos\alpha \cos\omega = \frac{2p \cos\alpha \cos\omega}{1 - \cos\alpha},$$

ou, comme $\alpha = \frac{\pi}{2} - \omega$,

$$\rho = \frac{2p \sin\omega \cos\omega}{1 - \sin\omega}.$$

Si on multiplie le second membre haut et bas par $\cos\omega$, on a

$$\rho = \frac{2p \sin\omega \cos^2\omega}{\cos\omega(1 - \sin\omega)} = \frac{2p \sin\omega(1 - \sin^2\omega)}{\cos\omega(1 - \sin\omega)},$$

ou enfin

$$\rho = \frac{2p \sin\omega(\sin\omega + 1)}{\cos\omega}.$$

2° Pour le lieu de la projection du point A sur MO on trouve

$$(x^2 + y^2)^2 y^2 - 4p(x^2 + y^2)x^3 - 4p^2x^4 = 0,$$

et, en coordonnées polaires,

$$\rho = \frac{2p \cos^2\omega}{1 - \cos\omega}.$$

3° Enfin le lieu du point de concours des hauteurs du triangle OAM est défini par l'une des équations

$$x^4 - 2pxy^2 - p^2y^2 = 0,$$

ou

$$\rho = \frac{p \sin\omega}{\cos\omega(1 - \sin\omega)}.$$

426. *On donne une hyperbole équilatère ; on considère deux points P et P′, variables sur cette courbe et symétriques par rapport au centre. Par ces points on fait passer un cercle de rayon constant R. Trouver le lieu du centre de ce cercle.*

L'équation en coordonnées polaires de l'hyperbole étant

$$\rho^2 = \frac{a^2}{\cos 2\omega},$$

on verra aisément que l'équation du lieu peut s'écrire

$$\rho^2 = R^2 + \frac{a^2}{\cos 2\omega}.$$

Cette courbe admet pour asymptotes les bissectrices des axes de coordonnées.

Elle présente deux formes bien différentes suivant que a est supérieur ou inférieur à R.

427. *Une parabole de grandeur constante tourne autour de son foyer supposé fixe. On lui mène une tangente parallèle à une direction donnée. Lieu du point de contact.*

Prenons pour pôle le foyer et pour axe polaire une parallèle à la direction donnée ; l'équation de la parabole est alors

$$(1) \qquad \rho = \frac{p}{1 + \cos(\omega - \alpha)},$$

p désignant le paramètre et α l'angle de l'axe de la courbe et de l'axe polaire.

Le point de contact de la tangente parallèle à Ox est le point dont l'ordonnée

$$y = \rho \sin \omega = \frac{p \sin \omega}{1 + \cos(\omega - \alpha)}$$

est maximum ou minimum, c'est-à-dire le point pour lequel $\frac{dy}{d\omega}$ est nul. En égalant cette dérivée à zéro, on obtient

$$\cos\omega + \cos\alpha = 0, \tag{2}$$

qui détermine l'angle polaire du point de contact.

On aura le lieu de ce point en éliminant α entre (1) et (2). De (2) on tire

$$\cos\alpha = \cos(\pi + \omega), \qquad \text{ou} \qquad \alpha = 2k\pi \pm (\pi + \omega).$$

En prenant le signe $+$, on a

$$\alpha - \omega = (2k+1)\pi, \qquad \cos(\omega - \alpha) = -1,$$

et ρ est infini.

Au contraire, en prenant le signe $-$,

$$\alpha - \omega = (2k-1)\pi - 2\omega, \qquad \cos(\omega - \alpha) = -\cos 2\omega,$$

et

$$\rho = \frac{p}{1 - \cos 2\omega} \qquad \text{ou} \qquad \rho = \frac{p}{2\sin^2\omega}.$$

428. *Construire les courbes définies par les équations en coordonnées polaires :*

$$\rho = \frac{\sin\omega}{1 - \operatorname{tg}\omega}, \qquad \rho = \frac{\cos 2\omega}{1 + \operatorname{tg}\omega}, \qquad \rho = \frac{\operatorname{tg}\omega}{\sin\omega + \cos\omega},$$

$$\rho = \frac{a}{\cos\omega + \sin 2\omega}, \qquad \rho = \frac{\cos\omega + \sin\omega}{1 - \operatorname{tg}\omega}, \qquad \rho = \frac{\operatorname{tg}\omega}{1 - 3\sin\omega},$$

$$\rho = a\operatorname{tg}\frac{\omega}{2} \quad \text{(strophoïde)}, \qquad \rho = \frac{\sin\frac{\omega}{2}}{1 - \sin\omega}, \qquad \rho = \frac{\operatorname{tg}\frac{\omega}{2}}{1 + 2\cos\omega}.$$

429. *On donne un cercle de centre* O *et un rayon fixe* OA;

on considère un rayon variable OB, *et on demande le lieu des points de rencontre de* OB *avec les bissectrices de l'angle* BAO.

En prenant le point A pour pôle, la droite AO pour axe polaire, on verra que l'équation du lieu est

$$\rho = a\frac{\sin 4\omega}{\sin 3\omega}.$$

430. *On donne une circonférence de centre* O *et un point* A *sur cette circonférence. Par le point* A *on mène une corde variable* AB ; *la tangente au point* B *rencontre les tangentes parallèles à* AB *en des points dont on demande le lieu géométrique.*

En prenant le point O pour pôle, OA pour axe polaire, l'équation du lieu est

$$\rho = \frac{R}{\cos\frac{\omega}{3}}.$$

Il suffira de faire varier ω de 0 à $\frac{3\pi}{2}$, et de prendre la symétrique de la courbe obtenue par rapport à l'axe polaire.

On montrera que l'équation en coordonnées rectilignes est

$$(x + 3R)(x^2 + y^2) - 4R^3 = 0.$$

Si l'on transporte l'origine au point $x = -2R$, $y = 0$, l'équation devient

$$x(x^2 + y^2) + R(y^2 - 3x^2) = 0;$$

la nouvelle origine est un point double.

431. *On donne deux droites rectangulaires* Δ, Δ' *et un point*

A sur Δ. *On demande le lieu des points de contact des tangentes menées par le point A aux cercles tangents aux droites Δ et Δ'.*

Construire ce lieu en coordonnées polaires en prenant le point A comme pôle et la droite Δ pour axe polaire.

Lorsque les cercles sont dans les angles I ou III, le lieu est la courbe

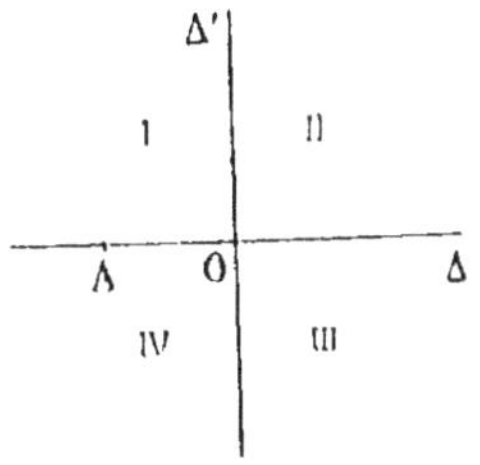

$$(1) \qquad \rho = \frac{a}{1 + \operatorname{tg}\frac{\omega}{2}}. \qquad (a = AO)$$

Fig. 74.

Lorsque les cercles sont dans les angles II ou IV, le lieu est la courbe symétrique de (1) par rapport à Δ.

On construira aisément la courbe (1). Elle est asymptote à Δ', et admet comme point double le point $\omega = \frac{\pi}{4}$, $\rho = \frac{a}{\sqrt{2}}$, ou $x = y = \frac{a}{2}$.

En cherchant l'équation en coordonnées rectilignes et en transportant l'origine au point double, on démontrera que la courbe est une strophoïde.

432. *On donne deux axes rectangulaires Ox, Oy, on considère un point variable A sur Ox, un point variable B sur Oy, tels que la droite AB reste à une distance constante a du point O. Soit C le point qui se projette sur Ox en A et sur Oy en B; par ce point on mène une perpendiculaire à AB, et on prend le point M où cette perpendiculaire rencontre la parallèle à AB menée par le point O. Lieu du point M.*

Ce lieu a pour équation en coordonnées rectilignes

$$x^2y^2(x^2 + y^2) - a^2(x^2 - y^2)^2 = 0,$$

et, en coordonnées polaires,

$$\rho = 2a \operatorname{cotg} 2\omega.$$

433. *On donne un cercle et un diamètre OA. Soient M un point variable du cercle, P sa projection sur OA et B le symétrique du point O par rapport au point P. Trouver le lieu du pied de la perpendiculaire abaissée du point O sur MB.*

En prenant le point O pour pôle, OA pour axe polaire, l'équation du lieu est

$$\rho = 4a \sin^2 \omega \cos \omega,$$

a désignant le rayon du cercle.

434. *On donne deux axes rectangulaires Ox, Oy et une droite (D) parallèle à Oy ayant pour abscisse a $(a > 0)$. Par le point O on mène une droite variable rencontrant (D) au point A; on prend sur (D) le point B tel que la valeur algébrique du vecteur $\overline{AB}$, sens positif Oy, soit égale à b $(b > 0)$. On demande le lieu de la projection du point B sur OA. Construire le lieu en coordonnées polaires et discuter la forme de ce lieu suivant les valeurs de a et de b.*

On trouve aisément que l'équation du lieu est

$$\rho = \frac{a}{\cos \omega} + b \sin \omega.$$

435. *On donne un cercle de centre O et un point A. On joint le point A à un point quelconque B du cercle, et on considère le point M, intersection de la droite AB et de la perpendiculaire menée par O à OB. Trouver le lieu du point M.*

Si l'on prend le point O pour pôle, OA pour axe polaire, si l'on désigne par a la longueur OA et par R le rayon du cercle, l'équation du lieu en coordonnées polaires est

$$\rho = \frac{a \mathrm{R} \cos \omega}{\mathrm{R} - a \sin \omega}.$$

436. *Un point* M *est mobile sur un cercle fixe de centre* O. *Du symétrique* M′ *de* M *par rapport à un diamètre fixe* Ox *on abaisse* M′P *perpendiculaire sur* OM. *Trouver le lieu du point* P.

En prenant Ox comme axe polaire et en désignant par a le rayon du cercle, on trouve aisément que l'équation du lieu en coordonnées polaires est

$$\rho = a \cos 2\omega.$$

437. *On donne un cercle de diamètre* AB *et de centre* O ; *on considère un point* M *mobile sur le cercle et la projection* P *de ce point sur* AB. *Soit* I *le symétrique de* P *par rapport au rayon* OM. *On demande :*

1° *Le lieu du point* I ;

2° *Le lieu du pôle de la droite* MI *par rapport au cercle ;*

3° *Le lieu du point de rencontre des droites* IP *et* OM.

Les équations de ces lieux en coordonnées polaires sont respectivement

$$\rho = R \cos \frac{\omega}{2}, \qquad \rho = \frac{R}{\cos \frac{\omega}{2}}, \qquad \rho = R \cos^2 \omega,$$

le pôle étant le point O et l'axe polaire étant AB.

438. *On donne deux axes rectangulaires* Ox, Oy *et un cercle* (C) *tangent à l'origine à l'axe des* x. *Une droite quelconque passant par le point* O *rencontre le cercle au point* A ; *la droite joignant le point* A *au centre du cercle rencontre* Ox *au point* B. *On demande le lieu de la projection du point* B *sur* OA.

En désignant par R le rayon du cercle, on trouve pour équation du lieu, en coordonnées rectilignes,

$$x^4 - y^4 + 2Rx^2y = 0\,;$$

on construira aisément cette courbe en posant $y = tx$.

On peut aussi passer aux coordonnées polaires ; on obtient ainsi l'équation

$$\rho = R \operatorname{tg} 2\omega \cos \omega.$$

439. *On donne un cercle fixe et la tangente* Ox *en un point* O *fixe de ce cercle. Un point* M *quelconque du cercle est le sommet d'un triangle isocèle* OMP *ayant sa base* OP *sur* Ox. *On demande le lieu du pied de la perpendiculaire abaissée du point* O *sur* MP.

En prenant le point O comme pôle et la droite Ox pour axe polaire, on trouve pour équation du lieu

$$\rho = 2R \sin \omega \cos^2 \omega.$$

440. *On donne un axe polaire* Ox *et un point* F *ayant pour coordonnées polaires* $\rho = a$, $\omega = 0$. *Par le point* O *on mène une droite quelconque* OA, *et on considère les deux paraboles* (P_1), (P_2) *qui ont pour foyer commun le point* F, *pour axes une parallèle et une perpendiculaire à* Ox, *et qui touchent la droite* OA *aux points* M_1 *et* M_2.

Trouver, en coordonnées polaires, le lieu du milieu M *de* M_1M_2 *et construire ce lieu.*

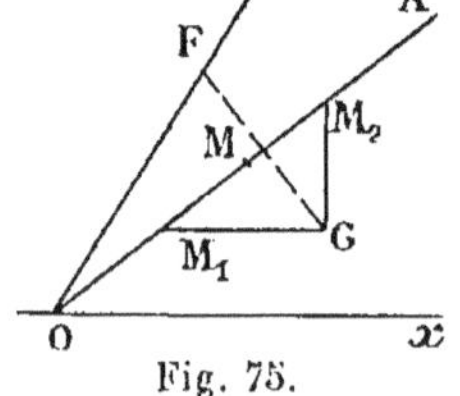

Fig. 75.

Le point G, symétrique de F par rapport à OA, est le point commun aux directrices des deux paraboles, par suite, le point M_1 est situé sur la parallèle à Ox menée par le point G, et le point M_2 sur la perpendiculaire à Ox menée par le même point.

On en conclut aisément que l'équation du lieu du point M est

$$\rho = \frac{a \cos(3\omega - \theta)}{\sin 2\omega}.$$

441. *On donne un cercle rapporté à deux diamètres rectangulaires et un point* M *sur ce cercle. Par le point* M *on mène une droite variable qui rencontre* Ox *au point* P ; *la perpendiculaire élevée en* P *à* PM *et la perpendiculaire élevée à* Ox *au milieu de* OP *se rencontrent en un point* Q.

1° *Le lieu du point* Q *est une parabole ;*

2° *En supposant que le point* M *se déplace sur le cercle, trouver l'enveloppe de cette parabole et le lieu des points où cette courbe rencontre* OM.

Construire les courbes obtenues en coordonnées polaires.

En désignant par $x^2 + y^2 - R^2 = 0$ l'équation du cercle et par α, β les coordonnées du point M, on trouve que la parabole a pour équation

$$2x^2 - \alpha x + \beta y = 0.$$

L'enveloppe de cette courbe est définie par l'équation

$$4x^4 - R^2(x^2 + y^2) = 0,$$

ou, en coordonnées polaires, $\rho = \dfrac{R}{2 \cos^2 \omega}$.

Le lieu du point de rencontre de la parabole avec OM est

$$4x^4(x^2 + y^2) - R^2(x^2 - y^2)^2 = 0,$$

ou

$$\rho = \frac{R}{2}(1 - \mathrm{tg}^2\omega).$$

442. *On donne une ellipse de foyers* F *et* F' ; *on joint un point variable* M *de la courbe aux deux foyers. Trouver le* *lieu des points de rencontre de la droite* MF *et du cercle de centre* M *et de rayon* MF'.

En prenant pour pôle le point F, pour axe polaire la droite FF', le sens positif étant opposé au sens FF', on obtient pour équation du lieu

$$\rho = \frac{-2c(a\cos\omega + c)}{c\cos\omega + a}.$$

443. *On donne une circonférence et un diamètre* OA. *Par le point* O *on mène trois cordes quelconques* OA_1, OA_2, OA_3 *et on considère les cercles décrits sur ces trois cordes comme diamètres. Démontrer que les points communs (autres que le point* O) *à ces cercles pris deux à deux sont en ligne droite.*

Prenons le point O comme pôle et OA comme axe polaire. Si nous posons $OA = a$, l'équation polaire du cercle donné est $\rho = a\cos\omega$.

Soient α_1, α_2, α_3 les angles que font avec OA les cordes OA_1, OA_2, OA_3 ; les cercles décrits sur ces cordes comme diamètres ont respectivement pour équations

$$\rho = a\cos\alpha_1\cos(\omega - \alpha_1),$$

$$\rho = a\cos\alpha_2\cos(\omega - \alpha_2),$$

$$\rho = a\cos\alpha_3\cos(\omega - \alpha_3).$$

Les deux premières se coupent au point

$$\omega = \alpha_1 + \alpha_2, \qquad \rho = a\cos\alpha_1\cos\alpha_2 ;$$

les trois points analogues sont situés sur la droite

$$\frac{1}{\rho} = \frac{\cos(\omega - \alpha_1 - \alpha_2 - \alpha_3)}{a\cos\alpha_1\cos\alpha_2\cos\alpha_3}.$$

444. 1° *Construire la courbe* (G) *dont l'équation en coordonnées polaires est*

$$\rho = 5a - 4a\cos\omega - 3a\sin\omega,$$

a est une longueur positive donnée.

2° *En un point* M *de* (G) *on lui mène la normale, et au pôle* O *on élève la perpendiculaire à* OM ; *ces deux droites se coupent en* N. *Par* M *on mène le vecteur* MQ *équipollent au vecteur* ON. *Trouver le lieu du point* Q.

Le lieu du point Q est un cercle qui a pour équation en coordonnées rectilignes

$$(x + 4a)^2 + (y + 3a)^2 - 25\,a^2 = 0.$$

445. *On donne deux points* O *et* A, *et on considère un point* M *variable sur* OA. *On décrit deux cercles* (C) *et* (C′) *ayant respectivement pour diamètres* OM *et* AM ; *puis, par le point* O *on mène une tangente au cercle* (C′), *et on demande le lieu du point de rencontre de cette tangente et du cercle* (C).

En prenant le point O pour pôle et OA pour axe polaire, on trouve pour équation polaire du lieu

$$\rho = \frac{a\,(1 - \sin\omega)\cos\omega}{1 + \sin\omega}.$$

446. *On considère un triangle isocèle* OAB (OA = OB) *dans lequel l'un des côtés égaux* OA *est fixe.*

1° *Le lieu des centres des cercles inscrit et exinscrit dans l'angle* O *est une strophoïde droite qui a pour point double le point* A *et pour sommet le point* O.

2° *Le lieu des centres des cercles exinscrits dans les angles* A *et* B *est le cercle de centre* O *et de rayon* OA.

3° *Le lieu des points de contact de ces cercles avec le côté* AB *se compose d'un cercle et d'une cardioïde.*

4° *Le lieu des points de contact de ces cercles avec le côté* OB *se compose des deux courbes*

$$\rho = a\left(1 - \sin\frac{\omega}{2}\right), \qquad \rho = a \sin\frac{\omega}{2},$$

en prenant comme axe polaire OA, *comme pôle le point* O *et en posant* $OA = a$.

447. 1° *Former en coordonnées rectangulaires l'équation de l'enveloppe des cercles passant par l'origine et interceptant sur la droite fixe* $x = l$ *une corde de longueur constante et égale à* $2l$.

2° *Passer des coordonnées rectangulaires aux coordonnées polaires en prenant l'origine pour pôle et déduire de l'équation en coordonnées polaires une définition géométrique très simple de l'enveloppe.*

3° *Indiquer la forme de l'enveloppe et en déterminer les points d'inflexion.*

L'équation générale des cercles peut s'écrire, en fonction de l'ordonnée λ du centre,

$$x^2 + y^2 + \frac{\lambda^2 - 2l^2}{l} x - 2\lambda y = 0.$$

Leur enveloppe a pour équation en coordonnées rectangulaires

$$x(x^2 + y^2) - l(2x^2 + y^2) = 0,$$

et, en coordonnées polaires,

$$\rho = l \cos\omega + \frac{l}{\cos\omega}.$$

Les points d'inflexion correspondent aux angles polaires dont les cosinus sont égaux à $\pm\sqrt{\frac{3}{5}}$.

448. *On donne un cercle ayant pour centre le point* O *et un point* A. *Par le point* A *on mène une sécante rencontrant le cercle aux points* P *et* Q, *et on construit sur* PQ *deux triangles équilatéraux* MPQ *et* M'PQ. *Trouver le lieu des points* M, M'.

Examiner le cas particulier où le point A *est sur le cercle.*

En prenant le point O pour pôle, OA comme axe polaire, (OA = a), l'équation du lieu en coordonnées polaires est

$$\rho = a \cos \omega \pm \sqrt{3(R^2 - a^2 \cos^2 \omega)},$$

R désignant le rayon du cercle.

La courbe affecte différentes formes suivant les valeurs relatives de a et R.

Dans le cas particulier où $a = R$, la courbe se compose de deux cercles.

449. *On donne deux axes rectangulaires* Ox, Oy, *un point* A *sur* Ox *d'abscisse* a, *un point* B *sur* Oy *d'ordonnée* b. *Par le point* B *on mène une droite variable* (D) *sur laquelle on projette le point* A *en* A'; *on considère le cercle qui a pour diamètre* AA' *et les points* M *et* M' *de ce cercle situés sur la parallèle à* (D) *menée par le point* O. *Trouver le lieu des points* M *et* M'.

L'équation polaire du lieu est

$$\rho = a \cos \omega \pm \sqrt{ab \cos \omega \sin \omega}.$$

450. *Une parabole de paramètre donné* p *se déplace en restant tangente à deux axes rectangulaires* Ox, Oy. *Par le point* O *on mène une parallèle à l'axe qui rencontre la courbe au point* M. *Trouver le lieu du point* M.

On peut construire un point du lieu de la façon suivante.

Sur une droite quelconque D passant par le point O et faisant l'angle ω avec Ox prenons un point H tel que $OH = \frac{p}{2}$, puis par ce point menons une perpendiculaire à OH rencontrant Ox en A et Oy en B, et construisons le point F, quatrième sommet du rectangle ayant pour côtés OA et OB. La parabole de foyer F et de tangente au sommet AB est tangente aux droites Ox, Oy et a pour paramètre p.

Le point M, intersection de cette parabole et de la droite OH, est sur la perpendiculaire menée par le centre du rectangle à la diagonale OF.

On voit sans difficulté que $OM = \frac{OH}{\sin^2 2\omega}$, par suite l'équation du lieu est, en coordonnées polaires,

$$\rho = \frac{p}{2 \sin^2 2\omega}.$$

451. *Soient deux axes rectangulaires Ox, Oy et un point A fixe, d'abscisse donnée négative $-a$, sur Ox.*

1° *Former l'équation de l'hyperbole équilatère* (H) *ayant pour centre le point* A *et un sommet à l'origine* O, *et celle de la parabole* (P) *ayant pour foyer l'origine* O *et pour directrice la perpendiculaire à Ox en* A ;

2° *En un point* M ($x = \alpha$, $y = \beta$) *de* (H) *on lui mène la tangente* (T) ; M *décrivant* (H), *trouver et construire le lieu du pôle* S *de* (T) *par rapport à* (P) ;

3° *Trouver et construire le lieu du point* S', *intersection de* (T) *et de la droite* OS.

1° Équation de (H), $x^2 - y^2 + 2ax = 0$;

Équation de (P), $y^2 - 2ax - a^2 = 0$.

2° Coordonnées de S, $x = -\frac{a^2}{\alpha + a}$, $y = \frac{a\beta}{\alpha + a}$.

Lieu de S, $x^2 + y^2 - a^2 = 0$.

3° Lieu de S',

$$(x^2+y^2)(y^2-x^2-2ax)-y^2(x+a)^2=0,$$

ou, en coordonnées polaires,

$$\rho = \frac{a(1+\cos\omega)}{\sin^2\omega-\cos\omega}.$$

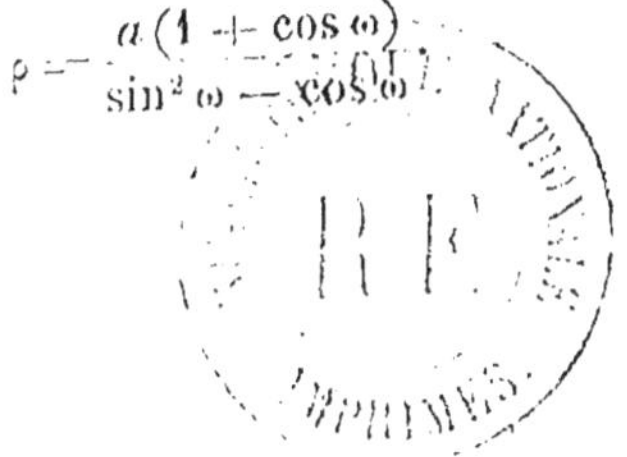

TABLE DES MATIÈRES

CHARTRES. — IMPRIMERIE DURAND, RUE FULBERT.

Théorie des Équations et des Inéquations *du premier et du second degré à une inconnue*, à l'usage des aspirants aux baccalauréats scientifiques et des candidats aux grandes écoles, par A. TARTINVILLE, professeur au lycée Saint-Louis. — Vol. 25/16cm. 3e édition. . 3 fr. 50

Résolution algébrique des équations (*Leçons sur la*), par H. VOGT, professeur à la Faculté des sciences de Nancy, avec une préface de M. JULES TANNERY. — Vol. 25/16cm. . . . . 5 fr. »

Compléments de Géométrie, à l'usage des élèves de Mathématiques spéciales, par C. GUICHARD, membre correspondant de l'Institut, professeur à la Sorbonne. — Vol. 22/14cm. . . . . 6 fr. »

Approximations dans les Mesures physiques *et dans les calculs numériques qui s'y rattachent*, par E. COLARDEAU. — Vol. 22/14cm. 5 fr. »

Unités électriques et Unités mécaniques et leurs Relations, par G. DE LAPLANCHE. — Vol. 18/12cm. 2e édition. . . . . 2 fr. »

Les Richesses hydrauliques des Alpes françaises, par P. BOUGAULT. — Brochure 22/14cm. . . . . 0 fr. 50

La Grammaire des Électriciens *enseig. ée aux débutants par expériences et mesures*, par E. GOSSART, professeur à la Faculté des sciences de Bordeaux. — 2 vol. 22/14cm :

Le Courant continu. — Vol. de x-444 pages, avec de nombreuses figures et 2 planches photomicrographiques hors texte. . . . . 6 fr. »

Le Courant alternatif. — Vol. de 419 pages avec figures. . . . 6 fr. »
(Ce dernier volume contient le résumé d'un cours de Télégraphie sans fil.)

La Locomotive moderne, par J. TRIBOT-LASPIÈRE, ingénieur civil des Mines. — Vol. 20/13cm, de 193 pages, illustré de nombreuses gravures et de 16 planches hors texte. 2e édition. Broché, 3 fr. 50, cartonné. 4 fr. 50

L'auteur nous dit ici, en un langage simple, tout ce qu'il importe de savoir sur la locomotive. Il s'interdit les développements qui n'auraient qu'un intérêt technique ; mais il ne néglige, par contre, aucun des aspects vivants du sujet.

L'Œuvre de l'Ingénieur social

par W.-H. TOLMAN, directeur du Musée américain de Sécurité, avec une préface de M. Carnegie, traduit et adapté de l'anglais par PIERRE JANELLE, avec une préface de M. LEVASSEUR, membre de l'Institut. — Volume 25/16cm, illustré de 50 photographies. . . . . 6 fr. »

Étude très curieuse et très documentée sur les tentatives qui ont été faites aux États-Unis pour résoudre, par l'initiative individuelle, le problème des rapports entre employeurs et salariés. Tous ceux qui s'intéressent aux questions sociales auront profit à lire un ouvrage si suggestif, et notamment les ingénieurs, qui, par la nature de leurs fonctions, sont journellement aux prises avec les difficultés pratiques liées à ce grave problème.

Notions de Chimie générale, par P. REVOY, professeur au lycée de Nice. — Vol. 19/13^{cm}. . . . . 2 fr. 50

Guide très pratique pour celui qui veut faire de la chimie et éviter les retours en arrière ou les recherches dans les manuels. On trouvera dans ce petit livre des lois claires et précises, des définitions nettes, ne prêtant à aucune confusion.

Les Formules fondamentales de la Chimie organique, *expliquées, développées et disposées en tableaux*, par D. PEYRÈGNE. — Brochure 28/19^{cm}.. . . . . 1 fr. »

Guide des Manipulations chimiques, *suivi d'un tableau pour l'analyse qualitative*, par M. JEANSON. — 2 vol. 18/12^{cm}. . . 3 fr. »

I : *Métalloïdes*. . . . . 1 fr. 25

II : *Métaux et analyse qualitative simple*. . . . . 2 fr. »

Analyse chimique *qualitative des sels dissous*, par J. FRÉCAUT. — Vol. 19/13^{cm}, broché, 2 fr. 50 ; cartonné. . . . . 3 fr. »

Leçons sur les Alliages métalliques, par J. CAVALIER, recteur de l'Académie de Poitiers. — Vol. 25/16^{cm}, avec de nombreuses figures et 24 planches photomicrographiques hors texte. . . . . . . 12 fr. »

Les alliages ont été depuis vingt ans l'objet de travaux innombrables et l'on possède maintenant une bonne vue d'ensemble de leur constitution, de leur structure et de leurs propriétés. A côté de publications très étendues, il y avait place pour un livre présentant l'ensemble des connaissances acquises et les reliant aux lois physico-chimiques. C'est le livre qu'a écrit M. Cavalier, avec une clarté et une documentation parfaites.

La Métallurgie du Fer, par PAUL DOUMER, P. IWEINS, F. THYSSEN, J. O. ARNOLD, L. BACLÉ, P. NICOU, E. DE LOISY, W. KESTRANECK, baron de LAVELEYE, F. MEYER. — Vol. 22/14^{cm}.. . . . . 10 fr. »

M. Paul Doumer a fait, en s'entourant des collaborations utiles, une étude de la situation de la Métallurgie du fer dans le monde. Ingénieurs, industriels, professeurs, choisis parmi les mieux qualifiés et les plus compétents, ont parlé successivement de chacun des grands pays producteurs qu'ils connaissent, dans des monographies reliées par une idée et un plan communs.

GÉOLOGIE

Par STANISLAS MEUNIER, professeur de Géologie au Muséum d'Histoire naturelle et à l'École nationale d'agriculture de Grignon. Ouvrage destiné aux Écoles d'Agriculture et à l'Institut agronomique, aux aspirants à ces établissements, aux candidats aux grades universitaires, aux agronomes, ingénieurs, etc. — Vol. 25/16^{cm} de XXIX-988 pages, avec figures. 15 fr. »

Ce volume donne la description de tous les minéraux, roches, fossiles animaux ou végétaux dont la connaissance est indispensable à la compréhension de la Géologie. Il contient les renseignements les plus divers et les plus complets sur l'histoire géologique des minéraux et des fossiles, ainsi que sur la constitution du sol dans toutes les régions de la Terre. Il est complété par un *Index alphabétique* qui constitue un véritable dictionnaire des sciences géologiques.

EXERCICES DE DESSIN GRAPHIQUE

(MACHINES ET ARCHITECTURE)

Conformes au programme d'admission à l'École polytechnique.

La série comprenant 12 planches 25/32cm (6 pl. dessins de machines et 6 pl. dessins d'architecture). . . . . 2 fr. 50

École Centrale. Recueil de dessins donnés aux concours d'entrée, depuis 1901. . . . . 7 fr. 50

École Polytechnique. Épreuves de dessin graphique *(croquis coté)* données au concours d'admission. Chaque concours depuis 1905, planche 32/25cm. . . . . 0 fr. 50

EXÉCUTION DES ÉPURES ET LAVIS

INSTRUCTIONS ET CONSEILS

Une brochure 18/12cm, 9e édition. . . . . 1 fr. »

Cette brochure, écrite par une sommité de l'enseignement du dessin, rendra les plus grands services aux jeunes gens qui apprennent le dessin graphique; elle est indispensable à ceux qui se destinent aux écoles spéciales.

Tracé des Ombres, à l'usage des candidats à l'École Centrale, par J. GEFFROY, professeur à l'École Centrale. — Vol. 25/16cm. . . 3 fr. 50

Problèmes et Épures de Géométrie descriptive et de Géométrie cotée, à l'usage des candidats à Saint-Cyr et Navale, par N. CHARRUIT, professeur au lycée de Lyon. — Vol. 25/16cm. 5 fr. »

Cours de croquis coté, par A. LEGRAND, professeur au collège et Directeur des Cours de dessin industriel de Dieppe. — 2 Vol. 24/18cm (texte et planches). . . . . 3 fr. »

DESSIN DE PAYSAGE

Dessin de Paysage à l'usage des candidats à Saint-Cyr et à Navale, par N. DEMARQUET-CRAUK, professeur à l'École spéciale militaire de Saint-Cyr. — Deux parties, se vendant séparément :

1° **Notions de perspective** *appliquée aux croquis rapides de vues d'après nature.* — Vol. 18/12cm. . . . . 2 fr. »

2° **Croquis rapides de Vues** *d'après nature,* avec le tracé des principales lignes de perspective. — 24 planches, format 31/45cm. . . . . 6 fr. »

École Navale. Paysages donnés aux concours d'admission. — Chaque année depuis 1912. . . . . 0 fr. 30

École spéciale militaire de Saint-Cyr. Recueil des paysages donnés aux concours d'admission depuis 1891. — Planches. . 3 fr. 25

En carton. . . . . 3 fr. 75

Vulgarisation et Lectures scientifiques

Collection 31/21cm, titre rouge et noir, illustrée de belles gravures :

Chaque volume, broché. . . . . 10 fr. »
Cartonné toile, fers spéciaux, tranches dorées. . . . . 14 fr. »

La Navigation aérienne, par J. LECORNU, ingénieur, membre de la Société française de Navigation aérienne. — 5e édition, mise au courant des derniers événements. *(Ouvrage couronné par l'Académie française.)*

La Marine de Guerre, par A. SAUVAIRE JOURDAN, capitaine de frégate de réserve. — Préface de l'amiral FOURNIER. *(Ouvrage couronné par la Ligue maritime française.)*

La Navigation sous-marine, par G.-L. PESCE, ingénieur. — 2e édition.

L'Océanographie, par le Dr RICHARD, directeur du Musée océanographique de Monaco. *(Ouvrage couronné par l'Académie des Sciences.)*

L'Indo-Chine française, par PAUL DOUMER. — 2e édition. *(Ouvrage couronné par l'Académie française et par la Société de Géographie.)*

Les Microbes, par le Dr P.-G. CHARPENTIER, chef de laboratoire à l'Institut Pasteur. *(Ouvrage couronné par l'Académie française.)*

Les Entrailles de la Terre, par E. CAUSTIER. — 4e édition. *(Ouvrage couronné par l'Académie française.)*

L'Or, par H. HAUSER, professeur à l'Université de Dijon. — 2e édition. *(Ouvrage couronné par l'Académie française.)*

A travers l'Électricité, par G. DARY. — 4e édition.

Collection REBIÈRE

La Vie et les Travaux des Savants modernes, *d'après les documents académiques.* 3e édition, revue et augmentée par E. GOURSAT, professeur à la Sorbonne. — Vol. 22/14cm, orné de 40 portraits.

Pages choisies des Savants modernes, *extraites de leurs œuvres.* 2e édition. — Vol. 22/14cm, orné de 39 portraits.

Mathématiques et Mathématiciens. 4e édition. — Vol. 22/14cm.

Les Femmes dans la Science. 2e édition. — Vol. 22/14cm, orné de portraits, autographes et fac similés.

Chaque volume, titre rouge et noir, broché. . . . . 5 fr. »
Relié dos et coins percaline, tête dorée. . . . . 6 fr. 50

www.ingramcontent.com/pod-product-compliance
Lightning Source LLC
LaVergne TN
LVHW010131230826
846091LV00001BA/211

9782013063371